KB142953

# 왜
# 핵 추진 잠수함인가

# 왜 핵 추진 잠수함인가

문근식 지음

WORLD

●

잠수함 함장은 세 분야를 확실히 알아야 한다.

그것은 잠수함, 승조원, 그리고 자신의 한계다.

그렇지 않으면 전투에서 승리와 승조원의 생명을 보장할 수 없다.

●

잠수함을 잡는 데 잠수함이 최고라는 말은

적 점수함기지를 봉쇄할 수 있거나

들키지 않고 적 잠수함을 추적할 수 있는 능력을 보유할 때에 해당된다.

– 문근식 해군대령 (예) –

# 북한이 SLBM으로 위협하고 있는 지금, 우리는 무엇을 해야 하는가?

2012년 10월 해군 전역을 앞두고 있던 필자에게 커다란 행운이 찾아왔다. 《국방일보》 측으로부터 잠수함 관련 연재 제의를 받았던 것이다. 이유인즉 군 생활 중 선진국에서 잠수함 교육을 많이 받고 잠수함 분야에서 오래 근무했으니 경험을 글로 정리해 남기고 전역하는 것이 어떻겠느냐는 것이었다. 모르면 용감하다고 글쓰기가 얼마나 어려운지도 모르고 수락했지만 오로지 군인정신(?)을 바탕으로 1년여를 글쓰기에 몰두한 것 같다. 천만다행으로 《국방일보》에 '문근식의 Submarine World' 연재를 시작하여 1년 정도 지나자 온라인상에서 인기글이 되었으며, 독자들의 권유로 『문근식의 잠수함 세계』라는 책으로까지 출간하게 되었다. 졸저이지만 《국방일보》 연재를 통해 널리 홍보된 덕분에 5쇄까지 출간되는 영광을 얻기도 했다.

책 출간 후 《국방일보》 측으로부터 1년 더 연재를 제의받았지만 개인 사정으로 이를 다 채우지 못하고 7개월 만에 하차하는 실례를 범하고 말았다. 다행히 2016년 초 독자들의 성원에 힘입어 약 6개월간 추가로 연재하는 행운을 얻었으며, 그 결과 벌써 책 한 권 분량이 쌓이게 되었다. 《국방일보》에 2년여 기간 동안 연재할 수 있는 기회를 얻는다는 것은 아마추어 작가에게는 특혜나 다름없다는 생각에 매번 밤낮을 가리지 않고 심혈을 기울여 글을 썼더니 어느덧 103회까지 연재하게 되었다. 어느 지인의 말대로 '문씨 가문의 영광'이 아닐 수 없다.

이번 글은 전에 발간된 『문근식의 잠수함 세계』에서 다루지 못한 분야 중 독자들의 질문이 잦았던 주제들에 대해 심층 정리했기 때문에 다소 이해하기 어려운 부분이 있더라도 양해 바란다. 그만큼 잠수함에 대한 독자들의 관심과 질문 수준이 높아졌다는 것을 말해주는 것이니 잠수함 전문가인 필자로서는 기쁜 일이 아닐 수 없으며 더 책임감을 느낀다.

최근 북한의 SLBM(잠수함 발사 탄도미사일) 시험발사 성공 보도로 '핵 추진 잠수함(원자력 잠수함이라고도 하며, 약칭으로 핵잠, 원잠이라고도 부름) 보유론' 목소리가 높아지고 있다. 잠수함 전문가인 필자는 오래전부터 "우리도 핵 추진 잠수함을 건조해야 한다"는 주장을 펴왔다. "북한의 SLBM 위협에 대비해 왜 핵 추진 잠수함을 건조해야 하는가?" 이 질문에 답하기에 앞서 우리는 먼저 잠수함에 대해 기본적인 것들을 이해하고, 디젤 잠수함과 핵 추진 잠수함이 어떤 차이가 있으며, 왜 강대국들은 핵 추진 잠수함만을 보유하고 있는가를 이해할 필요가 있다. 그리고 왜 잠수함을 현대 해전의 히든카드 혹은 해결사라고 부르는지 이해하기 위해 잠수함을 이용한 수중작전과 날로 진화하는 잠수함 탑재 무기들의 위력에 대해 제대로 알아야 한다. 또 천안함 피격의 진실과 한국의 잠수함 건조 능력 수준을 직시해야 할 필요가 있다.

북한이 SLBM을 개발하여 우리를 위협하고 있는 이 시기에 필자는 이 책에 잠수함에 관한 궁금한 점들과 핵 추진 잠수함과 디젤 잠수함의 차이, 잠수함만이 수행할 수 있는 은밀한 수중작전, 위력적인 잠수함 탑재 무기, 잠수함 건조와 운용, 세계 열세 번째로 잠수함 독자 개발에 나선 한국 잠수함 건조 능력 수준, 천안함 피격의 진실, 그리고 북한의 SLBM 위협에 대비한 강력한 대응방안 중 하나로 핵 추진 잠수함 건조 필요성에 대해 자세히 설명했다. 이제 우리에게 핵 추진 잠수함은 안보의 사치품이 아니라 필수품이다. 북한이 SLBM으로 위협하고 있는 지금, 우리는 무엇을 어떻게 해야 할까? 이 책에 그 해답이 있다.

또한 필자가 그동안 주요 일간지와 잡지 등에 기고한 잠수함 및 국방 관련 칼럼과 인터뷰 기사를 부록에 소개했다. 이전에 발간된 『문근식의 잠수함 세계』가 필자의 경험 중심의 기록이었다면, 이 책은 필자의 경험에 추가하여 다른 전문가들의 조언 및 자료들을 받아 정리한 부분이 많다. 이 기회에 《국방일보》에 연재할 수 있도록 귀한 잠수함 이야기 소재들을 보내주신 (전)대우조선해양 잠수함 설계 전문가 신면섭 부장님, 해군 예비역 이진규 대령님, 그리고 잠수함부대 후배들께 감사드린다. 그들의 글과 자료들이 사장되지 않고 이 책을 통해 널리 읽힐 수 있게 된 것을 다행스럽게 생각한다.

그동안 매주 《국방일보》와 인터넷에서 열심히 글을 읽고 격려의 댓글을 달아주신 독자 여러분, 《국방일보》에 '문근식의 Submarine World'를 연재할 수 있도록 허락해주신 권이섭 국방홍보원장님, 최동철 신문부장님, 정성을 다해 원고를 편집해주신 《국방일보》 정남철·유호상 팀장, 손병식 편집위원, 그리고 《국방일보》에 연재한 글들을 재편집하여 책으로 출간할 수 있도록 물심양면으로 도와주신 도서출판 플래닛미디어 김세영 사장님, 이보라 편집장님께 감사드린다.

마지막으로 무엇보다도 이런 글을 쓸 수 있도록 무료로 값진 경험을 하게 해준 대한민국 해군에 머리 숙여 감사드리며, 이 책이 국가안보를 튼튼히 다지는 데 조금이라도 도움이 되길 기원한다.

2016년 9월

문근식

한국국방안보포럼(KODEF) 대외협력국장

(전) 잠수함 함장·전대장

## CONTENTS

## CHAPTER 02 _ 잠수함은 물속에서는 장님이라던데? • 75

CHAPTER 04 _ 강대국의 잠수함을 이용한 첩보전, 진짜 잠수함인 핵 추진 잠수함의 활약상 들여다보기 • 205

SUBMARINE

CHAPTER 01

# 현대 해전의 히든카드 잠수함, 이것이 알고 싶다

WORLD

01

# 한국 조선소의 잠수함 건조 능력 현주소는?

## 잠수함 독자 개발, 계획 기간 내 꼭 성공해야 한다

2008년 한국은 세계에서 열세 번째로 군함 중에서 가장 복잡하고 정교한 잠수함 독자 개발을 시작했다. 세계의 이목을 집중시키면서 기대 반 우려 반 속에서 시작했는데, 벌써 절반의 기간이 지나가고 있다. 절반쯤 지난 시기란 그동안 개발한 장비와 구성품들의 성능을 시험하기 시작하는 단계를 의미한다.

필자는 잠수함 전문가로서 이쯤 해서 반드시 잠수함 독자 개발을 계획 기간 내에 성공해야 하는 몇 가지 이유를 강조해보고자 한다.

첫째, 한국적 작전 환경에 부합하는 잠수함을 우리 손으로 직접 건조함으로써 안보역량을 튼튼히 할 수 있다는 점이다. 이제는 전시戰時에도 외국으로부터 부품 조달을 걱정하지 않아도 된다.

둘째, 세계 1등 조선국으로서의 체면 유지다. 잠수함이 아무리 복잡하다고 해도 우리가 실패하면 세계 조선업계에서 망신을 당할 것은 뻔한 사실이며 잠수함 이외의 선박 수주에도 악영향을 미친다.

셋째, 국가적 산업 파급효과가 대단히 크기 때문이다. 호주 콜린스Collins급 잠수함 건조사업 분석 보고서에 의하면 잠수함 독자 개발 시 426개 업체(국내 306개 ,해외 120개)가 참여했다고 한다. 이 정도 업체가 개발에 참여하면 국방 창조경제를 이끌 주역이 되기에 충분하다.

넷째, 수출 효자상품으로 자리매김할 수 있기 때문이다. 2012년 독일의 HDW(지금은 TKMS) 조선소가 인도네시아 잠수함 수주경쟁에서 한국의 DSME사에 패하자, 독일은 물론 EU 전체가 술렁거렸다.

EU 경제팀에서는 독일과 프랑스의 잠수함 건조 조선소 간 컨소시엄consortium을 구성해 한국에 대응하는 방안을 은밀히 타전한 적도 있다. 이는 수십 년간 독일은 물론 EU에 큰돈을 벌게 해준 잠수함 시장을 한국에 빼앗기면 안 된다는 절박함의 표시였다. 지금 DSME사가 수출용 잠수함을 건조하고 있지만 상당량의 부품을 수입해야 한다. 하지만 국내 독자 개발이 완료되면 국내 개발품을 사용할 수 있어 수출 효과는 배 이상 늘어난다.

이러한 엄청난 국익을 창출하기 위해 이제 다시 초심으로 돌아가 외국의 사례 연구와 함께 개발 현황을 면밀히 점검해 시험평가 단계에서 나타나는 문제들을 예측하고 대비해야 한다. 이번 기회에 호주 콜린스급 잠수함 독자 개발 중 나타난 문제점과 미국, 영국 등에서 겪은 일들을 다시 한 번 들여다봄으로써 타산지석의 교훈으로 삼기를 바란다.

## 호주의 잠수함 독자 개발 사업과 한국의 차이점, 사업추진 방법은 우리가 훨씬 어려워

호주는 1981~2003년까지 약 20년(계획 기간 대비 4년 지연)에 걸쳐 총 사업비 약 60억 달러를 투입해 콜린스급 잠수함 6척을 자국 내에서 건조하는 사업을 추진했다. 사업 방식은 국제 협력 형태로 잠수함 선체는

호주는 1981~2003년까지 20년(계획 대비 4년 지연)에 걸쳐 6척의 콜린스급 잠수함 독자 개발에 성공했으나, 언론으로부터 폐물 잠수함, 록 음악 공연같이 시끄러운 잠수함이라는 혹평을 받는 등 개발 기간 내내 시련의 연속이었다. 사진은 일본의 소류급에 이어 세계에서 두 번째로 큰 콜린스급 잠수함으로 우리가 건조하는 잠수함과 크기가 비슷하다.

수상항해하는 호주 콜린스 잠수함(HMAS Collins) 〈Kockums AB〉

스웨덴의 코쿰스Kockums사, 전투체계는 미국의 로크웰Rockwell사를 개발주 업체로 선정하고 각각의 업체에 호주 업체들을 참여시켜 컨소시엄을 구성하는 방식을 택했다. 즉, 원천 기술을 보유한 해외 업체들이 개발 주체가 되고 호주 업체가 기술이전을 받아 자국 내에서 건조·제작해 궁극적으로 잠수함 독자 건조 기술과 시설을 확보한다는 취지로 진행했다.

한국은 2008년부터 2020년까지 외국의 협력 없이 완전 독자 개발을 추진하고 있다. 국내 기술력 총결집 차원에서 기본설계는 현대중공업과 대우조선해양 간 컨소시엄을 구성해 끝마쳤고, 현재 상세 설계 및 함 건조는 대우조선해양에서 단독으로 추진하고 있다. 해외 업체의 참여는 원천적으로 배제했으며, 일부 부품·장비에 대해서만 구매 또는 기술협력 생산을 추진하고 있다.

즉, 호주는 전투체계 등 주요 장비 개발은 해외 업체 주도로 추진케 하고 전체 체계 통합을 책임졌으나, 한국은 장비 개발부터 전체 체계 통합까지 한국 업체가 책임을 지고 추진하고 있다. 이런 현황들을 종합해 보면 한국이 호주보다 훨씬 어려운 방법으로 사업을 추진하고 있어 그 개발 위험도가 더 크다고 볼 수 있다.

1990년대 중반부터 말까지 호주 언론의 콜린스급 잠수함에 대한 폭로성 기사는 대부분 "폐물 잠수함dud submarine, 록 음악 공연Rock Concert과 같은 시끄러운 잠수함"으로 혹평하는 내용들이었다.

사업 진행 중 이런 문제들이 전혀 없지는 않았지만, 전반적으로 과장된 내용이 많았다. 사업 분석 보고서The Collins Class Submarine Story에 의하면 이는 국방부, 해군, 조선소 등 사업 주체들 간의 불협화음과 언론에 대한 각기 다른 정보 제공에서 비롯된 것으로 평가됐다.

## 호주 콜린스급 잠수함 시운전 시 나타난 예기치 못한 장비 결함 사례들, 우리도 유사 상황에 대비해야

필자는 잠수함 함장 시절인 2002년 하와이에서 림팩 훈련RIMPAC, Rim of the Pacific Exercise에 참가한 콜린스급 잠수함을 견학하고 해당 함장과 잠수함의 성능에 대해 대화를 나눈 적이 있다. 당시 함장의 말에 의하면, 언론에 보도된 결함 사항들은 대부분 수정됐지만, 지금까지도 아주 성능이 떨어진 잠수함으로 소문나 있어 아쉽다고 했다. 호주도 수출을 겨냥하고 잠수함을 개발했지만 이러한 언론의 혹평으로 지금 세계 잠수함 시장에서 명함조차 내놓을 수 없는 처지다.

호주 콜린스급 잠수함 1·2번함의 시운전 과정에서 나타난 주요 장비 결함 사항은 처음 개발하는 잠수함에서 흔히 나타날 수 있는데도 모든 문제가 언론에 대서특필돼 결국 폐물 잠수함으로 낙인 찍혔다. 언론에 보도된 주요 결함 사항들은 다음과 같다.

● 디젤엔진 문제: 1번함부터 시작된 디젤엔진(디젤 잠수함은 디젤엔진을 작동해 발전기를 가동하고 발전기에서 만들어진 전기로 추진기를 돌려 항해함) 문제는 피스톤 파열, 연료펌프나 분사기의 정지, 기어 파손, 발전기 연결부 파손, 크랭크축 파손 등으로 다양했다. 이는 연료유 계통의 설계 결함과 계통의 오작동에서 비롯됐음이 판명됐다.

● 장비 소음: 시운전 중 나타난 콜린스급 잠수함의 소음 수준은 최초 요구 성능과 계약 조건에 비해 훨씬 높았다. 이 문제는 곧바로 논쟁의 중심 이슈가 되면서 마치 시끄럽기가 록 음악 공연Rock Concert 같다는 혹평을 받았다. 그 원인은 최초 요구 기준이 과도(기존 오베론Oberon급 잠수함에 비해 2배 정숙한 기준 요구)했고, 설계 오류도 발생해 고속에서 유체역

학적 소음이 큰 것으로 나타났다.

●캐비테이션과 싱잉: 또 다른 소음 문제는 추진기에서 발생하는 캐비테이션cavitation(배의 추진기 따위의 뒷부분의 정압靜壓이 물의 증기압보다 낮아져서 기포가 발생하는 현상으로 공동현상이라고도 한다. 이는 추진기의 효율 감소나 추진기 파괴, 소음과 진동 발생의 원인이 된다)과 싱잉singing 소음(함정 추진기 등 외부 구조물의 공진 주파수Resonance Frequency와 유동을 일으키는 가진 주파수Operational Frequency가 일치할 때 발생하는 소음으로서, 매우 높은 순음 특성의 방사소음 수준을 가진다)이었는데, 일정 속력 이상에서 심하게 발생했다. 호주 해군참모총장과 미국 잠수함 전문가는 캐비테이션 소음이 작전에 지장을 초래할 정도로 심했다고 지적했다. 추진기 문제에 관해 전문가들은 설계자, 제작자 그리고 운용자의 상호 정보교환에 문제가 있었고, 또 운용자 측이 새로운 형태의 추진기를 효과적으로 사용하는 방법을 잘 몰라 발생한 것이라고 분석했다.

●전투체계: 잠수함에서 가장 중요한 어뢰사격통제장치이며 두뇌라고 할 수 있는 전투체계는 계획보다 훨씬 늦게 제작돼 시운전을 제때 진행할 수 없었다. 이는 주로 해군의 지나친 요구사양, 확정단가에 의한 계약적 문제, 미국의 개발업체가 세 번 바뀌면서 발생한 의견 불일치 등에서 기인했다. 전투체계는 시운전 진행에 가장 큰 장애물이었으며 전체 공정이 4년 지연되는 데 결정적 요인이었다. 만약 전투체계가 제때 제작되었다면 다른 결함들은 사소한 문제로 치부될 수도 있을 정도로 전투체계 제작 지연은 부정적 영향을 가장 많이 끼쳤다.

●추진축 침수: 추진축 실seal 주위의 침수 상황도 잠수함의 안전에 치명적인 결함 사항으로 부각돼 승조원들이 더 이상 시운전을 진행할 수 없

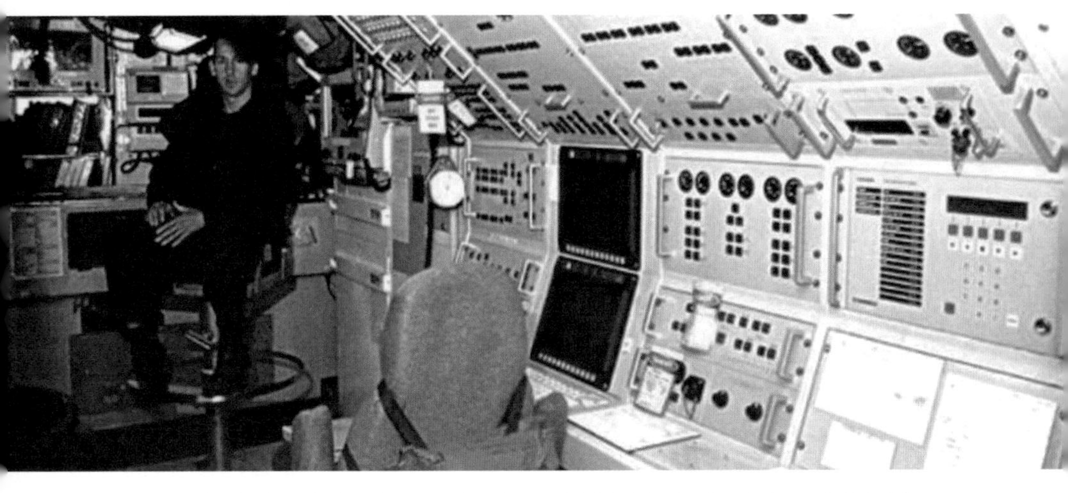

호주 콜린스급 잠수함의 전투체계는 처음 미국의 로크웰사가 개발을 시작했으나 중간에 경영 악화로 보잉사, 레이션사로 세 번이나 업체가 바뀌면서 사업 지연의 주범이 됐다. 장기 개발 사업에서는 있을 수 있는 상황이지만, 우리는 유사 상황이 발생하지 않도록 철저히 대비해야 한다. 사진은 콜린스급 잠수함의 전투체계.

다고 주장할 정도였다. 이로 인해 승조원과 조선소 간 불협화음이 심각했지만, 결국 승조원 측의 양보와 희생으로 개선됐다. 앞의 다른 결함사항도 시정하는 과정에서 조선소와 해군의 갈등이 심하게 나타났다.

## 1번함에 흔히 나타날 수 있는 장비 결함이 심각한 논쟁거리로 부각된 이유

어느 나라나 처음 건조하는 1번함 시운전 시는 항상 예상되는 문제점이 있으며, 이것들은 거의 다 시운전 진행 과정에서 시정되거나 후속함에서 해결되도록 조치된다. 그러나 모든 문제가 언론에 심하게 왜곡 보도된 이유는 사업 주체들의 관계가 완전히 와해돼 업무 협조가 제대로 이뤄지지 않았기 때문이다. 즉, 호주 조선소, 스웨덴 코쿰스 설계사, 미국 로크웰 전투체계 제작사, 호주 잠수함사업단, 그리고 해군 잠수함 운용 부대 간의 관계가 악화돼 간단히 시정될 수 있는 사소한 결함도 매번 뜨거운 논쟁거리로 부각됐다. 영국과 미국은 어땠을까 궁금해진다.

영국은 아스튜트급 핵 추진 잠수함 개발 시 설계 오류가 발생해 공정이 4년이나 지연됐고, 전체 사업비도 47%나 추가로 발생했다. 사진은 아스튜트 핵 추진 잠수함(HMS Astute) 〈Open Government Licence v1.0 (OGL) / LA(Phot) Paul Halliwell/MOD〉

미국은 1970~1980년대 로스앤젤레스급 잠수함 개발 시 압력선체 용접불량, 어뢰적재장치와 기관실 엔진 설치 작업 시 오류 등으로 중간에 해체해 다시 용접하고 장비를 설치하면서 전체 공정이 지연됐다. 사진은 수상항해 중인 로스앤젤레스 잠수함(USS Los Angeles, SNN 688)의 모습. 〈Public Domain〉

●영국은 업홀더Upholder급 디젤 잠수함 건조 시 설계 오류, 어뢰발사관 장애, 어뢰취급장치 결함 등으로 건조 공정이 7년이나 지연됐으며, 최근에는 아스튜트급 핵 추진 잠수함 개발 시 설계 오류가 발생해 공정이 4년이나 지연됐고, 전체 사업비도 47%가 추가로 발생했다.

●미국은 1970~1980년대 로스앤젤레스Los Angeles급 잠수함 개발 시 압

력선체 용접불량, 어뢰적재장치와 기관실 엔진 설치 작업 시 오류 등으로 중간에 해체해 다시 용접하고 장비를 설치하면서 전체 공정이 지연됐다. 이 때문에 예산이 추가로 발생해 일렉트릭 보트Electric Boat 조선소가 도산 위기에 처했으나, 정부의 공적 자금을 지원받은 후 회생할 수 있었다.

## 한국의 잠수함 독자 개발 성공을 위해 범국가적 협력체계 구축 절실

호주 콜린스급 잠수함 사업과 영국, 미국 등 선진국의 잠수함 개발 사례에서 얻은 교훈을 토대로 현 시점에서 예상되는 문제점들을 정리해보면 가장 우려되는 부분은 첫째, 개발 기간 지연이다. 미국 등 잠수함 독자 건조 및 설계 경험이 있는 선진국에서도 새로운 잠수함 모델을 건조하기 위해서는 평균 26개월이 지연됐다. 둘째, 추가예산 발생이다. 한 개의 장비라도 개발에 실패하면 공정 지연으로 이어지고 결국 추가예산 발생은 피할 수 없게 된다. 셋째, 언론 왜곡 보도에 따른 피해 가능성이다. 사실과 다른 보도는 자칫 불필요한 조사와 감사로 이어져 사업 진행에 차질을 빚는다.

잠수함 독자 개발은 자주국방을 위한 핵심 사업이자 국민의 미래 먹거리를 창출할 국가적 R&D 사업임에 틀림없다. 개발 총책임을 진 방사청은 외국의 사례를 깊이 연구해 유사한 문제점이 나타나지 않도록 조선소 건조 공정을 빈틈없이 관리해야 한다. 그럼에도 불구하고 문제점들이 나타날 경우에는 신속하게 계획 변경을 추진해야 하며, 이를 위해 국회, 국방부, 해군 등 관련 기관의 도움을 받을 수 있도록 협조 및 지원 체제를 철저히 유지해야 한다. 잠수함 독자 개발 성공을 위해 범국가적 협력체계 구축이 절실한 때다.

02

# 한국의 여성 잠수함 승조원은 언제 탄생하나?

**금녀의 벽 허물고 여성 잠수함 승조원 복무 허용한 국가 9개국**

**여성 잠수함 승조원, 대세로 받아들여야**

필자는 딸만 셋을 뒀기에 평소 여성들의 왕성한 사회 활동에 박수를 많이 보내는 편이지만, 그래도 여성 직업군인의 함정艦艇 생활은 그리 바람직하지 않다고 생각해왔다. 협소하고 폐쇄된 공간에서의 생활이 과연 여성에게 적합할까? 그러나 이러한 생각이 잘못됐음을 지적이라도 하듯 1995년 노르웨이 해군 여성 장교 솔바이 크레이Solveig Krey가 잠수함 코벤HNoMS Kobben의 함장이 됐다는 뉴스가 발표됐다. 세계 최초의 여성 잠수함 함장이 배출된 것이었다. 그것은 당시 군 사회에서 톱 뉴스거리였으나, 그로부터 20여 년이 지난 지금은 잠수함 여성 승조원은 그리 큰 뉴스거리가 아니다.

게다가 요즘 세계적으로 여풍女風이 세게 부는 가운데 대한민국에서도 여군의 비율이 증가하고 있으며, 육·해·공군사관학교 수석졸업자도 상당수를 여성이 차지하고 있다. 우리가 살면서 대세大勢를 거스르기는

참으로 어렵다는 말을 한다.

지금 잠수함에도 여성 승조원 시대가 대세가 되어가고 있다. 잠수함은 가장 마지막으로 여성에게 근무가 허가된 군함이다. 이렇게 늦게 허가된 그럴듯한 이유로는 잠수함은 수상전투함에 비해 공간이 좁아 사생활 보장이 어려울 뿐만 아니라 가장 편안하게 쉬어야 할 침대마저도 세 사람이 돌아가며 2개의 침대를 써야 한다는 것 등을 들 수 있다. 또 다른 강력한 이유 중 하나는 남성 승조원 부인들의 반대인데, 젊은 여성 장교가 승조하면 좁은 공간에서 서로 부딪치게 되고 그러면 성적인 문제들이 발생할 수도 있다는 것이다.

금녀의 벽을 허물고 심해에도 '여풍'이 불고 있다. 2014년 잠수함 여성 승조원 복무를 허용한 나라는 9개국으로 늘어났다. 이제는 여성 잠수함 승조원을 대세로 받아들여야 할 때가 되었다. 사진은 오하이오 잠수함(SSGN 726)을 방문한 3명의 여성 해군이 잠수함 생활에 관해 묻자 대답해주고 있는 오하이오 잠수함 함장의 모습(2011년 11월 11일). 〈Public Domain〉

그러나 2014년에 세계 각국의 잠수함에 여성 승조원의 복무를 허용한 나라가 9개국(노르웨이, 덴마크, 스웨덴, 호주, 스페인, 독일, 캐나다, 미국, 영국)으로 늘어났으며, 잠수함에 여성 승조원 복무 허용 국가는 점점 늘어나는 추세다. 이러한 시점에서 수년 동안 잠수함을 탄 선배로서 앞으로 잠수함 승조를 희망하는 한국의 여군들을 위해 '진정한 잠수함 승조원'이 되는 데 조금이라도 도움을 주는 것이 되리라 생각해 잠수함과 잠수함 생활에 대해 구체적으로 소개하려 한다.

## 먼저 부드러운 여성 이미지 벗고 강인한 정신력과 체력부터 갖춰야

제2차 세계대전 시 장기간 해상작전 후 육지에 돌아오는 독일 U-보트 승조원들은 주로 2회로 나눠 휴가를 갔는데, 하루라도 빨리 나갈 수 있는 1차 휴가보다 2차 휴가를 더 선호했다. 이러한 승조원들은 대부분이 출동 중 신선한 공기를 마시지 못하고 햇빛을 거의 보지 못한 기관부 대원들이었다. 그들의 이유는 대개 비슷했다.

"고향에 가서 이처럼 창백한 내 모습을 보여줄 수 없습니다. 그러면 아마 우리 어머니는 기절초풍할 것입니다."

장기간 작전 후 휴가 중에 잠수함 승조원들에게 필요한 것은 사치스럽고 신선한 그 어떠한 것이 아니라 요양이다. 출동 임무 중 잠수함 내 생활은 춥고 습기가 많은 함교탑 당직이든 기관실의 좁은 구역에서의 당직이든 간에 큰 차이가 없다. 일단 물속으로 들어가면 산소가 부족하고 공간이 좁아 운동을 제대로 할 수 없으며, 조리장의 다양한 메뉴 준비 노력에도 불구하고 며칠만 지나면 식욕이 떨어지는 등 판에 박힌 생활에 신체는 거의 고문을 당하는 것과 같다. 또 적으로부터 장시간 폭뢰 공격을 당할 때는 물위로 올라갈 수 없기 때문에 강건한 신체를 가진 승조원일지라도 완전히 녹초가 되고 만다.

삶과 죽음이 오가는 U-보트 초계작전 중에도 승조원들의 무료함을 달래주는 것은 함장의 임무다. 더운 지방의 초계작전 때는 이렇게 갑판 위에서 팬티 차림으로 소시지를 입으로 따 먹는 게임도 즐겼다. 하지만 수평선 위에 적 항공기가 나타나면 30초 내로 물속으로 들어가야 하니 이를 전투 중 휴식이라 해야 하나?

## 누구나 할 수 없는 열악한 생활 즐길 수 있는 여유와 명예심 있어야

이러한 답답한 잠수함 생활 후 잠수함 승조원들이 모기지에 복귀했을 때는 참으로 볼 만했다. 모두 잠수함 승조원들을 군인의 한 사람으로 보지 않고 꼭 해적처럼 바라보곤 했으며, 무의식적으로 잠수함 승조원들이 그들에게 다가오는 것을 꺼리는 분위기였다.

이러한 1차적인 이유는 승조원들의 외모 때문이었는데, 승조원들은 긴 머리와 턱수염, 그리고 자주 씻지 못해 꾀죄죄한 모습을 하고 있었다. 그래서 장기간 작전 후 입항하면 승조원들이 제일 먼저 달려가는 곳이 이발소였다. 게다가 입고 있는 승조원들의 군복 또한 엉망이었다.

잠수함 승조원들은 출동을 나갈 때 잠수함 내부의 협소한 공간 때문에 잘 정리해 챙겨갈 수 있는 것은 오직 몇 벌의 내의, 양말, 수건 등이었으며, 나머지 것들은 대충 챙겨 가방에 넣어 육상 기지에 보관했다. 그래서 출동을 마치고 돌아오면 육상 기지에서 구겨진 군복을 다시 꺼내 입는 잠수함 승조원들의 모습을 상상할 수 있다.

가방에서 꺼내 입는 푸른 해군복은 곰팡이가 피지는 않았지만 완전히 구겨진 상태여서 규정 준수를 위해서 다림질은 필수적이었다. 그러나 장기간 바다에서 죽을 고비를 수없이 넘긴 잠수함 승조원들에게는 규정을 준수하고 남의 이목을 의식할 만한 여유도 없고, 그럴 필요성마저 느끼지 않았다.

## '여군맞이' 사생활 공간 확보, 성 군기 사고 예방 선행과제 중요

옛날부터 여성의 선박 근무는 금기시해오다가 1980년대 초부터 원양상선에 가족을 태우고 항해하는 관습이 시작됐고, 1980년대 중반부터는 수상전투함을 비롯한 잠수함에도 여군 승조원들이 근무하기 시작했다. 잠수함에는 수상전투함에 비해 여군의 근무가 늦게 시작됐는데, 그 이유는 대개 ①협소한 공간 때문에 3명이 2개의 침대를 공유할 수밖에 없다, ②남녀 화장실을 분리해 설치할 수 없다, ③공간이 좁아 남녀 간 신체적 접촉 기회가 많아 성적인 문제가 발생할 수 있다, ④잠수함 내에는 공기 질이 안 좋아 여성의 임신에 부정적인 영향을 줄 수 있다(영국에서 나온 이야기인데 과학적으로는 증명되지 않았음), ⑤자주 씻지 못해 피부 건강을 유지하기 어렵다 등이었다.

그러나 이러한 환경에도 불구하고 1985년 노르웨이 해군이 세계 최초로 여성에게 잠수함 근무를 허용했다. 이어 덴마크, 스웨덴, 호주, 스페인, 독일, 캐나다, 미국 등이 허가했고, 2011년에는 여군의 잠수함 근무를 가장 완강하게 반대해온 영국마저 허용했다. 이렇게 유럽 국가들

미국은 많은 논란 끝에 2010년 드디어 여군에게도 잠수함에서의 근무를 허용했으며, 최초로 24명을 선발해 교육훈련을 시킨 후 가장 공간이 넓은 탄도미사일 탑재 핵 추진 잠수함(1만 8,000톤급 SSBN) 4척에 6명씩 배치했다. 사진은 백악관을 방문해 오바마 대통령 부부와 환담 중인 미국 최초의 여군 잠수함 승조원들.

이 먼저 여군에게 잠수함 근무를 허용한 이유는 출동 기간이 비교적 짧기 때문이다.

## 핵 추진 잠수함만 운용하는 미국·영국, 마지막까지 반대하다가 허용

미국이 여군들의 잠수함 근무를 논의하기 시작한 것은 2000년대(수상 전투함은 1994년부터 근무) 들어서다. 미 의회가 군대 내에서도 남녀평등, 다양성 추구 등의 원칙이 이행되고 있는지 검토할 필요가 있다고 주장함에 따라 당시 로버트 게이츠Robert Gates 국방성 장관은 여군들을 잠수함에 승조시켜도 된다는 결정을 내리게 됐고, 2010년 2월 국회에 이를 통보했다. 잠수함 승조 인력 부족도 한 가지 이유였다. 2008~2009년만 해도 연간 필요한 잠수함 장교 인원수는 120명 정도였으나 해군사관학교에서 연간 양성되는 잠수함 장교는 92명에 불과했다고 한다.

잠수함 승조원들은 신체적·정신적으로 강인해야 하며 교육 성적도 뛰어난 자원 중 강제 지명이 아닌 자원자volunteer만 선발해왔다. 여군 잠수함 승조원 운용에 있어 미국이 다른 국가들과 다른 점은 핵 추진 잠수함을 운용하는 관계로 그 출동 기간이 2~3개월로 길다는 것이다. 그러나 핵 추진 잠수함을 운용하지 않는 국가의 잠수함들은 비교적 출동 기간이 길지 않아 잠수함에서 근무하는 여군들이 크게 불편함을 느끼지 않는다. 미국에서 여군 잠수함 승조원 운용에 대해 반대했던 사람들은 남군 잠수함 승조원의 아내들이 대부분이었다고 한다. 그 이유는 주로 성적인 문제로 수상함에 비해 좁은 잠수함에서는 신체적으로 접촉할 확률이 높고, 그러다 보면 남군과 여군 간의 부적절한 행위로까지 이어져 출동 후 아내와 이혼할 가능성이 많다는 것이다. 처음 잠수함에 여군 승조원이 근무하기 시작했을 때 지휘관들은 잠수함 승조원과 가족들을 대상으로 설명회도 하고, 그들의 걱정을 해소해주기 위해 특별히 노력해야 할 정도였다.

## 여군 승조원이 타면 남성 승조원들도 불편

여군 승조원과 함께 잠수함에서 근무하게 되면 남군 잠수함 승조원들도 좁은 잠수함에서 생활하기 불편한 것은 마찬가지다. 생활의 불편함은 자칫 여군 승조원에 대한 반감으로 이어질 수도 있다. 여군들 때문에 지금까지 해오던 일들, 예를 들면 팬티 바람으로 여가를 즐기는 일이나 장기 출동 중 여가시간에 오락물을 즐기는 일 등을 못 하게 되고, 그러면 결국 감정이 쌓여 여군 승조원에 대한 증오, 무시, 소외로 표출될 수 있다.

이러한 종합적인 문제점을 검토한 후 미 해군은 2011년 12월 전략핵잠(탄도미사일 탑재 핵 추진 잠수함SSBN)에 1척당 6명의 여군 승조원을 배치했으며, 2014년 1월에는 공격핵잠(탄도미사일이 탑재되지 않은 핵 추진 잠수함SSN)에도 1척당 3명의 여군 승조원을 배치했다. 여군 장교들은 함내 사관구역의 3인실을 사용하며 화장실과 샤워실은 남군 장교들과 공동으로 쓰는데, 사용 시간이 배정된다고 한다. 출입문 앞에 표지판을 붙여서 남군 또는 여군 장교가 사용하고 있는지를 밖에서 알 수 있도록 운영한다. 이런 것들을 종합해보면 여군 잠수함 승조원들의 원만한 잠수함 생활을 위해 최우선 과제는 배의 크기를 키워서 사생활을 보호할 격실을 확보하고, 장기 출동 기간 중 좁은 공간에서 성적인 문제가 발생하지 않도록 규정과 제도를 미리 정비하는 것이다.

03

# 핵 추진 잠수함과 디젤 잠수함은 어떤 차이가 있나?

제2차 세계대전까지의 잠수함들은 주로 수상항해를 하다가 적함을 만나면 수중으로 숨어서 공격을 하곤 했는데, 이렇게밖에 할 수 없었던 가장 큰 이유는 수중에서 장시간 작전할 수 있을 만큼 축전지의 성능이 우수하지 못했기 때문이다. 물위로 올라와 축전지를 충전하지 않고는 수중에서 고작 2시간 남짓 견딜 수 있었다. 이런 빈약한 수중작전 능력 때문에 당시 수상항해를 하다가 격침된 잠수함이 60%가 넘었다.

전후 잠수함 보유국들은 수상보다 수중에서 오래 견딜 수 있는 잠수함을 개발하는 데 주력해왔고, 그 결과 축전지 충전을 하지 않고도 약 3일 정도 물속에서 작전할 수 있도록 축전지의 성능을 대폭 향상시켰다. 그 후 물속에서 오래 견디는 잠수함 개발 경쟁 끝에 드디어 1954년 미국이 물속에서 무제한 추진이 가능한 핵 추진 잠수함(원자력 잠수함)을 개발하는 데 성공했다.

잠수함 보유국들은 저마다 핵 추진 잠수함을 '진짜 잠수함'이라고 부르며 핵 추진 잠수함 보유를 열망하고 있지만, 일부 강대국을 제외하고는 경제적·기술적·정치적인 이유로 이를 실현하지 못하고 있는 실정이다. 이에 대한 대안으로 중·소 해군국에서 개발한 추진체계가 공기불요추진AIP, Air Independent Propulsion 체계다. 그러나 AIP체계를 사용해도 저속에서 수중체류 기간을 2주 정도로 늘렸을 뿐 핵 추진 잠수함과 같이 수중에서 무제한 추진은 불가하며 여전히 디젤 잠수함으로서 태생적 한계를 벗어날 수는 없다.

핵 추진 잠수함은 '진짜 잠수함'이라고 불릴 만큼 디젤 잠수함에 비해 월등한 능력을 보유하고 있는데, 가장 두드러진 능력 차이를 보이고 있는 분야는 주로 속력, 수중작전 지속 능력, 공격 능력, 생존 능력 그리고 보복 능력 등이다. 독자들의 이해를 돕기 위해 핵 추진 잠수함과 디젤 잠수함의 능력 차이를 좀 더 구체적으로 살펴보고자 한다.

①속력 면에서 핵 추진 잠수함이 KTX라면 디젤 잠수함은 완행열차다. 핵 추진 잠수함은 평균 시속 37~47킬로미터로 지구 한 바퀴(4만 120킬로미터)를 도는 데 40일 정도 걸리는 반면, 디젤 잠수함은 평균 시속 11~15킬로미터로 140여 일이 걸린다. 핵 추진 잠수함은 도중에 보급품 및 연료를 재보급받을 필요가 없으며 기항지도 필요 없다. 하지만 디젤 잠수함은 중간에 보급품, 연료 등도 탑재해야 하고 기항지에 들러 승조원의 휴식도 취해야 한다.

이러한 속력에 의한 기동성에서의 차이를 극명하게 보여준 사례가 있다. 1982년 포클랜드 전쟁Falklands War 발발 시 영국에서 핵 추진 잠수함과 디젤 잠수함이 동시에 포클랜드로 출발했다. 핵 추진 잠수함은 2주 만에 현장에 도착하여 아르헨티나의 순양함을 격침시킴으로써 제해권을 장악하고 해전을 승리로 이끄는 주역이 되었지만, 디젤 잠수함은 전투가 거의 종료된 5주 만에 현장에 도착하여 해전에 아무런 기여를 하지 못했다. 이 해전에서 디젤 잠수함의 무력함이 입증되었고 결국 해전이 끝나고 대처Margaret Thatcher 수상은 디젤 잠수함의 조기 퇴역을 결정하게 된다.

# Diesel-Electric Submarine
# 디젤 잠수함

위 사진은 러시아의 킬로급 디젤 잠수함의 모습 〈Public Domain〉

디젤 잠수함은 물속에서 축전지에 충전된 전기를 이용해 움직이다가 전기가 떨어지면 물위로 스노클 마스트를 내놓고 공기를 빨아들여 디젤엔진을 돌려 다시 축전지를 충전해야 한다. 최근에는 공기불요 추진(AIP)체계를 탑재하여 한 번 잠항하면 축전지를 충전하지 않고 수중에서 2~3주를 견딜 수 있지만, 핵 추진 잠수함처럼 원하는 기간만큼 물속에 머물 수 없다.

# Nuclear-powered Submarine
# 핵 추진 잠수함

위 사진은 미국의 버지니아급 핵 추진 잠수함 미시시피(USS Mississippi, SSN-782)의 모습 〈Public Domain〉

핵 추진 잠수함은 '진짜 잠수함'이라고 불릴 만큼 디젤 잠수함에 비해 월등한 능력을 보유하고 있다. ❶속력 면에서 핵 추진 잠수함이 KTX라면 디젤 잠수함은 완행열차다. ❷수중작전 지속 능력에 있어 핵 추진 잠수함은 무제한이지만, 디젤 잠수함은 거의 매일 의무적으로 수면 가까이 올라와야 한다. ❸공격 능력에 있어 핵 추진 잠수함이 헤비급 펀치라면 디젤 잠수함은 플라이급 펀치 수준이다. ❹생존 능력(은밀성)에 있어 핵 추진 잠수함이 완전 스텔스함이라면, 디젤 잠수함은 세미 스텔스함이다. ❺보복 능력에 있어 핵 추진 잠수함은 보이지 않는 핵 기지 역할을 할 수 있는 반면, 디젤 잠수함은 은밀한 저격수 수준이다.

영국 뱅가드(Vanguard)급 핵 추진 잠수함 벤전스(HMS Vengeance). 트라이던트 II 탄도미사일을 탑재하고 있다. 〈Open Government Licence v1.0 (OGL). / POA(Phot) Tam McDonald〉

또한 속력이 낮아 기동전투단 방호 임무 수행도 불가하다는 것이다. 잠수함의 임무 중 하나가 미 해군처럼 수상전투단을 최전방에서 보호하면서 이동하는 기동전투단 방호 임무다. 핵 추진 잠수함은 기동전투단과 같은 높은 속력(시속 35~40킬로미터 정도)으로 같이 기동하면서 방

호 임무를 수행할 수 있지만, 디젤 잠수함은 이 정도 속력을 내면 1시간 만에 축전지가 바닥나기 때문에 같이 기동을 할 수 없다. 수상전투단과 비슷한 고속을 낼 수 없고 주기적으로 올라와 축전지를 충전해야 하는 디젤 잠수함은 이 임무를 수행할 수 없다.

②수중작전 지속 능력에 있어 핵 추진 잠수함은 무제한이지만, 디젤 잠수함은 거의 매일 의무적으로 수면 가까이 올라와야 하고 속력 및 수중작전 지속 능력이 떨어져 수중 잠수함 추적 및 감시작전도 불가하다.
잠수함潛水艦은 한자 의미대로 물속에 잠기는 배를 말한다. 이런 면에서 핵 추진 잠수함은 식량이 충분하고 승조원의 체력만 허락되면 수중에서 무제한 머무를 수 있으니 하루에 2, 3회 축전지 충전을 위해 의무적으로 수면 가까이 올라와야 하는 디젤 잠수함과는 비교할 수 없을 정도로 차이가 난다. 잠수함의 강점 중 하나가 전·평시를 막론하고 적 해역을 넘나들 수 있는 은밀한 작전 능력이다. 핵 추진 잠수함은 적 해역에 침투해서도 고속으로 기동하며 은밀하게 적 잠수함을 추적·감시할 수 있지만, 디젤 잠수함은 축전지 충전 시 수시로 위치를 노출하고 고속을 낼 수 없기 때문에 사실상 적 잠수함 추적작전은 불가하다. 또한 적함을 공격한 후에도 핵 추진 잠수함은 수중에서 고속을 이용하여 위협 현장을 이탈할 수 있지만 디젤 잠수함은 축전지 소모를 줄이기 위해 저속으로 방어작전에만 치중할 수밖에 없다.

③공격 능력에 있어 핵 추진 잠수함이 헤비급 펀치라면 디젤 잠수함은 플라이급 펀치 수준이다.
핵 추진 잠수함은 디젤 잠수함에 비해 월등한 추진력을 보유하기 때문에 선체의 크기를 키울 수도 있고 무기도 어뢰, 기뢰, 핵미사일까지 막강한 화력을 탑재할 수 있지만, 축전지로 추진하는 디젤 잠수함은 3,000톤 이상 되면 추진력도 약하고 선체의 크기를 더 키우기에는 무리가 있어 무기 적재 능력도 빈약하다. 이런 면에서 핵 추진 잠수함이 헤비급 정도의 무장이라면 디젤 잠수함은 플라이급 수준이라고 할 수 있다.

또한 핵 추진 잠수함은 오랫동안 고속으로 기동할 수 있어 표적을 찾아다니며 공격할 수 있고 공격 후 실패하면 재공격도 할 수 있다. 반면 디젤 잠수함은 축전지 소모를 줄이기 위해 주로 일정 지점에서 매복하여 기다리다가 공격을 한다. 핵 추진 잠수함은 상선뿐 아니라 군함도 공격이 가능하며 공격을 받으면 고속으로 도망칠 수 있지만 디젤 잠수함은 공격받으면 고속으로 도망 칠 수 없어 주로 비무장한 상선을 공격하기에 적합하다.

④생존 능력(은밀성)에 있어 핵 추진 잠수함이 완전 스텔스함이라면 디젤 잠수함은 세미 스텔스함이다.
현대 과학으로 극복하지 못하는 물속 환경은 잠수함에게 자연히 스텔스 환경을 부여한다. 핵 추진 잠수함은 필요시만 물위로 올라오니 완전 스텔스 작전이 가능하지만, 매일 의무적으로 물위로 올라오는 디젤 잠수함은 세미 스텔스일 수밖에 없다. 디젤 잠수함은 하루 2, 3회 축전지 충전 시 디젤 엔진을 돌려야 하기 때문에 현대의 발전된 대잠탐지장비에 의해 쉽게 탐지된다. 현재 P-3, P-8 등 대잠초계기에 장착된 잠수함 탐지장비로 잠수함의 스노클 마스트를 70킬로미터 이상에서 잡아내며 디젤엔진 작동 소음 또한 원거리까지 전달되어 적에게 탐지될 확률이 매우 높다. 디젤 잠수함은 적에게 쉽게 탐지되며 공격을 받으면 살아남을 확률이 적은 반면에 핵 추진 잠수함은 필요시만 수면 가까이 올라와 정보를 수집하고 혹시 피탐될 경우 전속으로 도망가면 위협 현장을 이탈할 수 있을 뿐 아니라 수중에서 무제한 회피기동을 할 수 있기 때문에 생존 능력이 월등히 우수하다.

⑤보복 능력에 있어 핵 추진 잠수함은 보이지 않는 핵 기지 역할을 할 수 있는 반면, 디젤 잠수함은 은밀한 저격수 수준이다.
SLBM을 탑재한 핵 추진 잠수함 1척이면 대도시 하나를 날려버릴 위력

이 있다는 것은 누구나 아는 상식이다. 수중에서 무제한 작전이 가능한 핵 추진 잠수함은 다양한 무기를 탑재하여 수중에 매복 시 적으로부터 육지가 공격을 받아도 최후까지 살아남아 보복작전을 감행할 수 있다. 이것이 잠수함이 할 수 있는 보복작전의 진수다. 현재 선진 강대국들이 최소 1척의 SLBM 탑재 전략핵잠을 이용하여 물속에서 24시간 초계하며 상대국을 노리는 이유다. 이에 비해 디젤 잠수함은 부여된 단일성의 공격 임무를 수행하고 한 번 적에게 탐지되면 생존을 위해 수세작전으로 전환하는 은밀한 저격수 수준이다.

04

# 물속 잠수함에서도 배멀미를 하나?

잠수함에서는 수중항해를 선호하는 승조원과 수상항해를 선호하는 승조원으로 분류되는 경향이 있다. 전자는 배멀미가 심하여 부두를 출항하자마자 물속으로 들어가기를 희망하는 승조원들이며, 후자는 배멀미를 하지 않고 흡연을 즐기는 승조원들이다.

잠수함은 물속을 항해하는 것이 정상이지만 통상 부두를 출항하여 잠항하기 적합한 수심의 해역에 도달하려면 1시간에서 3시간 정도를 수상항해해야 한다. 배멀미를 하는 승조원들은 이 기간이 죽을 맛이지만, 그래도 물속보다는 신선한 공기를 마실 수 있다는 혜택을 누릴 수 있다. 해수면상 파도 높이의 10배 정도 잠항하면 파도의 영향은 거의 느낄 수 없다. 태풍이 오면 출항하여 물속으로 들어가는 이유가 바로 여기에 있다. 실제로 웬만한 태풍 때 파도가 잠수함 바로 위쪽을 지나가도 잠항심도에서 평형을 유지할 수 있다. 허리케인hurricane이나 사이클론cyclone과 같은 아주 격렬한 태풍이 불 때는 파도의 운동이 40피트(약 12미터)의 깊이까지 도달할 수도 있는데, 이러한 경우는 120미터 이상 잠항하면 배멀미도 파도의 영향도 못 느낀다.

05

# 잠수함에는 침대가 부족해서 여러 명이 같이 쓴다는데?

잠수함에서 1인당 1개의 침대를 갖는 것은 아직도 호화스럽고 실현하기 어려운 과제다. 잠수함 승조원들의 근무시간은 나라마다 약간씩 다르다. 통상 6시간 일하고 12시간 휴식을 취하는 2교대 근무를 하는 경우가 많지만, 한국 해군은 4시간 일하고 8시간 쉬는 3교대 근무를 한다.

잠수함은 완전한 진원True Circle의 좁은 깡통 속에 장비를 배치하기 때문에 장비를 우선 배치하다 보면 공간이 별로 없다. 잠수함에서는 장비가 60% 정도를 차지하고 나머지가 공간으로 소위 말하는 용적률은 60% 정도로 보면 된다.

이런 이유로 충분한 침대가 배치되지 않아 초창기 잠수함에서는 전직 당직자가 자다가 근무하러 가면 아직 체온이 남아 있는 상태에서 후임 당직자가 잠자리에 들어가는 핫 벙킹Hot Bunking으로 운용할 수밖에 없었다. 침대의 크기는 길이 2미터 폭 1미터 정도이며 1인당 1개의 침대는 사치스러운 것이 잠수함 생활의 상징이 되어왔지만, 요즘은 잠수함의 크기를 키워 침대 사정이 다소 좋아지고 있다. 그럼에도 불구하고 각기 다른 시간대에서 당직 근무를 하는 두 사람이 공용으로 사용할 수

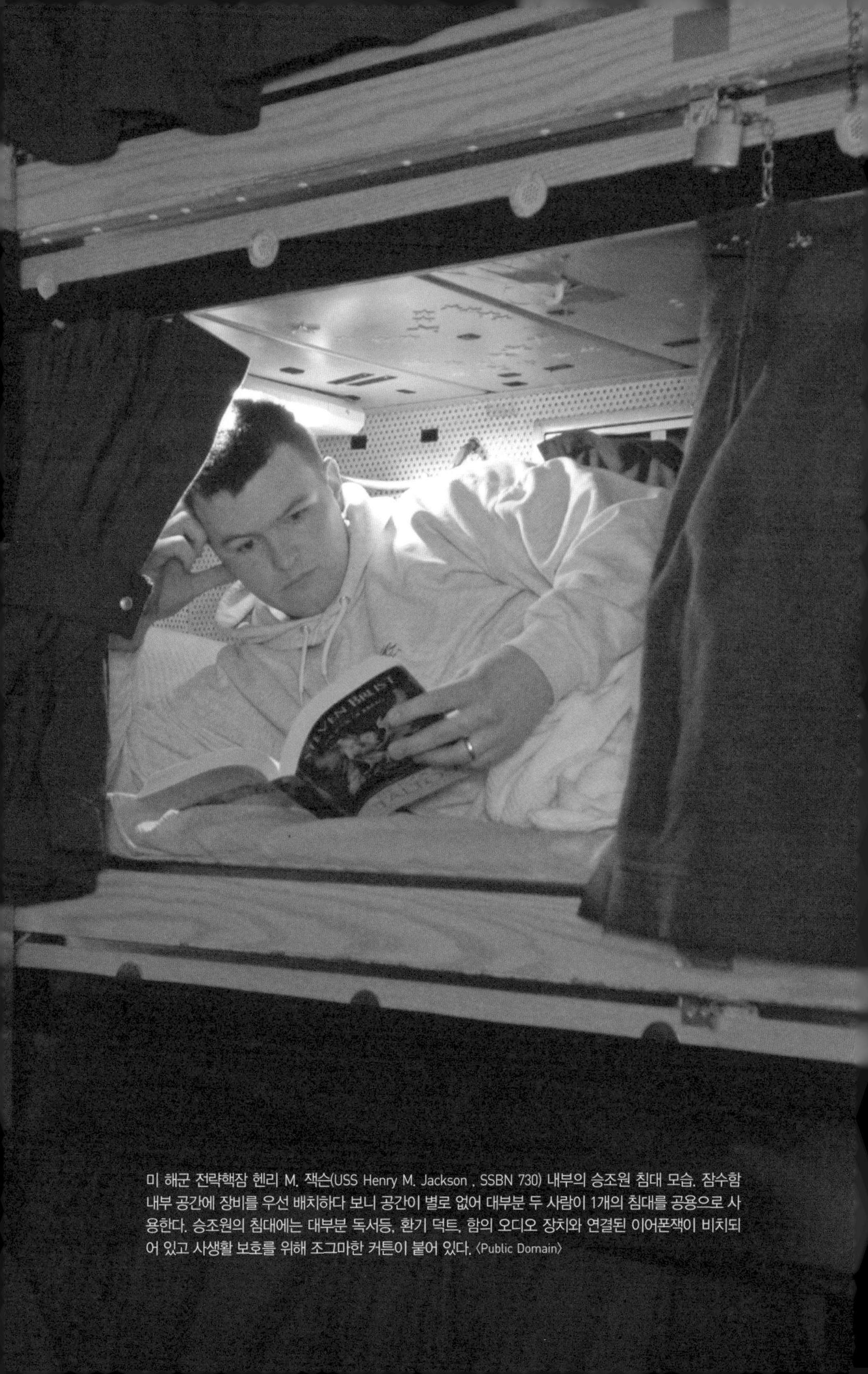

미 해군 전략핵잠 헨리 M. 잭슨(USS Henry M. Jackson , SSBN 730) 내부의 승조원 침대 모습. 잠수함 내부 공간에 장비를 우선 배치하다 보니 공간이 별로 없어 대부분 두 사람이 1개의 침대를 공용으로 사용한다. 승조원의 침대에는 대부분 독서등, 환기 덕트, 함의 오디오 장치와 연결된 이어폰잭이 비치되어 있고 사생활 보호를 위해 조그마한 커튼이 붙어 있다. 〈Public Domain〉

밖에 없다. 자신만을 위한 방을 갖는 유일한 사람은 함장뿐이며 다른 장교들은 침대를 공동으로 사용하지는 않지만 격실은 공동으로 사용하게 된다. 만약 훈련이나 행사를 위해 외부에서 사람들이 추가로 타는 경우에는 어뢰실에 거주하게 된다. 대부분의 잠수함에서 각 승조원의 침대에는 독서등, 환기 덕트, 함의 오디오 장치와 연결된 이어폰 잭이 비치되어 있고 사생활 보호를 위해 조그마한 커튼이 붙어 있다. 잠수함은 24시간 운용되기 때문에 승조원의 3분의 1 내지 2분의 1은 항상 수면 중이다.

승조원들이 당직 근무를 하지 않는 경우, 주로 휴식, 장비의 일상 정비, 승진시험 준비, 비디오나 DVD로 최신 영화 감상 등을 하고 독서를 하거나 전자게임 등을 즐긴다. 대부분의 잠수함들은 출동 임무 기간 중 자전거, 노젓기 기구 및 다양한 운동용 아령을 싣고 다니는데 이 정도면 함정의 크기가 최소한 2,000톤 이상은 되어야 한다.

06

# 잠수함 선체 색깔은 왜 대부분 검은색인가?

필자가 실제로 외국 잠수함을 보고 확인한 잠수함 선체 색깔은 검은색과 회색, 군청색이 대부분이며, 간혹 두세 가지 색을 얼룩 무늬로 도장한 것들도 있었다. 이렇게 선체 색깔이 다른 이유는 잠수함이 주로 작전하는 해역의 바닷물 색깔이 다르기 때문이다. 선체 색깔은 일종의 보호색으로 상대가 잘 식별하지 못하도록 잠수함이 주로 작전하는 바닷물 색깔과 비슷한 색을 칠하는 것이 일반적이다. 특히 항공기에서 잠항해 있는 잠수함의 형체를 알아보는 데는 색깔의 영향이 크다. 북해와 지중해가 다르고 태평양과 대서양이 약간씩 다르며 연안에 얼마나 접근해 있느냐, 그리고 수심이 얼마나 깊으냐 등에 따라서 바닷물 색깔이 약간씩 다르다.

심해에서 작전하는 잠수함의 선체 색깔은 대부분 검은색이며, 천해에서 작전하는 잠수함은 회색에 가깝다. 북한의 상어급과 유고급 소형 잠수함은 얼룩 무늬로 도장했으며, 지중해와 홍해를 주 무대로 활동하는 이스라엘 잠수함의 선체는 군청색으로 도장했다. 이 모두가 선체를 바닷물 색깔과 비슷하게 하여 잠수함을 적이 식별하지 못하게 하는 데 그 목적이 있다. 세계 최강 잠수함을 운용하는 미 해군과 러시아 해군 잠수함 역시 검은색으로 칠하는데, 검은색은 대양에서 잠수함을 숨기는 데 가장 유리한 색깔로 알려져 있다.

❶
4
2
2M
❷

잠수함 선체 색은 일종의 보호색으로 상대가 잘 식별하지 못하도록 잠수함이 주로 작전하는 해역의 바닷물 색과 비슷한 색을 칠한다. ❶ 얼룩 무늬로 도장한 북한의 유고급 잠수함 ❷ 지중해와 홍해를 주 무대로 하기 때문에 군청색으로 도장한 이스라엘 잠수함 라하브(INS Rahav) 〈CC BY-SA 4.0 / Ein Dahmer〉 ❸ 대양에서 잠수함을 숨기는 데 유리한 색상인 검은색으로 도장한 미 해군 잠수함 버니지아(USS Virginia, SSN-774) 〈Public Domain〉 ❹ 검은색으로 도장한 러시아 잠수함 툴라(Tula, K-114) 〈CC BY 4.0 / Mil.ru〉

07

# 디젤 잠수함의 AIP(공기불요추진)체계는 어떤 유형들이 있나?

디젤 잠수함의 수중 추진 동력은 축전지에 저장한 전기에너지이며, 일반적으로 저속에서는 2~3일, 최대속도에서는 1시간의 단기간 항해 능력을 제공할 뿐이다. 이와 같은 디젤 잠수함의 제한된 수중항해 능력을 향상시키기 위해 세계 각국은 노력해왔고, 그 결과 개발에 성공한 추진체계가 핵 추진 잠수함이다.

그러나 경제적·기술적·정치적인 이유로 핵 추진 잠수함을 보유하기가 어려운 국가에서 대안으로 개발한 추진 기관이 공기불요추진AIP, Air Independent Propulsion체계다. 여기서 AIP의 의미는 수면 위의 공기를 사용하지 않고 물속에서 자체적으로 추진 에너지를 발생시키는 장치로 정의되며, 가장 완벽한 AIP체계는 역시 핵 추진 기관이다.

핵 추진 잠수함은 수중에서 공기 없이 무제한 작동이 가능한 데 비해 여기서 언급되는 AIP 기관은 수중에서 저속(시속 7~11킬로미터)으로 기동할 때 수중 지속 기간을 늘려주는 보조 기관에 불과하다. 현재 실용화된 AIP체계로는 실전에 배치되어 운용 중인 독일의 연료전지Fuel Cell, 스웨덴의 스털링 기관Stirling Engine, 그리고 프랑스의 폐회로 증기터빈MESMA,

Module Energie Sous -Marin Autonome 등이 있다. 이들의 특성에 대해 간단히 소개하고자 한다.

①독일이 개발하여 현재 한국의 214급 잠수함에 탑재된 연료전지

독일의 HDW, IKL, 지멘스Siemens사 등은 1980년대부터 잠수함용 복합 추진체계로 연료전지 개발에 착수하여 1988년 해상 시운전에 성공했다. 작동 원리는 물에 전기를 가하면 산소와 수소를 발생시킨다는 물의 전기분해 과정을 반대로 응용한 것으로, 수소와 산소를 결합시킬 때 나오는 전기를 사용하는 것이다. 이러한 방식의 장점은 일반적인 디젤엔진과 같은 열기관에 비해 에너지 효율이 높다는 것이다. 보통의 열기관들이 50% 이상의 에너지 효율을 달성하기 곤란한 것에 비해 연료전지는 화학반응으로부터 직접 에너지를 생성시키므로 최고 70% 수준의 고효율을 얻을 수가 있다는 것이다.

추가적인 장점으로 화학반응이 섭씨 80도 이하의 저온 상태에서 이루어지므로 열처리의 문제가 없으며 회전이나 구동기관이 없으므로 소음 발생도 거의 없다는 것이다. 또한 전기를 생산하는 과정에서 발생하는 물질이 순수한 물이므로 처리가 용이함은 물론 다른 AIP체계와 같은 연료와 산소 소모에 따른 중량 조절 문제나 배기가스 배출에 따른 심도 제한 등의 문제가 없다.

단점으로는 수소저장용 연료전지나 수소연료충전시설 등의 가격이 상당히 고가이고 무겁다는 점이다. 그리고 사용되는 수소는 그 자체가 어느 정도의 금속에 대한 부식성을 지니며 낮은 농도에도 쉽게 폭발하므로 특별히 관리해야 한다는 것이다.

현재 연료전지는 독일 해군용 212급 잠수함, 한국과 그리스의 214급 잠수함에 탑재되어 실용화된 상태이고, 한국이 개발 중인 3,000톤급 잠수함에도 탑재될 예정이다.

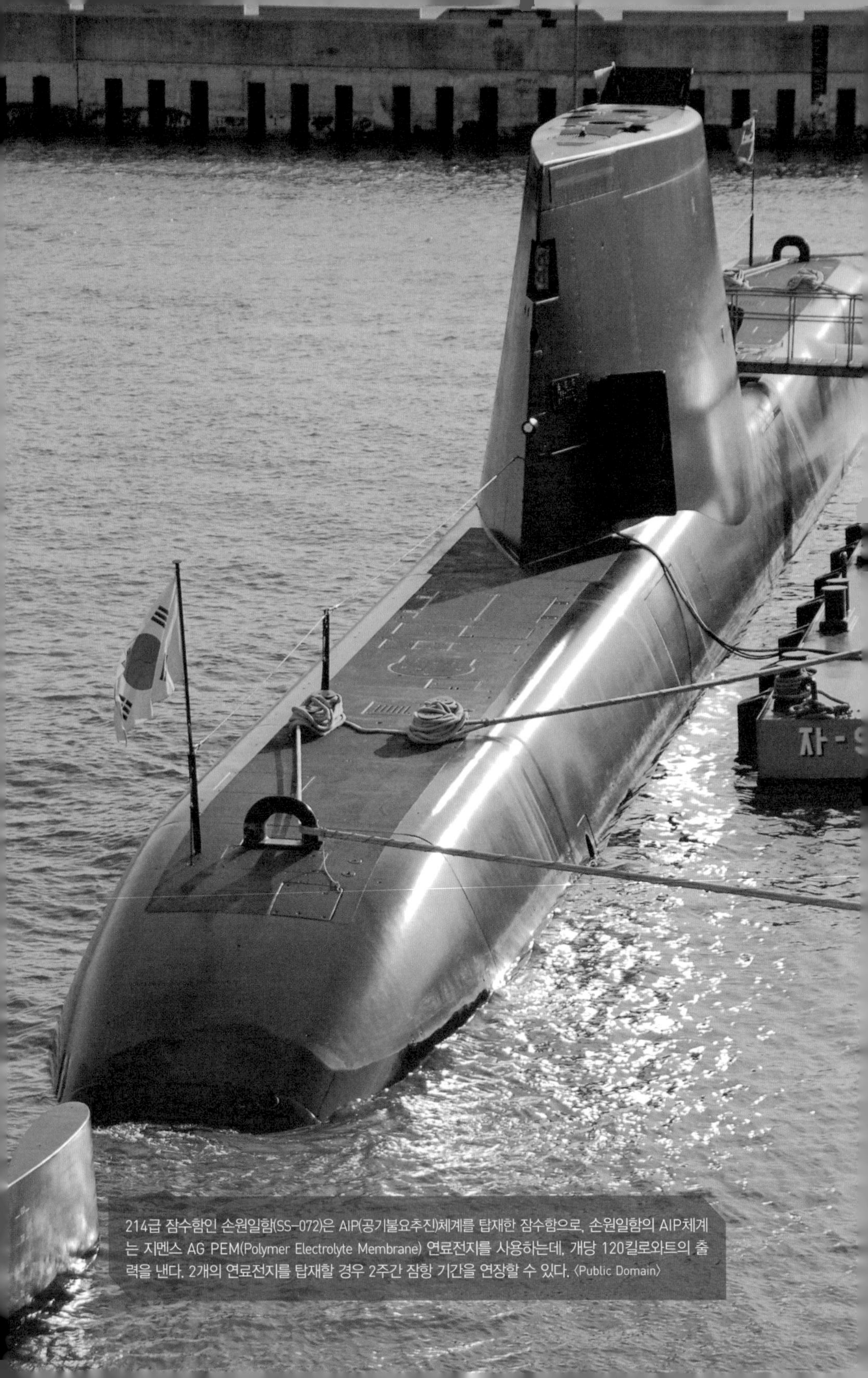

214급 잠수함인 손원일함(SS-072)은 AIP(공기불요추진)체계를 탑재한 잠수함으로, 손원일함의 AIP체계는 지멘스 AG PEM(Polymer Electrolyte Membrane) 연료전지를 사용하는데, 개당 120킬로와트의 출력을 낸다. 2개의 연료전지를 탑재할 경우 2주간 잠항 기간을 연장할 수 있다. 〈Public Domain〉

② 스웨덴이 개발하여 스웨덴 및 일본 잠수함에서 사용 중인 스털링 엔진

스털링 엔진은 1965년 스웨덴의 코쿰스사가 개발을 시작하여 오랜 연구 과정 끝에 1988년 스웨덴 해군이 자국의 디젤 잠수함에 탑재하여 운용시험을 개시했다. 그 후 1995년 고틀란트Gotland급 잠수함에 탑재되어 실전 배치됨으로써 세계 최초의 잠수함용 AIP 추진체계로 기록된다.

스털링 엔진의 구동 시스템은 디젤 연료와 액화 산소를 이용해 열에너지를 발생시키고 이 열을 이용해 피스톤 기관 내부의 불활성 기체(아르곤 가스)를 가열시킴으로써 가스의 팽창과 수축을 이용해 기계적 에너지를 얻는 외연 기관 시스템이다. 장점으로는 외부로 새어나가는 열이 적어 열효율이 우수하고 낮은 온도에서 작동할 수 있으며 발생되는 배기가스가 적어 개발 초기 단계부터 저공해 엔진 및 잠수함 기관으로서 적합성을 인정받았다.

다만 스털링 엔진의 배기가스 압력은 대략 20바bar 정도이므로 수심 200미터 이상에서는 운용이 곤란하다. 때문에 깊은 잠항을 위해 배출가스를 더욱 높은 압력으로 압축하여 방출하고 있으나 이는 자체 소모동력과 소음을 증가시키게 된다. 또한 엔진의 연소가스에서 엔진 중량의 2% 정도의 산소가 배출되므로 산소소모율이 높고 산소 기포가 해수면에 노출될 때 잠수함의 은밀성이 떨어질 수 있다. 그러나 현재는 이러한 문제들이 거의 해결되어 실용상 문제가 없으며 일본의 하루시오급과 소류급 잠수함에도 탑재하여 운용 중이다.

③ 프랑스가 개발하여 파키스탄 잠수함에 사용 중인 MESMA체계

MESMAModule Energie Sous Marin Autonome체계는 프랑스 및 스페인의 3개 회사가 협력하여 개발을 시작했으며, 1998년부터 지상용 설비의 시운전이 시작되었고 2000년부터는 최종 생산된 기본형 MESMA를 잠수함용 모듈에 탑재하여 운용시험을 끝냈다. MESMA체계는 파키스탄에서 프

랑스로부터 도입하고 있는 3척의 아고스타Agosta 90B 잠수함에 옵션으로 제안되면서 주목을 받은 AIP체계다. MESMA체계의 작동 원리는 다음과 같다.

먼저 산소를 영하 185도로 냉각시켜 액체 상태로 보관하고 이 산소를 기화기를 통해 분사시킨 후 연소실로 보내고 여기에서 에탄올과 혼합시킨다. 혼합된 산소와 에탄올을 점화시키면 700도의 고온과 60바bar의 에너지가 방출되므로 이 열에너지를 이용해 연소실 주변을 감싼 파이프 내의 물을 500도의 고온과 18바bar의 압력으로 가열시킨다. 가열된 물은 증기를 발생시키고 이 증기가 증기터빈을 고속으로 회전시켜 전기에너지를 만들고 이 전기를 이용해 잠수함 프로펠러를 회전시키게 된다.

MESMA체계의 장점으로는 앞서 언급했듯이 연소실에서 나오는 에너지가 700도의 고온과 60바bar의 고압 가스이므로 심도 600미터의 깊은 심도에서도 문제없이 배기가스를 방출시킬 수 있다는 점이다. 또한 스털링 엔진의 구동 방식은 피스톤 왕복운동에 의한 저주파 소음을 방출시키는 데 비해 MESMA는 증기를 이용해 증기터빈을 고속 회전시키는 방식이므로 비교적 소음 발생이 적어 멀리 탐지되지 않는 중주파대의 소음만을 발생시킨다. 단점으로는 엄청난 고온·고압을 사용하는 체계이므로 충분한 강도와 안전성을 확보해야 하며 이런 이유로 중량이 증가된다는 점이다. 또한 열에너지가 직접 운동에너지로 전달되는 것이 아닌 효율이 낮은 물을 통해 운동에너지로 전달되므로 AIP체계 중 에너지 효율이 가장 낮은 25% 수준이다.

08

# 수상전투함과 다른 잠수함 진수식 장면은?

잠수함 건조 시 선체를 조립하고 선체 내에 각종 장비를 탑재하여 맨 처음 물위에 띄우거나 정기분해 수리 후 다시 조립하여 물에 띄우는 행사를 진수식이라 한다. 최초 건조 시 진수식에서는 함명이 부여되며 대통령 등 VIP가 임석하고 임석 상관의 부인이 황금 도금을 한 도끼로 진수식 테이프를 자르며 샴페인을 터뜨리는 성대한 기념식을 진행한다. 기념식이 끝나면 이 황금도끼는 자연스럽게 테이프를 자른 VIP 부인이 갖기 때문에 황금도끼를 위해서도 임석 상관으로 참여하기를 희망하는 고위직이 많다.

선체를 물에 띄우는 방법에도 여러 가지가 있는데, 배를 종 방향으로 밀어내어 물에 띄우는 종진수, 배를 옆으로 밀어뜨려 물에 띄우는 횡진수, 그리고 도크dry dock 내에 물을 채워넣어 띄우는 방법이 있다. 또 최신 방법으로 유압으로 작동하는 십리프트shiplift라는 설비를 사용하여 물에 띄우는 방법도 있다.

▲ 종진수 방법을 사용하여 진수하는 미 해군 초창기 잠수함인 홀랜드(Holland)급 플런저(USS Plunger, SS-2)

▼ 1944년 1월 9일 위스콘신주 매니토웍(Manitowoc)강에서 발라오(Balao)급 잠수함 호크빌(USS Hawkbill, SS-366)이 횡진수(옆진수) 방법으로 진수되는 모습 〈Public Domain〉

▲ 도크 내에 물을 채워넣어 잠수함을 띄우는 방법을 사용한 미 해군 벤자민 플랭클린급 탄도미사일 탑재 잠수함 마리아노 G. 발레오(USS Mariano G. Vallejo, SSBN-658)의 진수 장면 〈Public Domain〉

▼ 진수 전 십리프트 위에 있는 영국 아스튜트 잠수함(HMS Astute) 〈Public Domain〉

09

# 잠수함에서는 공기를 어떻게 정화시키나?

## 잠수함 내에서는 산소, 이산화탄소, 수소 가스는 철저히 관리

현역 시절 잠수함을 구경하러 오는 사람들로부터 가장 많이 받은 질문은 이렇게 좁은 데서 어떻게 사느냐, 공기가 탁한데 건강은 어떻게 유지하느냐 하는 것이었다. 잠수함에서 공기를 관리하는 것, 즉 공기를 정화시키는 작업은 매우 중요하다. 이것을 전문용어로 '대기 관리'라고 한다. 대기 관리를 위해서는 우선 숨을 쉬기 위한 산소를 적절히 공급해야 한다.

물속에서 장시간 작전을 하면 승조원들이 숨을 쉬면서 산소가 고갈되기 때문에 출항하기 전에 압축된 산소를 실린더에 저장하여 싣고 나간다. 물론 우리가 보유한 잠수함보다 큰 잠수함, 특히 핵 추진 잠수함은 함 내부에서 자체적으로 산소를 생산해 사용한다. 바닷물을 전기분해하면 산소와 수소가 발생하는데, 수소는 외부로 배출하고 산소는 이용한다. 잠수함 내부에서 산소는 18~21% 범위에서 유지해줘야 한다. 이는 일반 대기 중 산소 함유량 21%보다 약간 못 미치는 수준이다. 준비해간 산소를 이용하면 되므로 산소 농도를 적절히 유지하는 데는 큰 문제가 없다. 그러나 호흡 후 발생하는 이산화탄소를 처리하기는 쉽지 않다. 일반 공기 중에는 이산화탄소가 0.035% 포함되어 있지만, 잠수함은 밀폐된 공간이기 때문에 이 농도를 유지하기가 어렵다. 잠수함은 창문이 없으므로 수상항해를 할 때도 환기가 잘 되지 않는다. 따라서 수상항해를 하다가 물속에 들어가자마자 이산화탄소 농도를 측정해봐도 일반 공기 중보다 10배 정도 많은 0.4% 정도에 이른다.

이러한 이유로 잠수함 내부의 공기는 신선하지 못하다. 이산화탄소 농도가 1% 이상이 되면 사람이 무기력해지고, 3%를 넘으면 마치 연탄가스에 중독된 것처럼 정상적으로 호흡하기가 어렵다. 독일 해군은 제2차 세계대전 때의 경험으로 1%가 넘지 않도록 관리해오고 있다. 이 정도만 해도 사실은 일반 공기 중의 30배 정도이니 잠수함 내부의 공기는 오염되어 있는 것이다. 독일에서 잠수함 훈련 시 함내 이산화탄소 농도를 1% 이하로 유지(지금 대한민국 해군은 0.8% 이하 유지)했다. 매시간 이산화탄소 농도를 점검해 1% 이상이 되면 특수약품인 수산화리튬을 사용해 이산화탄소를 제거해줘야 한다.

이외에도 잠수함 내부는 완전히 폐쇄된 공간이므로 공기 중 여러 가

| 중독 및 위험 원인 | 발생 원인 | 인체에 미치는 효과 |
|---|---|---|
| 저산소증 | 대기 중 산소 분압 저하에 의한 산소 부족 | 야간 시력 감퇴, 호흡 곤란, 판단력 상실, 어지러움, 지각력 손상 등 |
| 산소중독 | 부분압 50킬로파스칼(kPa) 이상의 과다 산소 분압 | 폐 손상 |
| 이산화탄소 축적 | 인간의 호흡에 의해 생성 | 어지러움증, 무감각 상태, 지각력 상실 |
| 일산화탄소 축적 | 디젤엔진과 AIP의 배기가스 | 저농도에서도 혈액의 산소 공급 기능 방해 |

네덜란드 해군의 발루스(Walrus)급 잠수함에서 비상호흡장치(BIBS, Built-In Breathing System)를 이용한 훈련 장면. 오른쪽 위를 자세히 보면 빨간색 캡으로 막혀 있는 연결구를 볼 수 있다.

지 가스 성분이 승조원들의 생활을 제한할 수 있다. 잠수함 하부에 있는 축전지 전해액에서는 수소 가스가 발생하며, 수소 가스가 많아지면 폭발할 수도 있기 때문에 태워버리는 장비가 부착되어 있다. 함내에서 수소 가스가 2%를 넘지 않도록 관리한다. 디젤 잠수함일 경우 하루 3~4시간의 스노클링Snorkeling(잠항 상태에서 축전지 및 압축 공기 충전 또는 함내 대기 순환을 목적으로 스노클 마스트를 수면으로 상승시켜 발전기를 작동하는 상태)을 통해 환기를 시키면 관리하는 세 가지 가스의 농도를 적절히 유지할 수 있다.

10

# 잠수함은 어떻게 건조되고 시운전되는가?

## 잠수함 건조의 상징은 튼튼한 압력선체 제작

잠수함의 압력선체pressure hull(내압선체라고 표현하기도 함)는 물의 압력을 견뎌내는 아주 두껍고 무거운 철판이다. 잠수함 전체 중량의 38~42%에 달할 정도로 큰 비중을 차지하며, 잠수함의 거의 모든 장비는 압력선체를 만든 후 압력선체의 내부에 배치하고, 승조원들은 압력선체 내부에서 생활한다. 잠수함이 100미터의 심도로 잠항 중일 때 압력선체는 1제곱미터당 약 100톤의 압력을 받게 된다. 또한 수중 폭발 충격에 견디기 위해 인장율이 크고 내충격성이 큰 강재가 사용되어야 한다. 따라서 잠수함 압력선체는 수압과 충격에 견딜 수 있는 특수합금강으로 제작되어야 하며 금속가공기술이 발전함에 따라 잠수함의 잠항심도도 증가해왔다. 잠수함 건조 국가마다 사용된 압력선체 재질이 다르며 주요 차이점은 압력에 견디는 항복강도yield strength다.

ST52강은 제2차 세계대전 말까지 독일 U-보트에 널리 사용되었던 강재다. ST52는 독일 공업규격DIN명이며 인장강도 520뉴턴(N)/제곱밀리

제2차 세계대전 종전 무렵인 1944년 독일 도르트문더 우니온(Dortmunder Union)에서 건조한 XXI형 U-보트의 압력선체 모습 〈Public Domain〉

미터, 항복점 355뉴턴(N)/제곱밀리미터 이상으로 현재 수상함정에 널리 사용되고 있는 고장력 강재와 같은 강도를 가지고 있다.

HY80강은 항복강도가 550뉴턴(N)/제곱밀리미터 이상으로 현재 잠수함의 압력선체 건조에 가장 널리 사용되고 있다. HY80강은 1951년에 건조한 미 해군의 실험용 잠수함인 알바코어USS Albacore의 압력선체 외판 제작에 최초로 사용되었다. 알바코어 시운전 중 건조가 착수된 스킵잭Skipjack급 잠수함의 압력선체 재질로 사용된 후 1975년경까지 미 해군의 모든 잠수함에 사용되었다. 독일에서는 1967년 그리스가 발주하여 HDW 조선소에서 건조한 글라브코스Glavkos급(209형) 잠수함 건조에 처음으로 사용됐다.

일본은 HY80강과 유사한 기계적 특성을 가지고 있는 NS80이라는 고장력강을 독자적으로 개발하여 유시오Yushio급 잠수함 건조에 사용했다. 하루시오Harushio급 잠수함에는 NS90 및 NS110강을 사용하여 잠항심도를 300미터 이상으로 증가시켰다. 프랑스는 1980년대까지 HLES80을 사용했고 1990년대에 이르러서는 HLES100을 사용했다.

일본 유시오급 잠수함인 모치시오(Mochishio, SS-574). 일본은 HY80강과 유사한 기계적 특성을 가지고 있는 NS80이라는 고장력강을 독자적으로 개발하여 유시오급 잠수함 건조에 사용했다. 〈Public Domain〉

국내에서는 국방과학연구소ADD, Agency for Defense Development와 포스코가 공동으로 자체 개발한 HY80강을 장보고-I급 잠수함 7번함인 이순신함의 압력선체 건조에 최초로 사용하여 1999년 5월 12일 최대잠항심도에서 시운전을 성공적으로 완료했다.

HY100강은 크롬과 몰리브덴을 첨가하고 HY80강보다 니켈을 0.25% 더 함유한 합금강으로, 높은 탄소 함량으로 인한 엄격한 용접 관리와 높은 예열 요구 및 층간 온도 관리가 요구된다. 1997년 첫 번째로

장보고-I 급 잠수함의 압력선체 각 섹션을 조립하는 장면

진수된 미 해군의 시울프Seawolf급 잠수함의 압력선체는 완전한 HY100 강으로 건조되었으며, 이에 따라 최대잠항심도는 610미터에 이르게 되었다. 또한 한국 해군의 214급 잠수함의 압력선체 외판과 프레임 건조에도 사용되고 있다. 독일은 평균 수심이 50~60미터에 불과한 발트해Baltic Sea와 같은 천해에서 특수작전을 수행할 때 자기기뢰 및 자기탐지로부터 잠수함을 보호하기 위해 18척의 500톤급 206A 잠수함(지금은 모두 퇴역)에 고장력 비자성 강재인 스테인리스강을 적용했다. 또한 독일 해군의 212A급 잠수함의 압력선체에도 이와 같은 목적으로 스테인리스강이 적용됐다.

그 밖의 특수 재료로서는 티타늄 합금강이 있는데, 이것은 1971년 소련이 건조한 알파Alfa급 잠수함에 최초로 사용되었다. 알파급 잠수함은 최대작전심도NDD, Normal Diving Depth 700미터, 최대잠항심도 1,160미터에 달했으며, 수중최대속력은 45노트에 도달한 것으로 기록되어 있다. 티타늄 합금강은 또한 시에라Sierra급 잠수함과 1989년 북해에서 화재

티타늄 합금강을 사용해 만든 소련의 공격핵잠 시에라급 잠수함. 순수 티타늄에 알루미늄과 바나듐을 소량 첨가한 티타늄 합금강은 비자성체이며, 특히 바닷물 속에서 내식성이 강할 뿐만 아니라 고장력강에 비해 가볍고 강도가 더 큰 반면, 단조와 기계가공 비용이 높기 때문에 가격이 매우 비싸다는 단점이 있다.〈Public Domain〉

사고로 침몰한 잠항심도가 1,000미터에 달하는 핵잠 K-278 콤소몰레츠Komsomolets에도 사용된 바 있다. 순수한 티타늄의 비중은 약 4.54이며 항복응력 101킬로그램/제곱밀리미터다. 순수 티타늄에 알루미늄과 바나듐을 소량 첨가한 티타늄 합금강은 비자성체이며, 특히 바닷물 속에서 내식성이 강할 뿐만 아니라 고장력강에 비해 가볍고 강도가 더 크다. 그러나 티타늄 합금강은 단조와 기계가공 비용이 높기 때문에 가격이 매우 비싸다는 단점이 있다. 미 해군 역시 티타늄 합금강을 이용한 잠수함 건조를 제안받았으나, 가격이 너무 비싸다는 이유로 거부한 바 있다. 잠수함의 압력선체는 30년 수명주기 동안 해수면으로부터 최대작전심도NDD까지 1만 회의 잠항이 이루어지더라도 피로강도에 영향을 미치지 않도록 설계된다.

## 건조 시 어떤 어려움이 있고 기간은 얼마나 걸리나?

잠수함은 선체가 작으면서도 밀도가 수상함정에 비해 3~4배 정도로 높기 때문에 단위면적당 중량이 무겁다. 따라서 건조 공장의 지반은 제곱미터당 40톤의 지반강도를 충족시킬 수 있도록 특수하게 시공돼야 한다. 일반 상선이나 해양플랜트 공장의 최대지반강도가 제곱미터당 15톤임을 감안하면 매우 높은 지반강도가 유지되어야 함을 알 수 있다. 압력선체는 고장력 특수강으로 제작되며, 자동용접 설비와 전용 치공구를 사용하여 철저한 진원도 측정과 100% 비파괴검사를 거친 후 각 섹션의 조립 과정을 거침으로써 깊은 수심에서도 안전운항을 보장할 수 있는 구조로 제작된다. 내부 구조물도 고장력 특수강으로 제작되며, 말굽형 치구를 사용해 압력선체에 조립한다.

이렇게 만들어진 선각은 다시 엄밀한 검사를 거쳐 후속 의장 공정에 들어간다. 협소한 공간에서의 작업을 위해서는 철저한 순서 관리 및 공

타이푼급 잠수함 압력선체를 조립하고 있는 장면. 소련과 러시아 잠수함들이 대부분 그렇듯이 타이푼급 잠수함 역시 이중 선체 잠수함이다. 따라서 압력선체의 링 프레임(Rring Frame: 원환늑골)이 외부로 배치되어 있음을 알 수 있다.

정 계획이 필요하다. 의장 제작품들도 압력선체와 동일한 수준의 비파괴검사를 거쳐 완벽한 품질을 유지하게 되고 철저한 관리를 통해 정밀하게 설치된다.

의장 작업이 완료되면, 어뢰발사관이 설치된 어뢰실 섹션이 탑재 조립을 위해 이동된다. 잠수함과 같이 선체 외부로부터 압력을 받는 구조물의 경우 허용치를 초과한 변형이 있을 경우, 압력선체 전체의 붕괴로 이어질 수 있기 때문에 외압을 받는 구조물에는 특별한 요구 조건이 있다.

잠수함 건조는 왜 오랜 시일이 요구되는가? 제2차 세계대전 당시 대량으로 건조된 U-보트의 경우 착공에서 취역까지 불과 1~2년 정도 소요되었다. 이것은 수십 개의 소형 업체에서 각각 제작한 부품과 섹션들을 10여 개의 조선소에서 조립하여 완성하는 방식을 사용함에 따라 가능한 것이었다. 예를 들어 U-보트 중 연합국 상선 51척과 전함 1척 등 총 30만 8,000톤을 격침시켜 최대 전과를 올린 U-48의 경우 착공에서 취역까지 약 2년 소요되었으며, 상선 45척 23만 7,000여 톤을 격침한 U-103은 착공 후 불과 10개월 만에 취역한 기록을 가지고 있다. 최초의 핵 추진 잠수함인 노틸러스Nautilus함 역시 착공에서 취역까지 약 2년 3개월이 소요되었다. 그러나 호주 콜린스급 잠수함 6척의 평균 건조 기간은 약 6.5년이며, 영국의 최신형 핵 추진 잠수함 아스튜트Astute의 경우 건조 기간이 약 8년 정도 소요되었다. 또한, 프랑스의 최신형 바라쿠다Barracuda급 공격핵잠의 경우 약 7년이 소요될 것으로 예상되고 있다.

현대의 잠수함은 대부분 한 개의 조선소에서 건조가 이루어지며, 잠항심도가 깊어지고 수중폭발에 따른 내충격성에 대한 요구 조건이 점차 높아지고 있으며 기계식 장비가 아닌 고정밀도의 전자장비들의 상호 연동성 등이 충분히 고려되고 있다. 그리고 잠수함은 3차원 공간에서 3차원 운동을 하기 때문에 이를 정밀하게 제어하기 위한 장비들의 설치 및 시험에 많은 시간과 노력이 요구된다.

## 시운전 및 평가는 어떻게 진행되나?

장보고급 잠수함은 진수 후 6개월 이상의 부두 시운전과 8개월 이상의 해상 시운전을 통해 성능확인시험을 완벽하게 수행했다(30만 톤급

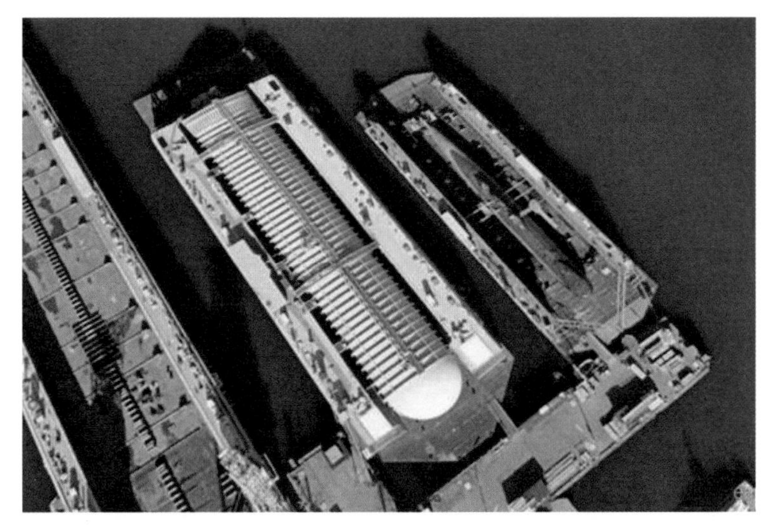

독일 북부 킬(Kiel)에 위치한 HDW 조선소 인근에 있는 프레셔 도크(Pressure Dock)의 모습.
이 도크에는 209급 1200형 잠수함 1척을 통째로 집어넣고 수압시험을 수행할 수 있다.

독일 206급 잠수함의 압력선체를 프레셔 도크에 넣고 수압시험을 수행한 결과

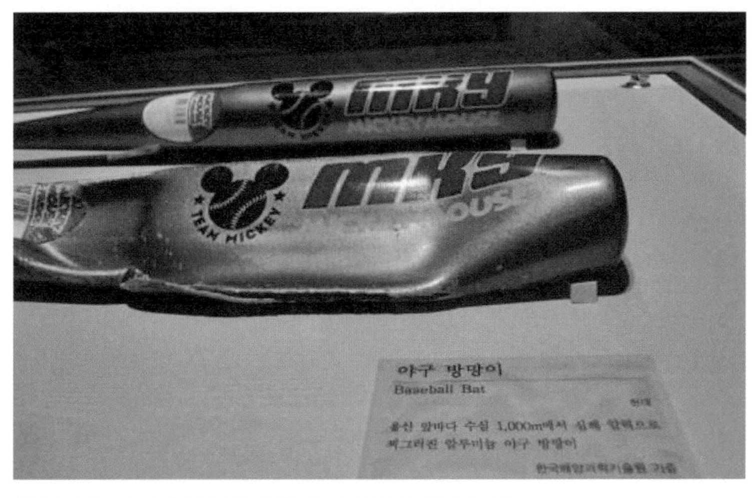


울산 앞바다 1,000미터 수심에서  수압으로 찌그러진 야구방망이 모습

VLCC 유조선의 경우 진수 후 인도까지 대략 2.2개월 정도 소요된다). 부두 시운전이 완료되면 최초로 잠항하여 잠수함의 부력과 중량, 그리고 부력중심과 중량중심의 일치 상태를 실험적으로 평가하기 위한 정적잠항시험을 수행하고 복원성(안정성)을 평가하기 위한 경사시험을 거친다. 이 시험을 성공적으로 통과해야만 항해 시운전이 시작된다.

이 시험 단계에서는 함의 수밀 상태와 수상항해에 필요한 기본성능시험을 마친 뒤, 수상 및 수중의 속도성능시험, 함의 은밀성과 적군의 동태를 파악하는 소음 및 음탐시험, 긴급잠항 및 긴급부상, 장비의 작동 상태와 심해수밀 상태를 확인하는 심해잠항시험을 거친 뒤, 함내 무장 장비에 대한 무장성능시험을 끝으로 해상 시운전이 종료된다. 해상 및 수중 시운전이 완료되고 모든 문제점이 완벽하게 보완된 후 실전에 배치된다. 특히 시운전에 오랜 기간이 요구되는 까닭은 공간 협소로 인한 시험요원의 탑승이 제한되고, 장비 작동 시 안전을 위해 한 가지씩one by one 시험이 진행될 수밖에 없기 때문이다. 또 다른 예를 들면 최대작전심도시험의 경우 안전을 위해 50미터씩 단계별로 시험 심도를 증가시켜가면서 최소한 6회 이상의 시험을 진행해야 하므로 시험에 많은 시간이 소요된다. 또한 모든 시험 항목의 초기에는 축전지의 충전 상태를 100%로 유지해야 하기 때문에 한 가지 시험이 종료되면 재충전하거나 귀항하여 야간에 충전해야 한다.

SUBMARINE

## CHAPTER 02

# 잠수함은 물속에서는 장님이라던데?

WORLD

•

잠수함 항해 안전은 출항 전 해도 연구와 장비 점검에서 시작된다.

•

잠수함은 이 세상에서 가장 호흡이 잘 맞는 공동운명체 조직이다.

•

과거 해전에서 잠수함 함장의 별명 중에서 승조원들에게
가장 인기 있었던 별명은 '생명보험'이었다.

•

01

# 수중의 장님 잠수함, 물속에서 어떻게 항해하고 작전하나?

## 잠수함은 물속에서 까딱 잘못하면 우군 잠수함을 공격한다

2015년 8월 북한과의 전면전 위기 속에서 김정은이 잠수함 50여 척을 출항시킴으로써 온 국민을 불안하게 했다. 당시 위기상황에서 많은 국민들이 잠수함 50척을 거의 동시에 바다에 출항시키면 어떻게 통신하고 어떻게 지휘할 수 있는가를 물어왔다. 대답은 물속에 있는 잠수함 50척을 일사불란하게 지휘하는 것은 출항 전 잠수함지휘부에서 지시하고 약속한 대로 하지 않을 경우 사실상 불가능하다고 대답했다.

잠수함이 물속에서 항해하려면 사전에 해도海圖(항해에 사용할 목적으로 바다에 대한 광범위한 정보를 기재하여 만든 지도)와 해저지형도海底地形圖, bottom contour chart 또는 submarine topographical map(해저에 있는 지형의 기복을 등심선等深線으로 나타낸 지도), 항로고시航路告示(출판된 해도를 보충하기 위해 항구, 해안선, 항해위험물, 항해보조시설 및 해도에 수록되지 않은 항해에 도움이 되는 각종 자료가 수록되어 있는 서적) 등을 보고 모든 수상·수중의 장애물을 분석하고 항해할 바닷길을 출항 전에 정하고 작전에 나간다. 물론

3차원 해저지형도. 잠수함이 출항 전 최종 확인하는 것은 3차원 해저지형도다. 그림은 북쪽에서 바라본 독도 모습이다.

작전 임무도 사전에 부여해줘야지 그렇지 않으면 물속에서 재앙을 당하거나 우군끼리 공격하는 불행을 당하기 쉽다. 한마디로 잠수함을 물속에 보낸 사령관들은 잠수함이 작전을 마치고 부두에 안전하게 돌아올 때까지는 학교 보낸 어린아이가 집에 돌아올 때까지 기다리듯 잠수함의 안전을 항상 걱정해야 한다. 세상과 통신이 단절된 물속에 있는 잠수함이 안전하게 기지에 돌아오려면 작전 내내 수중교통안전규칙을 지켜야 한다. 차제에 이러한 수중교통안전규칙에는 어떤 것들이 있으며 어떻게 지켜야 하는가를 보안에 위배되지 않는 차원에서 소개하고자 한다.

## 잠수함의 항해 유형 세 가지 알아야 수중교통안전규칙 이해

잠수함은 작전 목적에 따라 수상항해, 잠망경항해, 잠항항해로 구분하는데, ①수상항해는 일반 수상함과 동일한 항해 형태로 수심이 얕아서 잠항항해가 불가능한 지역이나 출·입항을 위해서 모항 근처에서 주로 이동하는 항해 형태다. ②잠망경항해는 일정한 심도에서 잠망경 마스트를 수면 위 약 1미터 정도로 올리고 항해하는 형태로, 주로 디젤 잠수함의 연료인 배터리를 충전할 경우나 모 기지와 통신이 필요한 경우, 잠망경을 통해 항해 장애물이나 공격할 표적을 직접 눈으로 확인할 필요가 있는 경우에 하는 항해 형태다. ③잠항항해는 잠수함의 가장 대표적인 항해 형태로, 수심에 따라 물속에서 3차원 기동함으로써 잠수함의 가장 큰 장점인 은밀성을 최대로 발휘하는 항해 형태다. 따라서 잠항항해를 하는 잠수함은 위치 노출을 방지하기 위해 우군과도 통신과 위치 확인을 거의 하지 않는다. 자신의 위치도 접촉물에서 발생되는 소리를 이용해 계산하고 군함, 상선, 어선 등 접촉물의 종류도 머리로 예측하고 판단해야 되기 때문에 수중을 항해하는 잠수함에 대한 항해 계획은 바닷속 특성에 맞게 출항 전부터 철저히 연구하여 수립해야 한다.

물속에서 안전하게 항해하려면 가고자 하는 바닷속 모든 상황을 파악하여 사전에 길을 정해놓고 가야 한다. 사전에 모든 길을 정해놓지 않

잠수함이 수중항해 시는 수중교통안전규칙이라 할 수 있는 상호간섭방지(PMI)와 수중구역관리(WSM) 규정에 따라 항해한다.

미 해군의 로스앤젤레스급 핵 추진 잠수함이 2005년 1월 괌 근해에서 해도에 표시되지 않은 암초에 부딪혀 함수 부분이 손상된 모습. 사고 당시 1명이 사망하고 23명이 중상을 입었다. 수중교통안전규칙을 잘 지켜도 해도나 해저지형도에 표시되지 않은 암초에 부딪힐 수 있는 것이 잠수함 승조원들의 운명이다. 〈Public Domain〉

으면 장님들끼리 부딪히거나 전시에는 우군 간 공격이 이루어진다. 이런 불상사를 미연에 방지하기 위해 철저한 규칙을 정하여 지키고 있는데, 이것이 상호간섭방지PMI, Prevention of Mutual Interference와 수중구역관리WSM, Waterspace Management라는 수중교통안전규칙이다.

## 수중교통안전규칙에는 상호간섭방지와 수중구역관리가 있다

상호간섭방지란 수중에서 잠수함과 다른 잠수함 또는 다른 선박 및 장애물 등과 충돌을 방지하기 위한 규칙으로, 잠수함 안전에 위협이 되는 모든 요소들을 관리하고 조정하는 것이다. 따라서 해군은 군뿐만 아니라 수중 업무와 관련된 해양수산부, 산업통상자원부, 미래창조과학부 및 민간업체 등 기관들 상호간에 협조체계가 잘 유지되어 수중 잠수함과 상호간섭이 일어나지 않도록 관리해야 한다. 실제로 유럽에서는 잠수함 훈련 해역에서 활동하는 어선 선장들에게 잠수함 훈련 구역에서 상호간섭이 일어나지 않도록 훈련 사전 회의 시 훈련 내용을 설명하고 협조를 구하기도 한다.

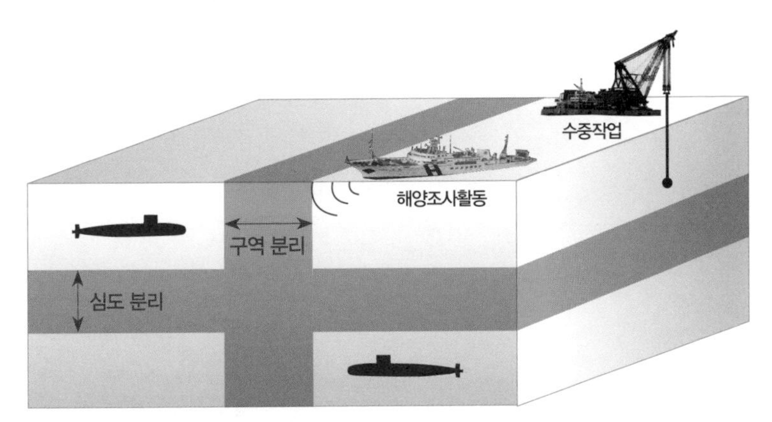


**상호간섭방지규칙 운용 개념도.** 인접해서 작전하는 잠수함과 다른 잠수함 간에는 심도와 구역을 분리하여 운용하고 잠수함과 수상전투함 또는 수중작업 선박들과는 활동 구역을 엄격하게 분리하여 상호간에 간섭이 일어나지 않도록 관리한다.

2001년 2월 10일 미국 하와이 근해에서 긴급부상 훈련 중인 미국 핵 추진 잠수함 그린빌(USS Greeneville)과 일본 수산고 원양어업실습선 '에히메마루(えひめ丸)'가 상호간섭방지규칙 미준수로 충돌하여 에히메마루가 침몰하는 사건이 발생했다. 당시 에히메마루 승무원 35명 가운데 교사 5명, 생도 4명이 사망하고, 이 가운데 1명은 행방불명이 되었다. 위 사진은 사고 후 손상된 왼쪽 측면을 수리하기 위해 수리 도크에 있는 그린빌의 모습이고, 아래 사진은 인명구조 후 해저에 투기되어 있는 에히메마루의 모습이다.

## 상호간섭방지규칙에는 어떤 것들이 포함되는가?

### 잠수함행동지시서

잠수함행동지시서SUBNOTE, Submarine Notice는 잠수함이 언제, 어디로 이동하며, 어떤 수심에서 항해해야 하는지를 시간별로 구체적으로 지시하는 행동지시 명령이다. 여기에는 인접구역에 다른 잠수함이 있는지, 잠수함 안전에 지장이 되는 장애물이 있는지, 장애물이 있다면 한곳에 고정되어 있는지, 또는 수시로 이동하는 것들인지 등을 사전에 파악하여 모두 포함시켜야 한다. 잠수함사령부 지휘관은 잠수함 출항 전에 잠수함 함장에게 잠수함행동지시서를 하달해야 하며 바다에 나간 잠수함은 반드시 잠수함행동지시서에 기록된 지시사항을 준수해야 하고, 변경이 필요할 경우에는 잠수함부대에 요청하여 변경할 수 있다.

바다 일정한 곳에 고정된 잠수함 장애물들. 기상관측 및 해양관측 부이, 동해 가스전 설비, 골재채취선 등은 잠수함 안전에 큰 위협을 주는 요소들이다.

**매시간별 잠수함이 위치해야 할 이동안전구역(MHN, Moving Haven) 지정**

잠수함은 이동할 때 잠수함행동지시서에 명시된 침로와 속력, 항해 형태를 유지해야 하며 정해진 시간마다 이동예상위치PIM, Position Intended Movement를 산출하여 해도에 표시하고 지시된 시간마다 지휘부에 보고해야 한다. 수상함은 실시간으로 물표나 GPS를 이용해 정확한 위치 산출이 가능하고 장비를 통해 지휘부에 자동 전송되지만 물속에 있는 잠수함은 물속에 들어가기 전에 받은 최종 GPS 위치를 기준으로 관성항해를 하기 때문에 시간이 지남에 따라 위치 오차가 발생한다.

항공기에서 운용하는 관성항법장치와는 달리 물속 잠수함에서 운용하는 관성항법장치는 GPS 위치를 계속 받을 수 없고 조류 등의 영향을 받으므로 시간이 지남에 따라 위치 오차가 크게 발생한다. 위치 오차가 크면 충돌하거나 좌초할 수 있으므로 이를 방지하기 위해 이동 예상 위치를 기준으로 전후방 및 좌우에 수 킬로미터씩 일정한 폭을 지정하고 시간도 부여하는데 잠수함은 이동 기간 동안에 반드시 시간에 따라 지

바다에서 수시로 움직이는 잠수함 장애물들. 우군 잠수함 활동, 심해탐사로봇, 케이블을 이용한 해저지질 탐지, 군에서 운용하는 무인잠수정 등도 잠수함 안전을 위협한다.

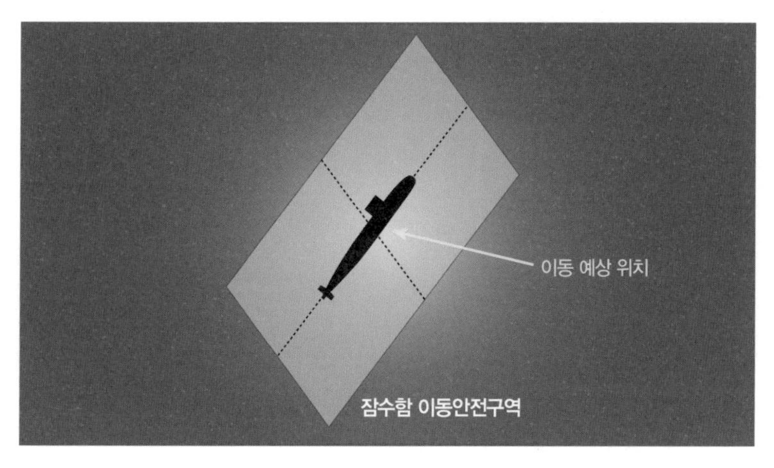


잠수함은 목적지로 이동 시 잠수함사령관이 잠수함행동지시서에 하달한 시간에 반드시 이동안전구역에 안에 있어야 한다

시된 이동안전구역에 위치해야 한다. 이 이동안전구역은 수중에서 잠수함이 조난당했을 경우 구조작전을 시작하는 참고 구역이 된다.

## 수중구역관리란?

수중구역관리란 우군 잠수함 및 수상함, 항공기들에게 각각 작전, 훈련할 구역을 미리 정해주고 그 구역 안에서 잠수함을 접촉 시는 어떻게 하라는 지침을 정해줌으로써 우군 잠수함의 안전을 보장하면서 신속하게 작전을 수행하기 위한 규칙이다. 적 잠수함이 있을 것으로 예상되는 해역에서 잠수함을 접촉했을 때 즉각적인 적·아 구분이 안 되면 우물쭈물하다가 공격당할 수도 있어 신속한 적아 식별은 대단히 중요하다. 따라서 전투 시나 평화 시에도 공히 작전 세력들 간에 각각 작전하는 수중구역을 정해줌으로써 적 잠수함은 신속하게 공격하고 우군 잠수함에 대한 오인공격은 방지할 수 있도록 규칙을 정해놓고 이를 숙달해야 한다.

1966년 11월 11일 훈련 중 수중구역관리 미숙으로 충돌한 미 해군의 세계 최초 핵 추진 잠수함인 노틸러스와 엑세스 항공모함(USS Essex, CV-9)이 노스캐롤라이나 모어헤드 시티(Morehead City) 동쪽 360마일 부근에서 추돌하면서 잠수함 함교탑 4분의 1이 찢겨나갔다.

## 수중구역관리규칙에는 어떤 것들이 있나?

### 접촉되는 잠수함을 자유롭게 공격할 수 있는 대잠전자유구역

83쪽 그림과 같이 대잠전자유구역ASWFA, Anti-Submarine Warfare Free Area으로 설정된 구역에는 우군 잠수함 활동 확률이 희박하고 적 잠수함 또는 식별되지 않은 제3국 잠수함일 확률이 높으니 접촉되는 잠수함은 지체 없이 공격해도 좋다고 인정된 구역이다.

### 잠수함 접촉 시 우군 잠수함 확률 높으니 공격하지 말라는 잠수함공격금지구역

그림과 같이 협동작전 구역 내 잠수함공격금지구역NOTACK, Not Attack Area으로 설정된 구역에서 접촉되는 잠수함은 대부분 우군 잠수함이니 공격을 삼가하라고 통보된 구역이며 이 구역에서는 우군 잠수함의 안전을 보장하기 위해 잠수함에 대한 무기 사용을 엄격하게 제한하며 적 잠수함의 선체를 눈으로 확인하는 등 적 잠수함이라는 확실한 증거가 있을 경우에만 공격할 수 있다.

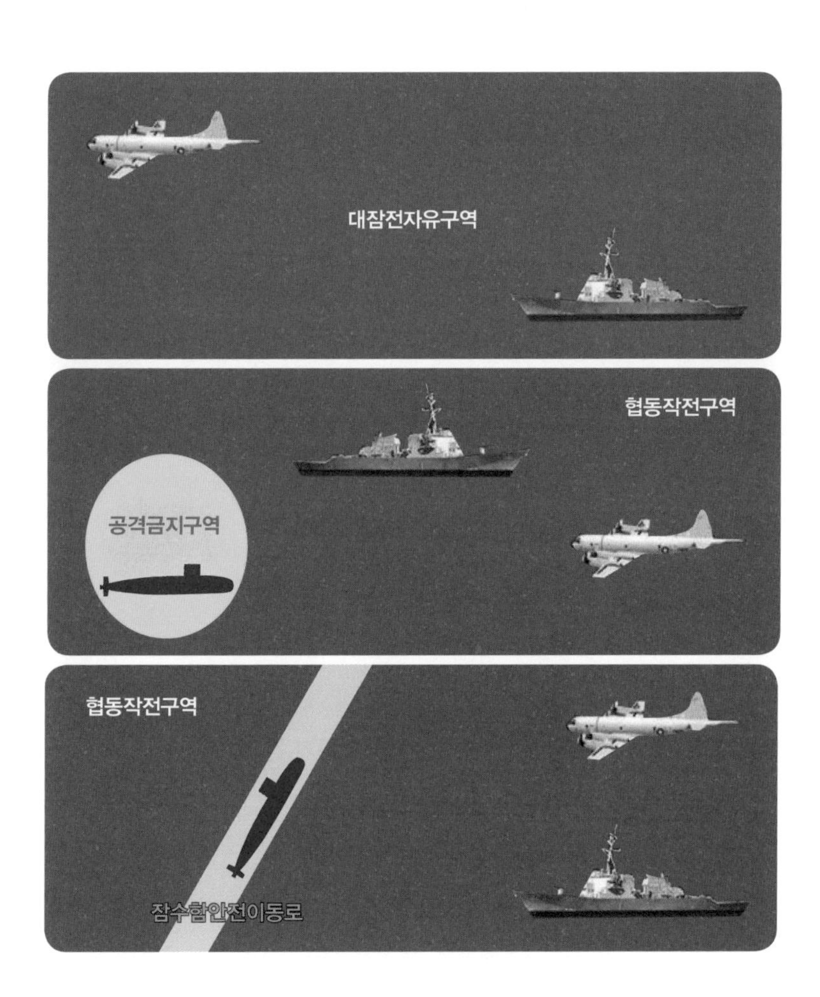

우군 잠수함이 공격받지 않고 안전하게 이동할 수 있는 잠수함안전이동로

잠수함이 전투 임무를 수행하다 보면 시간이 지남에 따라 작전 임무가 변경된 잠수함, 무기를 모두 사용한 잠수함, 연료나 부식의 재보급이 필요한 잠수함 등 여러 가지 이유로 지정된 수중작전구역을 떠나 이동하거나 모기지로 복귀할 필요성이 발생한다. 이런 경우 잠수함에게 지정된 구역을 떠나 목적지로 이동하면서 우군으로부터 오인 공격을 받지 않고 안전하게 이동할 수 있도록 잠수함에게 이동 항로를 설정해주는데, 이것을 잠수함안전이동로SSL, Submarine Safety Lane라 하며 이 구역 내에서

태평양 전쟁 시 1938년 건조되어 1943년 미 해군 구축함, 항공기의 오인 공격으로 침몰된 시울프 디젤 잠수함

는 우군 세력에게 잠수함을 공격하지 못하도록 알려주어야 한다.

## 수중구역관리 소홀로 우군 잠수함, 수상함, 항공기 간 오인 공격이 이뤄진 사례들

1940년 1월 독일 U-575함은 전쟁포로 300명을 이송하고 가던 자국의 수송함 쉬프리발트Spreewald호를 격침했으며, 독일 폭격기는 독일 구축함 레베에이트를 격침시켰고, 독일 고속함도 피난민 800명을 이송하던 노이베르크함을 격침시켰다.

1943년 10월 태평양 전쟁 시 미국 구축함과 항공기는 미국의 잠수함 시울프함을 헤지호그hedgehog(제2차 세계대전 중 미국과 영국이 개발한 대잠수함 공격용 전방투척무기) 공격으로 침몰시켰다.

02

# 수중에서 더 자유롭고 안전한 잠수함의 기동특성

## 잠수함 설계는 함정 설계 중 가장 복잡하고 정교

1990년 대한민국의 첫 번째 잠수함인 장보고함을 인수하려고 독일에 파견되어 교육을 받을 때 독일 교관의 허풍(?)이 생각난다.

"잠수함은 물속에서 선체를 180도 거꾸로 뒤집어놓은 상태에서도 물고기 한 마리가 살짝만 건들면 위아래가 정상적으로 돌아설 만큼 복원력이 좋다."

누가 잠수함을 물속에서 180도 거꾸로 놓으며 그럴 필요가 있단 말인가? 이는 물속에서 3차원 기동하는 잠수함의 설계에서 '균형 잡힌 정밀성'이 얼마나 중요한가를 대변해주는 말이기도 하다. 이런 정밀한 설계 덕분에 잠수함은 물위에서보다 물속에서 훨씬 더 자유롭고 안정적으로 기동한다.

고난도 기동 '수중정지'… 발각 위기 탈출 넘버 원
디젤 잠수함은 축전지 소모 최소화 위해 수중정지도
충전 땐 해상 공기 흡입 '스노클', 핵 추진 잠수함 개발만큼 혁신적

## 잠수함은 태풍이 오면 왜 바다로 나가는가?

잠수함 승조원들은 배멀미에 약하다. 항구를 출항하여 파도가 2미터 이상만 되면 물위보다 안전하고 조용한 물속으로 들어가 파도를 피하는 데 익숙해 있기 때문이다. 보통 파도 높이의 10배 깊이(파도가 5미터이면 50미터 깊이)만큼 들어가면 파도의 영향을 전혀 못 느낀다. 이러한 이유로 여름철 태풍이 불면 수상전투함은 태풍을 피하기 위해 바다에서 항구로 들어오지만, 잠수함은 오히려 바다로 나가서 태풍이 지나갈 때까지 물속에서 태풍을 피한다. 물위보다 물속에서의 기동이 자유로운 잠수함의 기동은 수상전투함보다 오히려 항공기나 우주발사체의 기동에 가깝다. 수상함과 다른 수중에서의 잠수함 기동은 어떤 것들이 있을까? 이번에는 수중정지hovering, 스노클snorkel, 긴급부상emergency surface, 착저bottoming 등 수중에서 실시되는 잠수함 기동에 대해 살펴보겠다.

## 대잠전 세력을 기만할 때 사용하는 수중정지

수중정지(호버링)란 말 그대로 잠수함이 물속의 일정 수심에서 움직이지 않고 정지해 있는 상태를 말한다. 비슷한 형태의 기동에는 대잠헬기가 잠수함 탐지를 위해 일정 높이에서 디핑 소나dipping sonar(줄에 매달아

물속에 담그는 음파탐지기)를 내리고 있을 때의 모습과 우주발사체를 쏘아 올리기 위한 상승시험 중 발사체가 일정 높이에서 머물러 있는 모습 등이 있다. 그런데 왜 잠수함이 수중에서 정지해 있는 기동이 필요할까?

잠수함은 근본적으로 수중에서 깊이에 대한 안정성, 즉 일정 심도를 지속적으로 유지하기가 사실상 어렵다. 일정 심도에 지속적으로 머무르기 위해서는 물 먹은 통나무가 물속 일정 수심에서 떠다니는 것처럼 쇳덩어리인 잠수함 선체를 해수 밀도와 똑같게 만들어주는 '중성부력 Neutral Buoyancy 만들기 작업'을 해야 한다. 이렇게 중성부력을 만들어도 잠수함은 계속 심해로 가라앉거나 해수면 위로 떠오르려는 특성을 가지고 있다. 그 까닭은 거대한 잠수함 선체가 위치한 해역마다 다른 해수 밀도와 조류에 예민하기 때문이다. 그래서 잠수함 기관장은 수중에서

잠수함이 유도미사일 발사를 위해 잠망경심도에서 수중정지(호버링)한 모습

정지 기동을 하기 위해 잠수함이 가라앉을 때는 해수 펌프를 이용하여 물을 밖으로 퍼내고 잠수함이 수면으로 뜨려 할 때는 해수를 잠수함 내부로 유입시키는 작업을 매우 신속하고 정확하게 해야 한다.

그러면 잠수함이 왜 수중에서 이렇게 복잡하고 어려운 작업을 하면서 정지 기동을 할까? 이는 첫째로 적 항공기에서 투하된 음파탐지센서(음파탐지센서는 주로 움직이는 표적을 잡을 수 있도록 설계됨)에 잠수함이 탐지되었다고 판단될 때, 또는 수상전투함의 소나(음파탐지기)에 탐지되었다고 판단될 때 정지함으로써 마치 움직이는 표적이 없는 것처럼 기만하기 위해서다. 또 다른 이유는 디젤 잠수함의 경우 움직이지 않음으로써 축전지 소모를 최소로 줄이기 위해서다. 실제로 필자가 잠수함 함장 시절인 2002년 하와이 근해 림팩 훈련에 참가했을 때 대잠 항공기에서 투하한 수동 소노부이에 탐지되어 이를 기만하기 위해 무려 16시간 동안 호버링을 한 경험이 있다. 또한 수중에서 대함·대지미사일을 발사해야 할 때와 UDT, SEAL 등 특공요원을 내보내거나 철수할 때도 사전에 설정된 심도에서는 가능한 한 정지 상태에 가까운 최소 속력을 유지함으로써 작업을 안전하고 쉽게 할 수 있기 때문이다.

## 디젤 잠수함이기에 피할 수 없는 스노클 기동

스노클Snorkel 또는 Snort이란 디젤 잠수함이 잠망경 심도에서 선체는 수면 아래로 감추고 공기를 흡입할 수 있는 스노클 마스트만 수면 위로 내놓은 상태로 항해하면서 마스트로 빨아들인 공기를 이용하여 엔진을 작동하여 축전지를 충전하는 형태의 기동을 말한다. 이를 쉽게 이해하려면 해녀가 공기 빨대를 물위에 내놓고 수영하는 모습을 상상하면 된다. 제2차 세계대전 말까지 잠수함은 축전지 성능이 좋지 않아 축전지를 완전히 충전한다고 해도 물속에서 2~3시간 기동하면 완전히 방전되어

세계 최초로 스노클 장치를 장착한 네덜란드의 O-19급 잠수함. 전장 80.7미터, 전폭 7.4미터, 수상배수량 1,145톤(수중 1,561톤), 수상 최대속력 36킬로미터/시(수중 최대속력 17킬로미터/시).

물위에 올라와야 했다. 이러한 이유로  잠수함은 축전지 충전을 위해 수상항해하다가 적을 만나면 잠깐 물밑에 숨어서 공격하는 전술을 사용했기 때문에 수상항해를 하다가 항공기에 발각되어 격침되는 확률이 60% 정도로 높았다.

살아남기 위해서는 가능한 한 물속에서 오랫동안 작전을 하면서도 축전지를 충전할 수 있는 장치가 절대적으로 필요했는데, 이러한 이유로 개발된 장치가 스노클이다. 스노클은 제2차 세계대전 종전 직전에 네덜란드인이 발명했으며 독일의 U-보트에 장착돼 효과를 봤다.

**Walrus-class submarine**

▲ 좁은 피오르드 해협에서도 스노클링을 하는 네덜란드 발루스급 디젤 잠수함

**USS Chicago (SSN-721)**

◀ 원자로 가동 시 스노클링이 전혀 필요 없는 미국 로스앤젤레스급 핵추진 잠수함인 시카고(USS Chicago, SSN-721)의 잠망경항해 모습 〈Public Domain〉

제2차 세계대전 말에는 잠수함의 성능보다 잠수함을 잡는 수상함, 항공기의 작전 능력과 레이더 성능이 훨씬 발달하여 수상항해를 위주로 하던 잠수함이 숨을 곳이 없게 되었다. 따라서 독일은 모든 잠수함에 스노클 장치를 탑재하여 물속에서 충전함으로써 항공기와 수상전투함의 레이더에 탐지되지 않으려고 노력했다. 독일 잠수함 함장들도 모두 스노클 장치 설치를 강력하게 희망했으나 신조 함정 건조 우선순위에 밀려 전 잠수함의 20% 정도 스노클을 탑재한 상태에서 종전을 맞이하게 되었다. 잠수함에 스노클을 장착함으로써 제2차 세계대전 말경에는 부상하지 않고 3일 정도를 물속에서 견딜 수 있었으니 잠수함 발전 역사에서 당시 스노클의 발명은 10여 년이 지난 후 개발된 핵 추진 잠수함만큼이나 혁명적인 발전으로 평가된다. 오늘날 미국, 영국, 프랑스에서는 핵 추진 잠수함만 보유하고 있기 때문에 핵 추진 잠수함에서도 스노클링을 하나 하는 의문을 가질 수도 있겠지만 핵 추진 잠수함에서도 원자로가 작동되지 않는 비상시를 대비해 디젤엔진을 보유하기 때문에 스노클링 훈련을 없앨 수는 없다.

### 수중침수, 화재로부터의 안전한 탈출, 긴급부상 기동

"세상의 모든 배는 물속으로 들어갈 수 있다. 그러나 스스로 물위로 올라올 수 있는 배는 잠수함밖에 없다."

이 말은 "잠수함이 수중으로 들어가면 불안전하다"는 말을 부정하면서 세상에서 잠수함이 가장 안전한 배임을 강조한 말이다. 잠수함이 정상적으로 물속으로 들어가는 기동을 잠수diving라 하며, 정상적으로 물위로 올라오는 기동을 부상surfacing이라 한다.

그러나 잠수함이 수상항해 또는 잠망경심도에서 항해하다가 적 항공기나 전투함에 발각되면 수십 초 내로 신속하게 물속으로 들어가는 기동을 긴급잠항emergency diving이라고 한다. 제2차 세계대전 때 독일 잠수함들은 수상항해를 하다가 적 항공기를 만나면 28초 내로 물속으로 숨어버리는 '긴급잠항' 훈련을 시도 때도 없이 했다.

이에 대치되는 상황으로 잠수함이 깊은 바닷속에서 작전을 하다가 심도 유지 계통에 고장이 발생하거나 배관 계통(파이프, 밸브 등)의 파열로 인한 침수와 화재 등의 사고가 발생했을 때 승조원과 잠수함을 구하기 위해 수면 위로 긴급하게 올라오는 기동을 긴급부상emergency surfacing이라 한다. 긴급부상을 하려면 잠수함 압력선체 외부 또는 주 부력탱크 내부에 설치한 여러 개의 고압 공기탱크(250기압 이상) 속에 저장되어 있는 압축공기를 사용하여 주 부력탱크 내부의 해수를 급속하게 함 외부로 불어내야 한다.

그러나 압축공기 계통 고장 등 특별한 이유로 해수를 불어낼 수 없고 잠수함이 계속 해저 바닥으로 내려가는 비상 상황이 발생할 수 있다. 이런 경우 최대작전심도(평시 잠수함 함장 재량으로 내려갈 수 있는 최고 깊이의 수심)에 도달하면 더 이상 밑으로 내려가지 않고 수면까지 배가 자동으로 솟아오를 수 있는 '긴급부상장치'를 운용한다. 긴급부상장치는 과

잠수함이 생동감 있고 다이내믹하게 수면을 박차고 올라오는 긴급부상 장면

산화질소 등 특수한 가스 발생기로 최대작전심도에 도달하면 자동으로 가스가 발생해 주 부력탱크 내 해수를 불어내도록 설정해놓은 장치다.

긴급부상 기동 시에 잠수함은 급경사가 이루어져 디젤 잠수함의 경우 축전지의 전해액이 흘러 염소 가스가 배출되면 승조원이 질식 사고를 당할 수 있으니 매우 조심스럽고도 정확하게 긴급부상을 실시해야 한다. 또 한 가지 중요한 것은 평소에 긴급부상 훈련을 할 때는 수면 위에 정지해 있는 선박이나 요트 등이 있는지 음파탐지기로 완전히 분석한 후에 훈련을 해야 한다는 것이다. 이를 소홀히 한 대표적인 사고가 2001년 2월 미국 하와이 근해에서 미국 핵 추진 잠수함 그린빌이 긴급부상 훈련을 하다가 수면에 정지해 있는 일본 수산고 원양어업 실습선 '에히메마루'를 들이받아 실습선이 침몰한 사고다. 긴급부상 장면은 잠수함만이 만들어내는 다이내믹한 기동으로서 잠수함 기동의 공격적인 상징성을 나타낸다. 또한 잠수함이 물속에서 어떤 위험하고 어려운 상

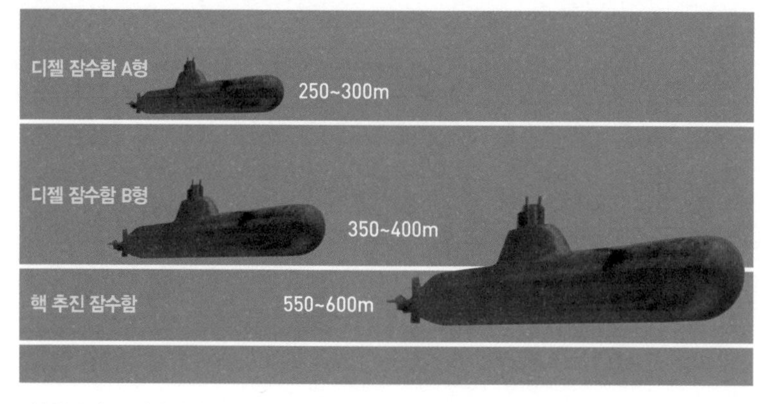


잠수함별 긴급부상장치 심도 설정 범위. 핵 추진 잠수함은 통상 최대잠항심도가 600미터 정도이며 최대 잠항심도 이하로 내려가면 '긴급부상장치'가 자동으로 작동되어 수면으로 올라오도록 장비를 세팅한다.

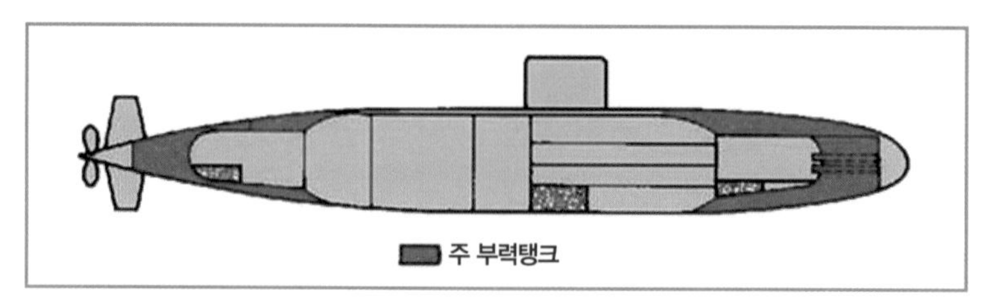


긴급부상 시 사용하는 주 부력탱크(파란색 부분). 잠수함이 긴급부상하려면 고압공기나 '긴급부상장치'의 고압 가스를 이용하여 파란색 부분의 해수를 일시에 불어낸다.

미 해군 공격핵잠 선피시(USS Sunfish, SSN-649)의 긴급부상 장면. 잠수함 함장실이나 전대장실에 가면 흔히 볼 수 있는 사진 중 하나가 잠수함이 생동감 있고 다이내믹하게 수면을 박차고 올라오는 긴급부상 장면이다. 안전을 위해 최대작전심도 이하로 내려가지 않도록 설치해놓은 '긴급부상장치'의 특수가스 장치가 작동되면 그림과 같이 선체가 자동으로 물위로 치솟았다가 다시 50미터 심도까지 내려가는 돌핀 기동 후 수면 위에 머물게 된다.

황을 직면해도 저렇게 안전하게 물위로 올라올 수 있다는 자신감의 표시이기도 하다. 잠수함에서 긴급부상 훈련은 식사를 준비하는 조리장이 가장 싫어하는 훈련이다. 식사 준비 중에 예고 없이 훈련할 경우 함의 급격한 경사로 국그릇이 엎질러지고 준비한 음식이 바닥에 내동댕이쳐지는 일이 발생하기 때문이다.

### 해저 바닥에 앉아 적을 기만하는 착저 기동

잠수함을 바다의 여우라 부르며 신출귀몰하다고 표현하는 이유 중 하나를 착저bottoming 기동에서 찾을 수 있다. 착저란 잠수함 선체를 해저 바닥에 가라앉히고 고정시켜 움직이지 않음으로써 마치 암초나 침몰된 선박처럼 가장하는 것이다. 이렇게 하면 잠수함을 찾으려고 쫓아다니던 수상전투함, 항공기 등 대잠전 세력Anti Submarine Warefare Force은 갑자기 사라진 잠수함 때문에 망연자실하게 된다. 잠수함은 수중에서 높은 수압을 견뎌야 하기 때문에 해저 바닥에 오랫동안 앉아 있는 착저 기동을 하기 위해서는 부력 조정, 심도 조절을 잘 해야 하며 어떠한 이유로 부상하지 못할 경우에도 대비하는 등 꽤 숙련된 작업 절차를 수행해야 한다. 따라서 잠수함 함장과 기관장은 착저를 즐겨하지는 않지만 전술적으로 필요한 상황에 대비하여 평소 착저 훈련을 한다.

착저를 하는 몇 가지 이유는 다음과 같다. ①잠수함을 탐지하려고 접근하는 대잠전 세력에게 수중 암초나, 침전물처럼 보여 위장함으로써 적을 기만하려 할 때 ②적 잠수함이나 수상전투함이 지나갈 만한 병목 지점에서 공격할 표적을 기다리는 동안에 자신의 위치는 노출하지 않고 배터리 충전 상태를 보존하기 위해 ③적 대잠전 세력이 잠수함을 이미 탐지했다고 판단될 때 바위처럼 정지함으로써 탐지 상태에서 벗어나기 위해 ④적 대잠전 세력이 폭뢰 공격 등을 할 때 피해를 최소화하

잠수함이 연안 가까이 착저하여 특수전 요원을 침투시키는 모습

기 위해 ⑤연안에 접근하여 특수전 요원을 안전하게 침투시키기 위해서다. 착저를 하려면 사전에 해도를 상세히 연구하여 주변해저에 침선이나 잠수함으로 착각할 만한 유사 접촉물이 있을 경우 이러한 장애물을 은신처로 잘 이용해야 한다. 착저에 좋은 해저 지질은 자갈, 모래, 돌멩이, 점토 등이며 바위는 위험하다. 진흙은 파이프 계통을 통해 함 내로 찌거기 등이 들어올 수 있으니 조심해야 한다. 소형 잠수함을 이용하여 특수전 요원을 침투시킬 때는 가능한 한 연안 쪽으로 접근하는 것이 유리하다. 이럴 경우는 해저 지질이 선체에 피해를 주지 않는 한 저속으로 모터를 사용하여 기어다닐 수 있는데, 이러한 기동을 크롤링crawlling이라 한다.

03

# 물속 잠수함과는 어떻게 통신하나?

## 잠수함이 물속으로 들어가면 세상과 두 번 이별한다는데?

잠수함 세계에서 말하기를 잠수함이 물속에 들어가려면 세상과 두 번 이별한다고 한다. 첫 번째 이별은 출항하면서 육지 사람들과 이별하는 것이고 두 번째 이별은 물속으로 들어가면서 세상과 통신이 단절되는 것, 즉 물위 세상과 이별하는 것이다. 이때부터는 당직 근무자가 시계를 보고 시간을 알려줌으로써 삼시 세끼를 먹고 일하고 잠자는 틀에 박힌 생활이 시작되며 이 시간에는 물론 라디오 및 TV 시청도 못 한다.

잠수함의 생명은 물속에서 은밀하게 작전하는 것이기에 일단 물속에 들어가면 작전을 시작한다고 볼 수 있으며 이때부터는 물속에서 얼마나 오래 안 들키고 작전하느냐로 잠수함의 성능과 함장의 능력이 평가된다. 다시 말해 세상과 얼마나 철저히 단절하느냐가 작전의 성패를 좌우한다고 말할 수 있다. 그러다가 작전상 필요하면 수면 가까이 올라와 물위로 잠수함 함교탑에 부착된 통신 안테나를 올리고 통신하던지 적에게 들키지 않기 위해 통신 안테나마저 수면 위로 내놓지 않고 수중 수십 미터 심도에서 부력 와이어 안테나를 물위에 띄우고 통신을 한다.

## 잠수함지휘부가 물속 잠수함과 통신하려면 '가청 주파수' 밖의 초저주파로 불러내어 통신

소리sound, 音란 사람의 청각기관을 자극하여 청각을 일으키는 것을 말하는데, 사람은 돌고래나 박쥐가 내는 초음파를 들을 수 없으며, 반대로 너무 주파수가 낮은 음도 듣지 못한다. 일반적으로 사람이 들을 수 있는 소리의 주파수를 가청 주파수라고 하며, 이는 16헤르츠(Hz)~20킬로헤르츠(kHz) 정도의 주파수 영역이다. 가청 주파수를 넘는 음들을 불가청음infrasound이라 하며, 이 범위의 주파수는 통신장치를 이용하여 식별해야 한다. 잠수함이 물위에 있을 때는 여느 군함과 마찬가지로 통신장치를 이용하여 통신하지만 수중에 있는 잠수함과 통신을 위해서는 30헤르츠~300킬로헤르츠 범위의 초저주파를 운용하는 통신장치를 이용한다.

잠수함은 은밀성을 생명으로 하기 때문에 부두를 떠나고 들어올 때 위치 노출을 방지하기 위해 통신을 최소화한다. 출항 전 잠수함사령부로부터 지시받은 '잠수함행동지시서'에 통신 시간이 명시된 대로만 간략하게 통신함으로써 잠수함의 행동을 은폐한다.

잠수함의 통신 방식은 쌍방통신과 일방통신, 이 두 가지로 나눌 수 있다. 수상항해를 할 때 또는 물속에 있더라도 통신 안테나를 물위로 올리고 통신할 때는 쌍방통신으로 잠수함지휘부와 교신하며, 통신 안테나를 물위로 올리지 않고 통신하는 경우는 지휘부에서 저주파를 이용하여 물속 잠수함을 불러내거나 긴급지령을 할 경우인데, 주로 "지휘부와 통신을 설정하라. 또는 표적 A에 SLBM으로 공격하라" 등 짧은 내용을 담고 있다.

### 물속 잠수함과 통신하려면 대부분 출항 전 지휘부와 약속된 시간에 통신

전파는 물속으로 투과하면서 대부분 손실되기 때문에 물속을 투과할 수 있는 특정 주파수를 이용하는 등 출항 전에 잠수함지휘부와 통신할 방법을 미리 약속해야 한다. 그것도 수면 가까이 올라와 통신 안테나를 올리고 통신할 것인지, 초장파를 이용하여 물속에 있는 잠수함을 일단 불러내어 수면 가까이 올라와 통신할 것인지, 통신 방법을 비롯한 모든 것을 출항 전에 약속하고 이를 잠수함행동지시서에 포함시킨다.

잠수함이 물위에 통신 안테나를 올리고 통신할 때와 수중 수십 미터에서 케이블에 통신 안테나를 연결한 부력 와이어 안테나를 물위에 띄우고 통신할 때는 수상전투함과 유사한 주파수로 통신하지만 안테나 높이가 낮아 수상전투함보다는 통신 도달 거리가 훨씬 짧다. 잠수함이 통신 시는 통신 안테나가 물위로 노출되어 적에게 발각되는 경우도 있지만, 통신 내용이 감청되어 위치를 노출하는 경우도 있다. 따라서 잠수함이 지휘부와 통신을 하기 위해서는 가장 짧은 시간에 철저하게 암호화된 내용으로 통신해야 되기 때문에 출항 전에 통신할 시간과 대강의 내용들을 약속하고 나가는 게 일반적이다.

잠망경항해 중 통신 안테나를 올리거나,
잠항항해 중 부력 와이어 안테나를 물위에 올리고 통신할 때의 주파수 대역

- 지표파, 공중파HF, High Frequency: 3~30메가헤르츠(MHz)
- 직진파VHF, Very High Frequency / UHF, Ultra High Frequency: 30~3,000메가헤르츠
- 위성통신SHF, Super High Frequency / EHF, Extremely High Frequency: 30~300기가헤르츠(GHz)

* 출처: 『군 전파관리 실무 편람』, 2009년, 합참 발행

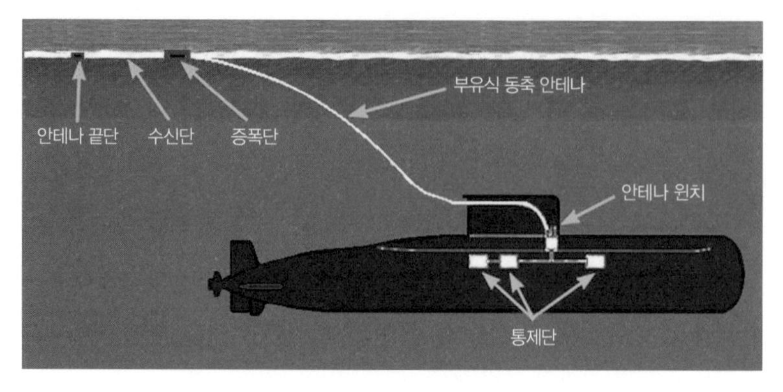


잠수함이 수중에서 부력 와이어 안테나를 물위에 띄우고 통신하는 모습

잠수함이 잠망경항해 중 물위에 통신 안테나를 올리고 통신하는 모습

수중 부력 안테나 윈치. 예인 케이블을 풀어주고 회수하는 절차가 복잡하며 이렇게 통신하는 동안에는 잠수함의 기동성이 떨어진다.

잠수함이 수중에서 부력 와이어 안테나만 물위로 띄우고 통신하면
적에게 들킬 위험이 적어

부력 와이어 안테나Buoyant Wire Antenna는 부유식 안테나라고도 부르는데 잠수함에서 수면 가까이 올라오지 않고 통신하는 장치다. 비교적 부피가 큰 통신 마스트나 잠망경을 올리고 항해할 경우 물위에 항적을 남기기 때문에 적 항공기나 수상전투함에게 잠수함의 위치가 노출되기 쉽다. 그러나 부력 안테나를 올리고 통신할 경우는 항적이 잘 나타나지 않아 수중 수십 미터에서 은밀하게 통신이 가능하다. 부력 와이어 안테나는 이런 이점에도 불구하고 안테나를 물위로 올리고 회수하는 절차가 복잡하며 이렇게 통신하는 동안에는 잠수함의 기동성이 떨어진다는 불리한 점도 있다.

## 미 해군은 물속의 잠수함에서 가족 편지도 받아볼 수 있어

한 번 출항하면 수개월씩 가족과 떨어져 작전하는 핵 추진 잠수함 승조원들과 가족들을 위해 미 해군은 여러 가지 혜택을 부여해주고 있다. 그중 하나가 가족들을 위한 별도의 통신망을 구성하여 수중에서 작전 중 1주일에 1회 정도 가족들로부터 간단한 편지를 받아보게 하는 것이다. 그러나 잠수함 승조원이 가족에게 편지를 보낼 수는 없도록 규정되어 있다. 대개 가족 편지는 직위고하를 막론하고 공평하게 40~50자 정도의 분량으로 한 번만 받을 수 있게 제한한다.

우리 해군은 어떨까? 필자가 2002년 잠수함을 몰고 126일간 하와이 림팩 훈련을 다녀온 경험을 회상해볼 때, 가족 편지는 받아볼 수 없다. 가족 편지를 받아보려면 축전지 충전, 일일보고 등을 위해 잠깐 동안 수면 가까이 올라올 때 많은 양의 전문을 신속하게 수신할 수 있는 통신체계를 가지고 있어야 한다. 당시 미 해군은 UHF 위성통신체계를 운

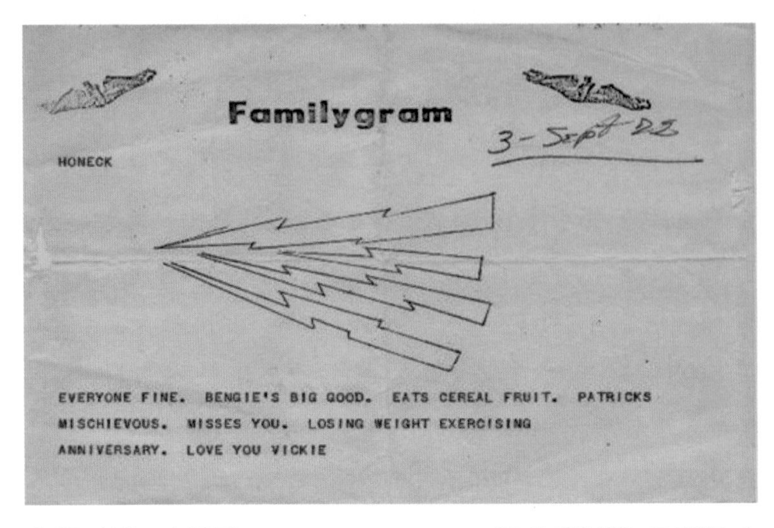
Familygram

HONECK

3-Sept-62

EVERYONE FINE. BENGIE'S BIG GOOD. EATS CEREAL FRUIT. PATRICKS MISCHIEVOUS. MISSES YOU. LOSING WEIGHT EXERCISING ANNIVERSARY. LOVE YOU VICKIE

미 해군 잠수함 조지 워싱턴(USS George Washington, SSBN-598)의 승조원이 받은 가족 전보(Family Gram). 잠수함이 초계 중 육지의 가족들은 20단어 정도로 구성된 전보를 승조원에게 보낼 수 있으며 초계작전 중 5회까지만 허용되고 내용은 사령부에서 사전 검열을 받는다.

용했고 우리는 HF 직진파 통신체계를 운용했는데, 정보 소통량에서 약 20배 정도 차이가 났다. 우리는 통신체계의 능력 차이로 가족 편지까지 받아볼 수 없었지만 그래도 하와이를 오고가면서 잠수함부대에서 보내주는 일일 국내 뉴스 요약, 가족 경조사 등을 받아볼 수는 있는 기쁨을 누렸다.

잠항항해 시 물위로 통신 안테나를 올리지 않고 통신할 때의 주파수 범위

- 초장파VLF, Very Low Frequency: 3~30킬로헤르츠, 통달거리 약 5,600킬로미터, 수중침투깊이 10~20미터
- 극초장파ELF, Extremely Low Frequency: 30~300헤르츠, 통달거리 약 9,300킬로미터, 수중침투깊이 100~150미터

* 출처: 『군 전파관리 실무 편람』, 2009년, 합참 발행

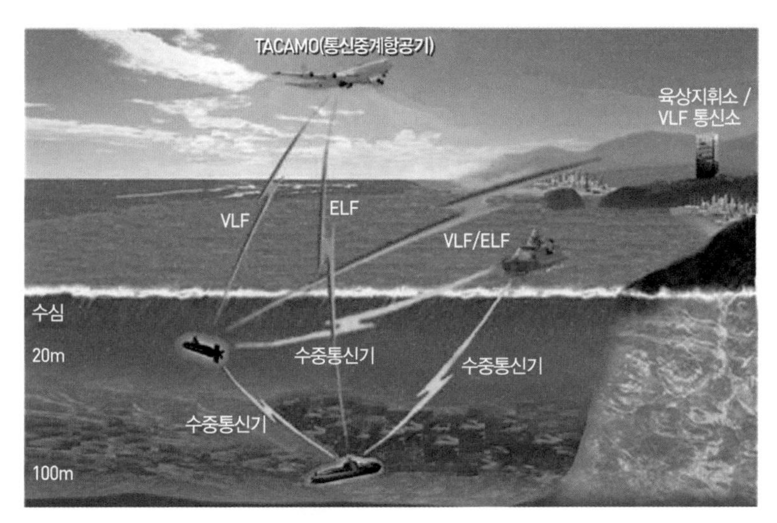


**물속 잠수함과의 통신 개념도.** 육상지휘소, 통신중계항공기를 이용한 VLF, ELF 주파수로 지령통신하며 수상전투함 또는 물속 잠수함 간에는 수중통신기를 이용하여 통신한다.

## VLF 통신체계와 ELF 통신체계의 차이점

VLF 통신체계가 무엇인지 이해하려면 수년 전으로 거슬러 올라가 전남 해남 통신소 설치 반대 시위 현장을 기억해볼 필요가 있다. 당시에 설치된 '잠수함통신소'가 바로 저주파를 이용해 물속 잠수함에 지령통신을 내리는 VLF 송신소다. VLF 송신체계를 설치하려면 넓은 부지에 부대가 들어서고 여러 가지 통제 및 규제로 인해 주민의 불편이 발생하며 주변 생태환경에 다소 영향을 미치기 때문에 농민들의 반대가 매우 극심했다. 물속 잠수함을 은밀히 지휘하려면 꼭 필요한 시설이지만 잠수함 작전을 이해하지 못하는 주민들은 쉽게 동의하려 하지 않았다. 우여곡절 끝에 통신소를 설치하고 지금은 정상적으로 운영되어 작전에 크게 기여하고 있다. 잠수함 선진국인 미국은 하와이 등 전 세계 6곳에 잠수함 통신소를 설치해 작전에 사용하고 있으며 미국 이외에도 영국, 독일, 이탈리아, 노르웨이, 일본, 인도 등 국가에서 VLF 송신소를 운용하고 있

초장파 VLF 송신용 안테나 설치 기지 모습

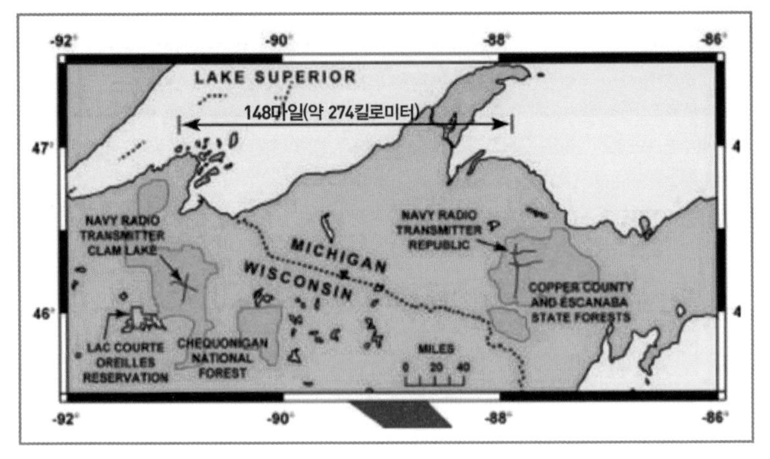


미국 동부 오대호 중 하나인 수페리어호에 위치한 길이 148마일(약 274킬로미터)에 달하는 ELF 안테나 위치

다. 미국의 경우 만약 어떤 이유로 육상 VLF 송신소에서의 통신이 비효과적일 때는 EC-130 항공기를 개조한 타카모TACAMO, Take Change and Move Out 항공기에서 8킬로미터 정도의 긴 안테나를 예인하면서 30킬로헤르츠 이하의 저주파수를 이용하여 잠수함에 지령통신을 한다. 이 항공기는 핵무기를 탑재한 전략핵잠에게 SLBM의 발사 명령을 초장파로 중계하는 통신 지원기다. 타카모는 통상 비행요원 4명과 통신요원 7명이 탑승하며 기지로부터 1,850킬로미터까지 진출하여 10시간 동안 통신 중계 임무를 수행한다.

극초장파인 ELFExtremely Low Frequency 통신체계는 VLF 주파수보다 더 낮은 주파수이기 때문에 더 멀리, 더 깊이 도달할 수 있다. 미국은 1958년부터 이 체계에 대한 연구를 시작하여 주파수를 송신할 수 있는 통신 장치를 설치했으며, 1971년에 미국 위스콘신Wisconsin 지역에 26킬로미터의 안테나를 가진 송신소 운용을 시작으로 확대 운용하다가 최근에는 미국 동부 오대호 중 하나인 수페리어호Lake Superior 근처에 약 274킬로미터에 달하는 ELF 안테나를 설치 운용 중이다. 사용 주파수는 76헤르츠이고 파장은 미국 본토를 횡단하는 거리와 맞먹는 4,000킬로미터다.

안테나 길이가 길어지는 공간 상의 문제를 해결하기 위해 미국은 안테나를 지표와 평행하게 눕혀 그 양끝을 땅속에 묻음으로써 안테나 한쪽 끝에서 나온 전류가 땅속을 통해 다른 한쪽에 도달할 수 있는 루프 안테나를 만들어 ELF를 송신한다. ELF 통신체계는 통상 해저 100~150미터까지 수신이 가능하지만 긴 파장 때문에 1분에 10비트 정도로 송신이 가능하며 15분에 세 글자 정도를 송신할 수 있다. 따라서 중요한 정보만 간단하게 송신하는데, 예를 들면 "VLF를 수신하라", "위성 신호를 수신하라", "표적 A 공격 준비" 등 간단한 지령통신으로 사용된다. 이 체계를 운용하는 국가는 미국과 러시아가 있으며, 인도도 2012년에 송신소를 건설했다.

04

# 잠수함 침몰 시 승조원 구조는 어떻게 이루어지나?

## 잠수함이 침몰되면 맨 먼저 승조원을 구조하고 선체는 나중에 인양

잠수함 승조원 생활을 대표적인 3D(Difficult, Dirty, Dangerous) 직종으로 분류하는 사람들이 있다. 그러나 우리 잠수함 승조원들에게 물어보면 '위험스럽다dangerous'는 말에는 대체로 수긍하나 다른 두 가지에는 동의하기 어렵다고 한다. 역시 잠수함 승조원들의 눈에는 힘들고 더러운 것은 보이지 않는 것 같아 천만다행이다.

잠수함은 일단 물속에 들어감과 동시에 높은 수압을 받으며 눈은 감고 '소나SONAR(음파탐지기)'라는 귀로만 듣는 장님의 상태로 항해하기 때문에 위험한 것만은 사실이다. 이렇게 높은 수압을 받기 때문에 물속에서는 조그만 사고에도 승조원 전체의 운명을 결정 짓는 대형 사고로 확대될 가능성이 크다. 이러한 사고에 대비하여 잠수함 승조원들이 가장 많이 숙달하는 훈련이 화재가 났을 때 불을 끄는 '소화 훈련'과 선체가 파손되어 물이 들어올 때 막아내는 '방수 훈련'이다.

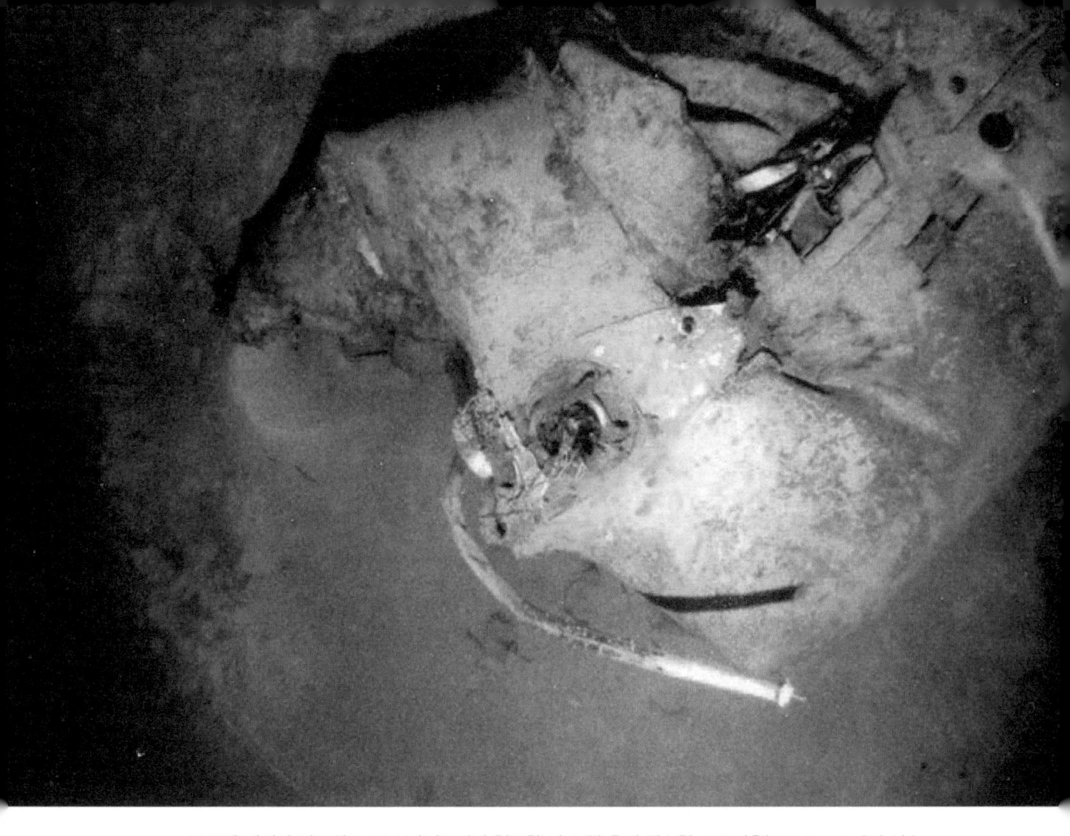

1968년 대서양 아조레스 군도 남서쪽에서 침몰한 미국 핵 추진 잠수함 스콜피온(USS Scorpion)의 선수 모습. 침몰 원인은 스콜피온 잠수함에 탑재되어 있던 어뢰의 오작동으로 추정된다. 스콜피온은 두 동강이 난 채 승무원 99명과 함께 침몰했다. 〈Public Domain〉

잠수함이 물속에서 사고가 나면 일단 신속하게 수면 가까이 올라와 수압을 줄이고 수면 위로 부상하여 대형 사고를 면하는 것이 최선책이다. 그러나 장비 고장으로 수면 위로 올라오지 못할 때 얕은 수심에서는 맨몸으로 탈출하고 깊은 수심에서는 외부로부터 구조를 기다릴 수밖에 없다. 1900년 초 군함으로서 잠수함 탄생 이후 발생된 약 200여 회의 사고들 중에서 침수 또는 침몰 사고의 80% 정도가 100미터 이하의 얕은 수심에서 발생했다. 이 중 침몰 사고의 경우 승조원 구조에 성공한 사례는 그리 많지 않다. 바다에서 인명 사고가 발생했을 때 가장 어려운 점은 체온을 적절하게 유지하는 것이다. 통계적으로 사람이 바다에 빠졌을 때 수온이 섭씨 5도 이하에서는 1시간 이내 사망할 수 있다고 한

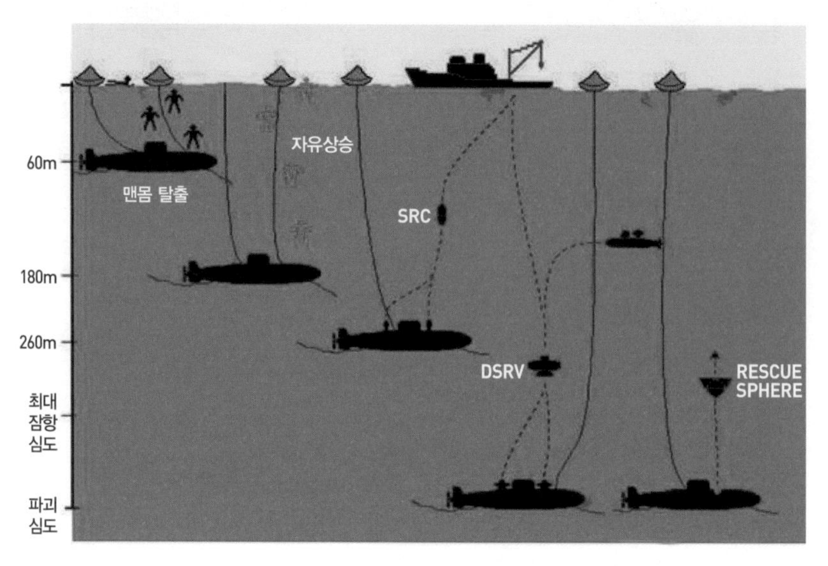


잠수함 침몰 심도에 따른 승조원 탈출 및 구조 개념도

다. 수중에서 잠수함 운용 중 사고가 발생해 스스로 물위로 올라오지 못할 경우에는 외부로부터 구조될 때까지 안전한 상태를 유지해야 한다. 이를 위해 가장 중요한 점은 압력선체가 수압에 의해 파괴되지 않아야 하고 승조원들이 생명을 유지할 수 있도록 식료품뿐만 아니라 생명유지를 위한 필수적인 계통들(산소 공급, 탄산가스 제거, 청수 공급, 오수 처리 및 냉난방 계통 등)이 정상적으로 작동해야 한다.

잠수함이 침몰하면 두 가지 구조작전이 순차적으로 진행되는데, 이는 레스큐rescue와 샐비지salvage다. 먼저 진행되는 'rescue'의 사전적인 의미는 위험이나 어려움에 빠진 승조원을 구해주는 것이고, 다음에 시도되는 'salvage'는 조난, 화재 등으로 인해 난파되거나 침몰된 선박의 선체를 인양(구조)한다는 뜻이 있다. 먼저 잠수함이 해저에 침몰했을 때 1차적으로 시도되는 승조원 구조rescue작전에 대해 알아보고자 한다. 승조원 구조 방법으로는 ①맨몸으로 탈출하거나 비상탈출복을 입고 탈출하는 방법 ②SRCSubmarine Rescue Chamber나 DSRVDeep Submergence Rescue Vehicle 등 외부 장비를 이용하여 구조하는 방법 ③잠수함에 특별히 설치된 구명구救命球, Rescue Sphere를 이용하여 구조하는 방법이 있다.

## 잠수함 구조작전은 인접국과 연합작전 추세로 발전

잠수함 조난 상황은 개인뿐만 아니라 국가의 재난 상황으로 이를 사전에 방지하기 위한 안전대책을 마련하는 것은 대단히 중요하다. 수중에서 잠수함 사고 발생에 대비하기 위한 안전대책으로는 잠수함 구조함, 구조정 등 구조 전력 및 장비를 갖추는 하드웨어 분야와, 이를 사용하기 위해 교리를 발전시키고 구조 조직을 구축하며 필요시 인접국과 연합 구조작전 절차를 숙달하는 소프트웨어 분야로 구분하여 설명할 수 있다. 수중에서의 사고를 수습하기 위해서는 잠수함 구조함, 구조장비, 구조 전문 인력 등 막대한 재원과 시간이 소요되기 때문에 어느 국가도 대응책과 구조 전력을 완벽하게 보유하고 있지는 않다. 심지어는 막강 수중 전력을 보유하고 있는 미국과 러시아 등도 마찬가지다.

## 한국 해군, 2004년에 이어 두 번째로 서태평양 잠수함 탈출 및 구조 훈련 지휘

한 국가만의 능력으로 구비하기 어려운 문제들을 극복하기 위해 잠수함 보유국 간 연합 구조 훈련이 진행되고 있다. 그중 하나가 서태평양 잠수함 탈출 및 구조 훈련Pacific Reach Exercise이다. 서태평양 잠수함 탈출 및 구조 훈련은 지난 2000년부터 시작되었으며, 2016년은 일곱 번째로 지난 5월 25일부터 6월 3일까지 제주 동방 해역에서 실시되었다. 한국 해군은 이번에 두 번째(첫 번째는 2004년에 주관)로 훈련 주관국이 되어 참가 전력을 지휘했으며 잠수함 운용국으로서의 높은 위상을 보여주었다.

이번 훈련 참가국은 한국, 미국, 일본, 호주, 말레이시아, 싱가폴 등 6

개국이고, 참관국은 영국, 캐나다 등 12개국이다. 이 구조 훈련은 잠수함 조난 상황에 대해 인접국가 간 공조를 강화하기 위해 2~3년 주기로 실시하고 있으며 갈수록 잠수함 보유국들의 관심이 높아지고 있어 향후 중국, 러시아 등 많은 국가들이 훈련에 참가할 것으로 예상된다.

## 선진국에서는 주기적으로 조난 잠수함 탐색 및 구조 훈련 집행

미국 등 선진국과 나토NATO 해군은 주기적으로 침몰 잠수함 구조 훈련을 집행하는데, 코드명Code Name은 'Exercise Subsmash'다. 잠수함사령부에서는 작전 임무 중인 잠수함이 ○○시간 동안 통신이 두절되면 국제 조난 주파수로 서브룩Sublook을 전파하게 되고 이를 접수한 인근 해역의 모든 선박과 항공기는 잠수함 탐색 및 구조장비를 탑재하고 현장으로 출동 준비를 하며 잠수함을 찾기 위해 모든 노력을 다한다. 그래도 잠수함이 통신으로 접촉되지 않고 위치를 알 수 없을 경우 ○○시간이 경과되면 서브성크Subsunk를 전파하게 되는데, 이는 잠수함이 침몰했음을 의미한다. 이때부터는 잠수함 탐색 및 구조를 위해 모든 세력이 투입되어 항공기의 소노부이sonobuoy, 수상전투함의 소나, 잠수함의 소나 등을 활용하여 수중에 침몰한 잠수함을 탐색해 위치를 확인한다. 침몰 잠수함의 위치가 확인되면 위치 표시 부이를 설치하고 각종 구조장비를 이용하여 승조원 구조와 선체 인양을 위한 작전계획을 집행한다.

## 잠수함 구조함의 역할

잠수함 구조함ARS, Submarine Rescue Ship은 침몰 잠수함 발생 시 현장에 투입되어 제반 구조작전을 지휘하는 역할을 한다. 침몰 잠수함 인근 해역의 항공기, 수상함의 소나와 소노부이로 침몰 잠수함의 위치가 개략적으로

잠수함 구조함에서 심해구조잠수정인 DSRV를 진수시켜 사고 잠수함 선체에 접합시키고 있는 장면

파악되면 잠수함 구조함은 자체 보유하고 있는 소나와 원격조종 무인 잠수정인 ROVRemotely Operated underwater Vehicle를 이용해 침몰 잠수함 위치를 최종 확인하고 위치 표시 부이를 설치하며 이후 현장에서 구조작전을 지휘한다.

미국·영국·일본·중국·러시아·프랑스·이탈리아·스웨덴 해군 등이 잠수함 구조함 또는 구조정을 운용하고 있으며, 한국 해군도 1996년

대한민국 해군의 잠수함 구조함 청해진함의 항해 모습. 대한민국 해군은 1996년 말 청해진함을 건조하여 1998년 6월 동해에 침몰된 북한 유고급 잠수정을 에어백을 이용하여 성공적으로 인양했다.

말 청해진함을 건조하여 1998년 6월 동해에 침몰된 북한 유고급 잠수정을 에어백Air Bag을 이용하여 성공적으로 인양했다. 미국 해군은 2척의 잠수함 구조함을 운용하다가 이미 퇴역했으며 DSRV(심해구조잠수정)을 운용했으나 이들도 취역한 지 오래되어 모두 퇴역했다. 잠수함 구조함에는 심해 구조용으로 SRC(잠수함 구조 체임버)나 DSRV를 탑재하고 있으며, 탈출 시 고압에 노출된 승조원을 치료하기 위한 감압 체임버Depression Chamber를 보유하고 있다. 잠수함 구조함이나 구조정을 보유하지 않은 국가의 해군들은 민간 회사에서 운용하는 구조함에 구조를 의뢰하며 인접국가 해군들과 협력체계를 구축하고 있다.

## 잠수함 침몰 시 승조원 탈출 및 구조 방법

### 맨몸 탈출과 비상탈출복 착용 후 자유상승

침몰한 잠수함에서 승조원들이 안전하게 수면까지 탈출하는 방법에는 두 가지가 있는데, 하나는 맨몸으로 올라오는 것(맨몸 탈출escape)이며 다른 하나는 비상탈출복을 착용하고 올라오는 것(자유상승Free Ascent)이다. 아무리 작은 잠수함일지라도 유사시 승조원이 탈출할 수 있는 탈출실Escape Trunk/Tower이 있으며 탈출할 때는 탈출실의 압력을 외부 수압과 동일하게 유지하고 탈출실 해치(수직통로)를 열어서 탈출한다. 탈출실을 통한 탈출이 불가능하고 함내 압력의 증가 속도가 빠를 경우 잠수함 해치를 열고 바로 탈출하기도 한다. 잠수함 탈출 해치에는 스커트skirt가 설치되어 있어 해치 내부로의 해수 유입을 막고 호흡을 하면서 탈출할 수 있다. 맨몸 자유상승은 1851년 2월 1일 독일 발틱해의 킬Kiel 만에서 최초로 성공했다. 브란트타우허Brandtaucher라는 잠수정을 개발한 빌헬름 바우어Whilhelm Bauer와 동승한 승조원 2명이 수중 시험 도중 수심 18미터에서 침몰했는데 맨몸으로 무사히 탈출했다.

맨몸 탈출 시 가장 큰 장해 요인은 몸에 잠수함의 침몰심도에 해당하는 수압을 받다가 올라오면서 급격하게 압력이 감소되어 감압병Decompression Sickness에 걸리기 쉽다는 것이다. 감압병은 잠수병이라고도 하는데, 잠수 중 인체에 과다하게 축적된 질소가 수면으로 급상승하거나 짧은 시간에 반복 잠수를 하는 잠수부의 몸 속에서 질소 방울로 변하여 신경세포를 압박하거나 혈액순환을 방해함으로써 발생하는 질병을 말한다.

국내에는 감압병 치료 설비가 몇 군데밖에 없다. 그중 하나가 진해 해군 해양의료원에 설비되어 있으며 한국에서는 1979년 3월 5일 최초로 감압병 치료를 시작했다. 승조원들이 수면으로 올라올 때 수압으로부터 신체를 보호하면서 신속하게 부상하기 위해 특별히 제작한 비상탈출복을 사용하는데, 이것도 수심 30미터 이상에서는 상당히 위험하나 훈련을 잘 받은 경우 180미터 정도에서도 탈출할 수 있다. 수면으로 상승 시는 통상 2.4미터/초의 속도로 올라오는데 이때 계속 숨을 내쉬면서

개인탈출용 몸센 렁을 착용하고 탈출 훈련을 하는 모습

올라와야 한다. 왜냐하면 갑작스런 상승은 심한 압력 차이로 잠수병에 걸릴 수 있으며 잘못하면 허파가 터져 즉사하는 경우도 있다. 예를 들면 수심 30미터에서 탈출하는 경우 수면에 오를 때에는 허파의 공기가 3배로 팽창하기 때문에 숨을 내쉬어서 공기 양을 줄이지 않으면 허파의 손상으로 생명을 잃게 될 수도 있다.

비상탈출복을 착용하고 탈출에 성공한 사례는 1916년 10월 9일 코펜하겐에서 덴마크 잠수함 디커렌Dykkeren이 적함과 충돌하여 침몰했는데 9명의 승조원 중 3명이 탈출복을 착용하고 수심 8.5미터에서 무사히 탈출했다. 그러나 훨씬 뒤인 1927년 12월 17일 미 해군 잠수함 USS S-4(SS-109)는 함선과 충돌한 후 31미터 수심에 침몰하여 승조원 전원이 사망했다. 이 사고를 교훈으로 미국은 개인탈출용 몸센 렁Momsen Lung과 여러 사람이 함께 탈출할 수 있는 매캔 SRC를 개발했다. 1944년 10월 24일 대만 해협에서 미국 잠수함 탱USS Tang(SS-306)이 자기가 쏜 어뢰에 맞아 수심 55미터에 침몰했다. 이때 몸센 렁을 착용하고 전부어뢰발사관에서 13명이 탈출하여 그중 5명이 생존한 기록이 있다.

## 잠수함 선체 일부에 부착된 구명구로 탈출

독일 IKLIngenieeur Kontor Lueck사가 설계하고 HDWHowaldtswerke Deutshe Werft사에서 건조하여 인도 해군에 인도된 Type 209급 1,500톤 잠수함에 구명구救命球, Rescue Sphere가 설치되었다. 독일이 1964년 이후 세계 각국에

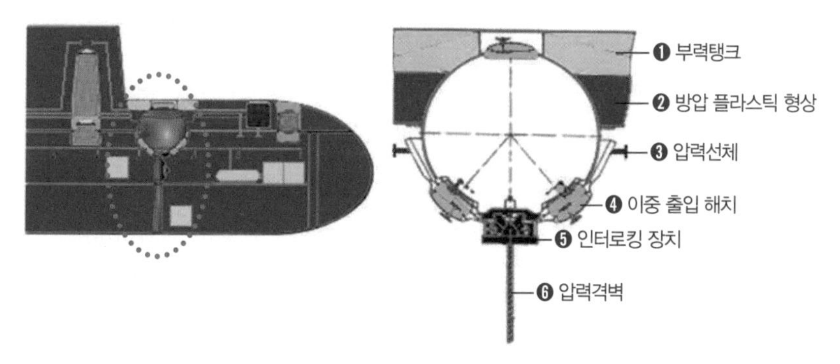


구명구 설치 위치(빨간색 점선)와 각부 명칭

승조원들이 구명구 내부에 빽빽하게 타고 있는 모습(왼쪽)과 구명구가 바다에 떠 있는 모습(오른쪽)

140여 척의 잠수함을 수출했지만 구명구를 설치한 잠수함은 인도 외에는 없다. 이 구명구는 자체 부력탱크를 가지고 있으며 한 번에 40명의 승조원을 탈출시킬 수 있고 외부 공기의 공급 없이 8~9시간 동안 생존이 가능하다. 구명구가 수면 위로 떠오르면 통풍 마스트를 올리고 해상 상태가 잔잔하면 상부 해치도 열 수 있다. 구조함이 도착하여 4노트의 속력으로 예인을 하거나 크레인으로 구조함 갑판 상에 인양하여 승조원을 구조할 수 있는 아주 효과적인 구조 시스템이다.

## 외부 장비를 이용한 승조원 구조 방법

### SRC(잠수함 구조 체임버)

SRCSubmarine Rescue Chamber를 이용하면 침몰 잠수함 승조원을 해수에 닿지 않은 채 대기압 상태에서 구조할 수 있다. 그러나 침몰 잠수함에 4점 계류 등 작업 절차가 필요해서 준비하는 데 시간이 너무 오래 걸린다는 단점이 있다. 또한 구조 작업을 하기 위해서는 침몰 잠수함의 경사가 30도 이내, 조류 속도가 3.5노트 이하여야 하는 등 제약 조건이 많다.

1939년 5월 23일 미국 잠수함 스퀄러스USS Squalus(SS-192)가 수중 시험 도중 74미터의 수심에 침몰했을 때 SRC를 이용해 구조한 사례가 있다. 당시 잠수함 구조함 팰컨USS Falcon(ASR-2)에서 네 차례 SRC를 내려 59명 중 33명을 구조했다. 하지만 안타깝게도 26명은 함 내에서 목숨을 잃었다.

이후 미 해군은 신형 개인 비상탈출복 스타인케 후드Steinke Hood를 개발했다. 이 장구는 팽창식 구명의에 후드를 부착한 것으로, 탈출자가 수면으로 올라오면서 후드 내의 공기를 흡입할 수 있어 안정성이 향상됐고, 수심 137미터에서도 탈출 실험에 성공했다.

SRC(잠수함 구조 체임버)는 잠수함 구조 장비로 잠수함 구조함에서 강하 및 인양하도록 되어 있으며, 잠수함의 함수 해치에 접합하여 함내 승조원을 구조하도록 되어 있다. 사진은 매캔 SRC(McCann Submarine Rescue Chamber) 〈Public Domain〉

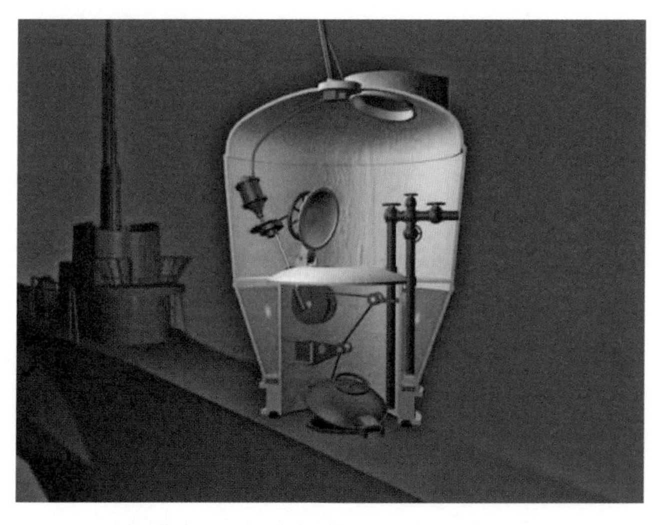

SRC(잠수함 구조 체임버)를 잠수함 선체에 접합시키는 장면

### DSRV(심해구조잠수정)

1963년 4월 10일 미국의 공격핵잠 스레셔USS Thresher(SSN-593)는 해상 시운전 중 수심 2,560미터에 침몰되어 배에 탔던 129명 전원이 목숨을 잃었다. 이 사건을 계기로 미 해군은 SRC가 깊은 바다에서는 실효성이 없다는 것을 체험하고 새로운 도전을 하게 된다.

이때 개발한 것이 DSRV(심해구조잠수정)이고 2척을 건조했는데, 1번함인 DSRV-1 미스틱Mystic은 1971년에 건조했고 2번함인 DSRV-2 애벌론Avalon은 1972년에 건조했다. 압력선체는 HY140강을 사용하여 최대작전심도는 1,525미터이며 미국 및 영국 잠수함과 1,500미터 수심에서 시험을 성공적으로 끝마쳤다. 내부에는 HY240강으로 된 3개의 고압 구명구Pressure Capsule Sphere를 가지고 있으며 운용요원 4명과 조난 승조원 24명의 인원을 수용할 수 있다.

DSRV는 저속이지만 자체 항해 능력이 있어서 해상 상태의 영향을 크게 받지 않고 구조 작업을 할 수 있다. 하나의 추진축과 전후부에 각

미 해군이 SRC가 깊은 바다에서는 실효성이 없다는 것을 체험하고 개발한 DSRV-1 미스틱 〈Public Domain〉

DSRV(심해구조잠수정)는 조난 잠수함의 승조원을 구조하기 위해 사용하는 소형 유인 잠수정으로, 내장된 축전지를 이용하여 추진되며 심해저까지 잠항하여 구조작전 수행이 가능하다. 사진은 미국 DSRV-2 애벌론(Avalon) 〈Public Domain〉

DSRV(심해구조잠수정)이 해저에 좌초한 잠수함 해치에 접합하고 있는 장면

각 2개의 분사형 추진흘thruster을 가지고 최고 5노트의 속력을 낼 수 있으며 1노트의 조류에도 운용이 가능하고, 잠수함에 접합시키는 동안 수중에서 정지hoveing할 수도 있으며, 45도 기울어져 있는 잠수함에도 접합이 가능하다. 2008년 10월 1일 미 해군은 퇴역 시기를 맞은 DSRV를 잠수함 조난 잠수 및 재가압 시스템SRDRS, Submarine Rescue Diving and Recompression System으로 대체했다.

SRDRS(잠수함 구조 잠수 및 재가압 체계)

SRDRSSubmarine Rescue Diving and Recompression System는 미 해군이 최근 도입한 조난 잠수함 승조원 구조 체계로 기존의 DSRV 및 SRC를 대체하는 체계다. 이 체계는 세계 어느 곳이든 지상 또는 공중으로 이송되어 조난 상황이 발생한 인근 해역에서 상선 또는 군함에 탑재되어 조난 잠수함 승조원 구조작전에 투입된다. 기존 체계보다 대응 시간이 짧고 모잠수함 또는 전용 수상 구조함이 불필요하며 최신 기술을 적용했다는 장점을 가지고 있다. 최대 155명의 수압에 노출된 조난 잠수함 승조원을 구조하는 개념을 가지고 체계를 설계했다.

SRDRS는 크게 네 가지 요소로 구성된다. 네 가지 요소는 평가 및 수중작업체계AUWS, Assessment/Underwater Work System, 감압체계SDS, Submarine Decompression System, 가압구조모듈체계PRMS, Pressurized Rescue Module System 그리고 PRMS 임무지원장비PRMS Mission Support Equipment이다. 평가 및 수중작업체계는 606미터까지 대기압 하에서 수중작업을 할 수 있는 잠수복을 포함하여 조난 잠수함의 위치를 확인하고 주변 환경을 평가하는 장비들이다. 감압체계는 2개의 대형 잠수함 감압 체임버와 지원장비로 구성되며 수압에 노출된 승조원들에게 감압치료를 제공한다. 가압구조모듈체계는 원격으로 조종되는 일종의 잠

SRDRS 네 가지 구성 요소 중 가압구조모듈체계(PRMS). 원격으로 조종되는 일종의 잠수정으로 최대 606미터까지 잠항하여 45도 경사진 잠수함에 접합 가능하며, 1회 16명까지 구조할 수 있다. 〈Public Domain〉

수정으로 최대 606미터까지 잠항하여 45도 경사진 잠수함에 접합 가능하며, 1회 16명까지 구조 할 수 있다. 갑판으로 회수된 PRM은 감압 체임버와 연결된다. PRMS 임무지원장비는 크레인 등 진수 및 회수체계LARS, Launch and Recovery System 등으로 구성된다.

SUBMARINE

CHAPTER 03

# 잠수함을 해전의 영웅으로 만든 잠수함 탑재 무기

WORLD

01

# '수중 제왕 잠수함' 만든 일등공신, 어뢰

## 맞으면 끝장… 함정을 수장시키는 '간담 서늘한 무기'

어뢰魚雷란 어형수뢰魚形水雷의 줄임말이며, 영어로는 '토피도torpedo'라고 한다. 영어 'torpedo'는 라틴어 'torpere'에서 유래되었으며, 그 뜻이 "간담을 서늘하게 하다"는 뜻이라니 제1·2차 세계대전을 치르면서 어뢰는 그 이름값을 톡톡히 해냈다고 볼 수 있다. 잠수함의 어뢰 공격이 모든 수상함 함장(선장)들의 간담을 서늘하게 한 이유는 '어뢰 명중 = 함정 수장'이라는 공식을 만들었기 때문이다. 함선들은 수십, 수백 발의 함포를 맞아도 수장되지 않지만 어뢰에 맞으면 단 1발에도 두 동강이 나서 순식간에 침몰되니 어찌 두렵지 않았겠는가? 이는 버블제트Bubble Jet 효과(어뢰에 탑재된 폭약이 함선 중앙부 밑에서 폭발하여 엄청난 가스압력이 발생하면서 함선은 수면 위로 솟구쳐 오른다. 아주 짧은 시간이지만 가스 압력이 소멸되면서 빈 공간이 발생하고 함선은 다시 수면 아래로 떨어지게 된다. 이렇게 위아래로 오르내리면서 충격으로 인해 함선의 용골은 완전히 부러지게 된다) 때문이다.

1875년경 피우메에서 자신이 만든 시험용 어뢰를 내려다보고 있는 로버트 화이트헤드(오른쪽)와 그의 아들 존(John) 〈Public Domain〉

어뢰는 1866년 오스트리아 해군의 지오반니 뤼피스Giovanni Luppis가 영국인 기사 로버트 화이트헤드Robert Whitehead와 협력하여 직주어뢰를 만들면서 시작되었다. 그 당시의 어뢰는 내부에 압축공기를 불어넣어 이를 동력으로 프로펠러를 돌려 추진했으며 폭약으로 다이너마이트 8킬로그램을 사용했고, 속력은 시속 11킬로미터, 사정거리는 640미터 정도였다. 이후 1899년 오스트리아의 루트비히 오브리Ludwig Obry가 표적을 향해 똑바로 전진할 수 있는 자동조타장치를 발명했고, 1904년 미국의 F. W. 블리스Bliss가 연료를 압축공기로 연소시켜 혼합가스를 만드는 등 속력을 높이는 데 노력했다. 제1·2차 세계대전 때는 속력 35노트, 사정거리는 6킬로미터, 폭약량도 150킬로그램 이상으로 향상되었으며, 기술적인 면에서도 추진기관, 침로 및 심도유지장치, 신관 등에서 비약적인 발전을 이룩했다.

특히 일본군이 개발한 93식·95식 어뢰는 산소를 연료로 하여 항적航跡을 남기지 않고 시속 36~49킬로미터의 속력으로 30~40킬로미터의 항주航走 능력을 가지게 되면서 당시 세계 각국의 어뢰 중에서는 제일 성능이 우수한 것으로 입증되었다. 오늘날 어뢰의 대부분은 스스로 표

제1차 세계대전 당시 영국 해군항공대 뇌격기 솝위드(Sopwith) T.1 쿠쿠(Cuckoo)가 공중어뢰(aerial torpedo)를 투하하는 모습 〈Public Domain〉

1915년 제1차 세계대전 당시 어뢰를 발사하는 모습 〈Public Domain〉

적을 탐지·추적하는 자동명중 방식(호밍 방식)과 유선에 의한 지령유도 방식을 이용하여 수상함정, 잠수함, 항공기 등에서 발사되며, 자체 추진에 의해서 일정한 깊이를 항주하여 표적에 명중하도록 되어 있다. 함정 탑재용은 폭약량 300~500킬로그램의 중어뢰로, 항공기 탑재용은 폭약량 100~200킬로그램의 경어뢰로 분류된다.

제2차 세계대전 당시 가장 흔히 사용된 공중어뢰 Mk 13. Mk 13은 원래 항공기에서만 투하할 수 있도록 설계된 미국 최초의 공중어뢰다. 사진은 1944년 미 항공모함 와스프(USS Wasp) 함상에서 TBF 어벤저(Avenger) 뇌격기에 Mk 13B을 싣고 있는 모습 〈Public Domain〉

일본군이 개발한 93식·95식 어뢰는 산소를 연료로 하여 항적을 남기지 않고 시속 36~49킬로미터의 속력으로 30~40킬로미터의 항주 능력을 가지게 되면서 당시 세계 각국의 어뢰 중에서는 제일 성능이 우수한 것으로 입증되었다. 위 사진은 제2차 세계대전 중 워싱턴 D. C. 미 해군본부 밖에 전시된 일본 93식 어뢰의 모습. 〈Public Domain〉

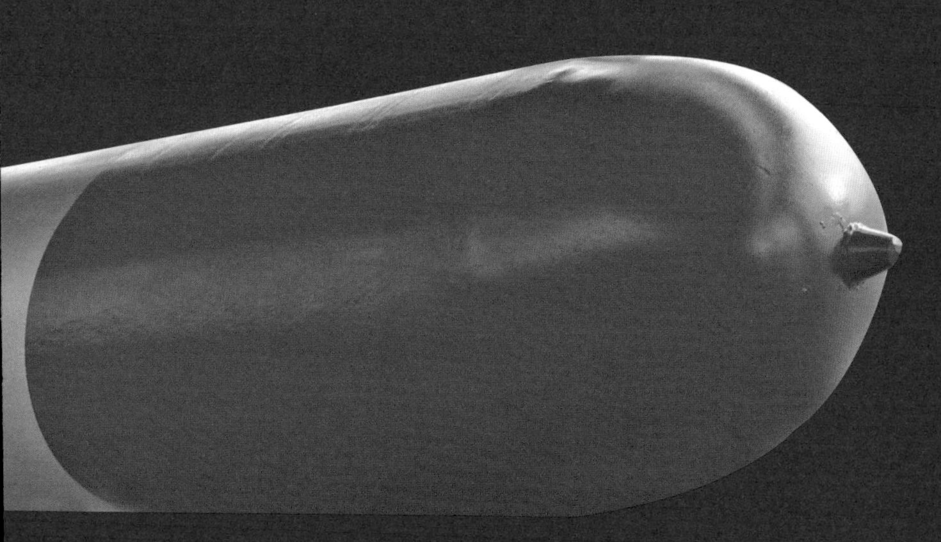

야마토 박물관에 전시되어 있는 95식 어뢰 〈Public Domain〉

## 어뢰를 명품 무기 반열에 올려놓은 대표적인 해전

제1차 세계대전을 겪으면서 잠수함 어뢰에 의해 격침된 함정은 5,000여 척에 1,200만 톤이 넘었고, 제2차 세계대전 때는 3,000여 척에 1,400만 톤에 가까웠다. 이는 놀랄 만한 전과였지만, 그중에서 잠수함이 군함(항모, 전함, 순양함, 구축함 등 전투함)을 공격한 사례는 그리 많지 않았다. 왜냐하면 당시의 잠수함은 축전지 성능이 뛰어나지 않아서 한 번 충전하여 물속에 들어가면 기껏해야 2시간 정도 견디고 충전을 위해 물위로 올라와야 했기 때문이다. 잠수함이 물위로 올라오면 곧바로 전투기와 함정에 의해 공격받기 때문에 잠수함 함장은 100% 성공 확률이 없으면 군함을 공격하지 않았다. 그만큼 군함을 어뢰로 공격할 때는 전 잠수함 승조원의 목숨을 걸었기에 군함을 격침시키면 대서특필되었고 잠수함 함장은 영웅이 되었다.

어뢰 공격으로 영웅 함장을 탄생시킨 전투는 어떤 것들이 있을까? 제1·2차 세계대전부터 포클랜드 해전까지 대표적인 전투를 정리해본다.

### U-21함에서 발사한 4발의 어뢰, 영국 순양함을 격침시키고 세계를 놀라게 하다

1914년 9월 5일, 독일의 오토 헤르싱Otto Hersing 소령이 지휘하는 U-21 잠수함은 영국 함대에 접근하여 순양함 1척을 향해 어뢰 4발을 발사했다. 영국 순양함 패스파인더HMS Pathfinder는 대폭발했고, 배의 침몰과 함께 승조원 296명 중 259명이 수장되었다.

이 어뢰 공격은 잠수함이 실전에서 전과를 남긴 최초의 사건으로 세계를 놀라게 했다. 당시 영국 함대는 이것이 어뢰에 의한 공격이었다는 사실조차 알지 못했으며, 순양함의 침몰 원인이 떠내려온 기뢰에 의한 것으로 판단했을 정도였다. 이 사건은 잠수함을 비열한 무기로 취급하며 대비에 소홀했던 영국에 경종을 울린 어뢰 공격으로 평가되었다.

### U-보트 스타 U-9함, 어뢰 공격으로 1시간 만에 영국 순양함 3척을 격침

1914년 9월 22일, 독일의 오토 베디겐Otto Weddigen 대위가 지휘하는 U-9 잠수함은 안개 때문에 시야가 흐려진 틈을 이용해 영국의 순양함 단대에 접근하여 1시간 동안 순양함 3척(아부키르HMS Aboukir, 호그HMS Hogue, 크레시HMS Cressy)을 어뢰 공격으로 침몰시키고 승조원 2,200명 중 1,459명을 수장시켰다.

이것은 스페인 무적함대를 격침한 이후 거의 30여 년 동안 전 세계 해양을 지배해온 영국 함대의 최대 치욕으로 기록되었다. 당시 영국 해군참모총장이던 존 피셔John Fisher 제독은 "넬슨 제독이 그의 전 생애 동안 수행한 전투에서 희생시킨 병사보다 더 많은 병사를 잃었다"며 분개하기도 했다. 이 전투는 당시 영국에 비해 해군력이 8 대 2 정도로 열세인 독일 해군에게 잠수함 전투의 효용성을 입증시킨 쾌거로 기록된다.

### 적 항구에 침투해 어뢰 6발로 전함과 수상항공기 모함을 격침시킨 U-47함, 어뢰의 위력과 잠수함의 은밀작전 유효성을 보여주다

1939년 10월 8일 독일의 U-47은 킬 항을 출발해 10월 13일 영국의 스캐퍼 플로Scapa Flow 항구에 은밀히 침투하는 데 성공했다. U-47 함장은 절묘하게 잠수함을 몰고 항구에 진입하여 순차적으로 어뢰 6발을 발사했으며 불발탄이 발생하는 상황에서도 정박 중인 영국의 전함 로열 오크HMS Royal Oak와 수상항공기 모함을 격침시켰다.

이 작전은 어뢰의 위력을 보여주었을 뿐 아니라 잠수함의 은밀성을 이용하여 적의 앞마당을 유린하고 안전하게 귀환한 잠수함 작전 중 가장 통쾌한 작전으로 기록된다.

일본 잠수함 I-19가 발사한 어뢰 3발을 맞고 화염에 휩싸인 채 침몰 중인 2만 톤급 미국 항공모함 와스프의 모습 〈Public Domain〉

### 일본 I-168 잠수함, 어뢰 4발로 항모 1척을 격침시키고 호위구축함 1척에 심각한 손상을 입히다

1942년 6월 6일 일본 잠수함 I-168을 지휘한 다나베 야하치田辺弥八 소좌는 미드웨이Midway 섬 근해에서 5척의 구축함이 미국 항모 요크타운USS Yorktown의 경계진을 뚫고 들어가 어뢰 4발을 발사했다. 2발은 항모 요크타운에 명중되어 수장시켰으며, 1발은 항모를 호위하던 구축함에 심각한 손상을 입혔다. 다나베 소좌는 이 전투에서 잠수함 어뢰의 위력을 확실히 보여줌으로써 일본 국민들에게 잠수함 작전에 의한 대미 승전의 희망을 갖게 했다. 다나베 소좌는 그 공로로 일본 최초의 수훈 잠수함 함장Submarine Ace이 되었다.

### 일본 I-19 잠수함, 어뢰 6발로 항모 1척을 격침시키고 전함 및 구축함 각 1척에 심각한 손상을 입히다

1942년 9월 15일 일본 잠수함 I-19를 지휘한 다카히치 기나시 중좌는 솔로몬 제도 근해에서 잠망경심도로 진입하여 6발의 어뢰를 연속으로 발사했는데, 이 중 3발이 명중되어 2만 톤급 미국 항공모함 와스프USS Wasp(CV-7)를 침몰시켰다. 나머지 3발은 항모를 빗나갔지만 항모로부터 9킬로미터 떨어져 있는 다른 항모 호넷USS Hornet을 호위하던 전함 노스 캐롤라이나USS North Calolina와 구축함 오브라이언USS O'Brein에 명중되어 심대한 손상을 입혔다. 잠망경으로 볼 수 없을 정도의 원거리 표적에 어뢰를 명중시킬 수 있었던 이유는 어뢰의 추진연료로 파라핀과 산소를 혼합하여 주행거리를 늘렸기 때문으로 판명되었다. 이는 제2차 세계대전에 참가한 모든 나라의 잠수함을 통틀어 가장 훌륭한 어뢰 공격 사례로 평가받았다.

**미국 잠수함 탱, 어뢰 6발로 화물선과 유조선 4척을 격침시키다**

1944년 6월 21일 트루크Truk 섬 근해에서 리처드 오케인Richard O'Kane 소령이 지휘하는 미국 잠수함 탱USS Tang(SS-306)은 잠망경심도로 잠항하여 선단이 완전히 가까워지기를 기다렸다가 여러 척의 표적이 겹쳐 보이는 위치에서 6발의 어뢰를 차례로 발사했다.

이 공격에서 오케인은 에이스 함장으로서의 능력을 유감없이 발휘하여 연속으로 발사한 6발의 어뢰로 2척의 화물 수송선과 2척의 유조선 등 4척의 일본 선박을 일시에 격침시켰다.

이것은 단 한 차례 전투에서 한꺼번에 가장 많은 선박을 격침시킨 사례로 기록되었다.

**Marder**

독일 잠수정 마르더(Marder)는 사실 탄두 대신 작은 승조원 격실을 마련한 인간어뢰나 다름없었다. 마르더는 1발의 어뢰만 장착할 수 있었고 공격을 위해 완전 잠항이 가능했지만, 실전에서 큰 활약을 하지 못했다. 〈CC BY-SA 3.0 / Zandcee〉

### 파키스탄 잠수함 한고르, 어뢰 공격으로 인도 구축함 격침시켜 자존심을 세우다

1971년 12월, 인도-파키스탄 전쟁은 제3세계 잠수함이 전쟁에 사용된 최초의 전쟁이며, 잠수함의 음향어뢰(목표물에서 나오는 소음이나 소리를 감지하여 목표물을 쫓아가는 어뢰)가 실전에 사용된 전투로 기록된다. 파키스탄은 상대적으로 약한 수상함정들은 항내에 묶어둔 채 1963년 미국에서 도입한 텐치Tench급 잠수함과 1970년 프랑스에서 도입한 다프네Daphne급 잠수함을 전투에 투입했다.

전투 결과 파키스탄 다프네급 잠수함 한고르PNS Hangor는 봄베이 항 앞바다에서 초계임무를 수행하던 중 인도의 구축함 쿠크리INS Khukri에 어뢰 공격을 가하여 승조원 288명 중 191명을 전사시키고 함을 3분 만에 침몰시킴으로써 파키스탄의 자존심을 지켰다. 이로써 잠수함은 중·소 해군국이 강대국에 필적할 수 있는 유일한 무기체계임을 증명했다.

독일의 마르더와 달리 제2차 세계대전 당시 미국의 Mk 14 어뢰는 태평양 해전에서 일본 함정을 격침하는 데 맹활약했다. 〈CC BY-SA 3.0 / BrokenSphere〉

영국 공격핵잠 콩커러, 2발의 어뢰 공격으로 아르헨티나 순양함을 격침시키고 승전의 발판 마련

1982년 5월 2일, 영국의 공격핵잠 콩커러HMS Conqueror는 높은 기동력으로 포클랜드 전쟁에서 가공할 만한 위력을 발휘했다. 콩커러함은 아르헨티나 순양함 제너럴 벨그라노ARA General Belgrano와 이를 호위하는 2척의 구축함에 1,400야드(1,280미터)까지 접근해서 Mk 8 어뢰 3발을 차례로 발사했고 그중 2발을 명중시켰다. 어뢰에 명중된 제너럴 벨그라노함은 곧바로 대폭발을 일으키며 화염에 휩싸였다. 함을 구하기 위한 제너럴 벨그라노 함장의 노력에도 불구하고 명중된 제너럴 벨그라노 함은 약 30분 만에 회복할 수 없는 상태에 이르렀다. 이미 1,093명의 승조원 중에 321명이 사망한 후였다. 영국은 이 어뢰 공격으로 제해권을 확보하고 승전의 발판을 마련했다.

**Mk 8 torpedo**

1982년 5월 2일, 영국의 공격핵잠 콩커러가 남대서양 포클랜드 인근 해역에서 3발의 어뢰를 쐈다. 아르헨티나의 순양함 제너럴 벨그라노는 35분 뒤 바닷속으로 가라앉았다. 콩커러가 발사한 어뢰는 최신형은커녕 1927년부터 생산했던 Mk 8 어뢰였다. 영국은 신형 어뢰를 놔두고 왜 구형 어뢰를 사용했을까? 구형 어뢰인 Mk 8이 성능은 떨어져도 탄두 위력이 크고 신뢰성이 높다고 판단했기 때문이다. 

## 명품 어뢰 탄생까지 숨은 이야기, 어뢰 이렇게 진화하다

제2차세계대전 초기 독일 해군 어뢰는 직경이 53센티미터 정도였고 무게는 약 1.5톤이었으며 폭약의 무게는 300킬로그램이었다. 폭약은 분리가 가능한 탄두부에 내장되어 있었으며 뇌관은 어뢰가 발사되어 일정 거리를 이탈하고 난 후에야 작동되도록 안전장치가 있었기 때문에 함내에서 폭발하는 사례는 없었다.

독일 어뢰는 G7a와 G7e 두 가지 종류가 있었는데, G7a 어뢰는 증기 추진 방식 어뢰로 44노트의 속력으로 근거리 공격이 가능했고 30노트의 속력으로는 14킬로미터까지 공격이 가능했다. G7e는 전기 추진 방식 어뢰로 가장 많이 사용되었으며 30노트 속력으로 6킬로미터 이상까지 공격이 가능했다. 물속을 항주하는 어뢰는 함정의 소나와 같이 높은 주파수의 음파를 사용하여 목표물을 추적하기 때문에 표적을 탐지하기도 어렵고 미사일처럼 높은 속력을 낼 수도 없다. 어뢰도 미사일처럼 자이로스코프, 가속도계, 심도계 등을 사용하여 원하는 목표지점까지 정확하게 유도를 하며, 목표물 파괴를 위한 고성능 화약을 사용한다. 1980년대 이후 컴퓨터의 급속한 발달로 어뢰나 미사일에 컴퓨터 내장이 가능해짐으로써 성능이 지속적으로 향상되었으며, 이제는 인공지능을 갖춘 유도무기의 실현화가 가능한 때가 되었다. 기술의 복합적인 수용 정도에 따라 대잠수함용인 경어뢰와 수상함선 공격용인 중어뢰로 구분하고 있다.

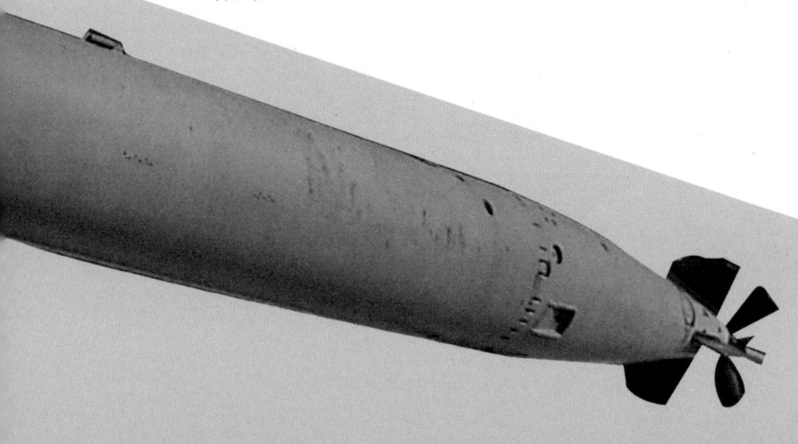

# G7a torpedo

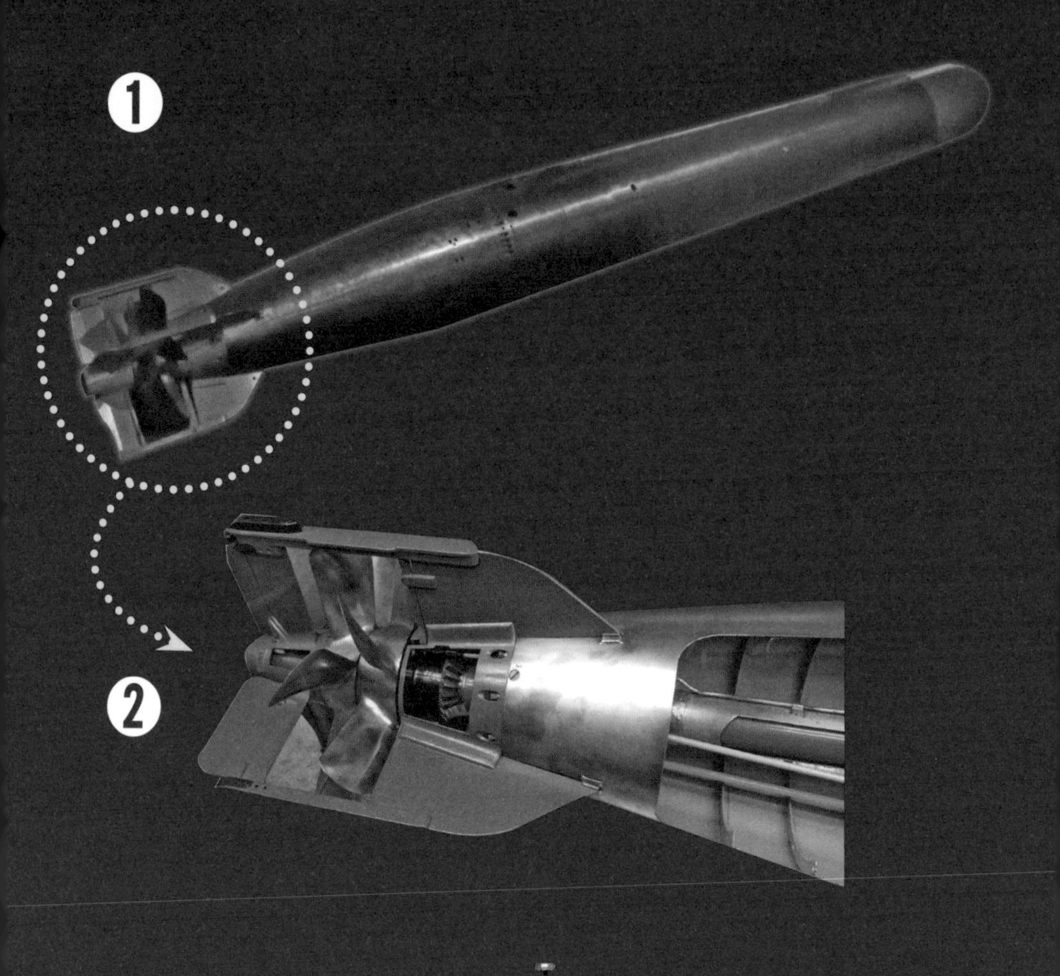

# G7e torpedo

④

# DM 2A4

⑤

❶ ❹ 제2차 세계대전 중 대서양 전투에서 연합국 함정을 공포에 떨게 했던 독일의 두 종류 어뢰 G7a(❶)와 G7e(❹). 불발탄이 25% 이상 발생해 잠수함 함장들이 '나무총'이라고 불렀던 어뢰지만 전투를 지속하면서 성능이 좋아져 잠수함을 수중의 제왕으로 만드는 명품이 됐다.

❷ G7a 어뢰의 프로펠러

❸ G7a 어뢰에 사용된 GA VIII 자이로스코프

❻ 독일 해군의 최신 어뢰 DM 2A4. 제2차 세계대전 시 수만 발의 실전 경험을 통해 성능이 개량된 독일의 최신 유선유도(Wire Guided) 중어뢰로 현재 독일, 이스라엘, 노르웨이, 튀니지 등에서 사용하고 있다.

### 현대 어뢰는 대서양 및 태평양 전투를 거치면서 진화되고 성능이 검증됨

이러한 어뢰들도 제1·2차 세계대전을 거치면서 무수한 결함 사항을 극복했으며, 때로는 잠수함 승조원들의 목숨을 담보로 하는 치명적인 결함을 해결하면서 위협적인 무기로 자리매김했다. 죽음을 무릅쓰고 적함 코앞까지 숨어 들어가 어뢰를 발사했으나 어뢰가 발화되지 않았을 때의 허탈감과 반격에 대비해야 하는 초조함은 겪어보지 못한 사람은 이해하기 힘들다.

현재 세계시장을 주름잡는 어뢰들은 모두 대서양과 태평양 전투를 겪으면서 성능이 진화되고 검증된 어뢰들이다. 이런 면에서 어뢰 개발 후 10발 내외의 시험발사가 끝나면 양산에 들어가는 우리의 무기 개발 절차와 많은 차이가 있음을 알 수 있다. 다음에서는 죽음을 무릅쓰고 적함 코앞까지 숨어 들어가 어뢰를 발사했으나 어뢰가 발화되지 않은 황당한 사건들과 어뢰의 진화 과정들을 소개하겠다.

### 대서양 전투 당시 어뢰가 명중해도 폭발하지 않는 황당한 사건 수없이 많아

어뢰가 공포의 무기인 것은 분명했지만 초창기에는 반드시 위협적인 것만은 아니었다. 잠수함 함장들이 목숨을 걸고 적함에 접근하여 정확하게 어뢰를 명중시켰지만 폭발하지 않거나 표적에 도착하기 전에 조기 폭발하여 오히려 역공을 받고 위기에 처한 사례가 빈번했다. 이번에는 명품 어뢰 탄생까지 어뢰의 수난사를 더듬어보고 타산지석의 교훈을 찾아보고자 한다.

대서양 전투에서는 주로 어뢰가 폭발하지 않는 사례가 많았다. 1939년 10월 30일 독일 잠수함 U-56이 영국의 순양함 3척과 조우하여 어뢰를 명중시켰지만 발화되지 않아 순양함 선체 페인트만 벗겨진 채 모두 도망갔다. 1940년 봄에는 노르웨이 침공 작전에 참가한 U-보트 32척

중 단 1척도 적함을 격침시키지 못했다. 그중에는 베테랑급 잠수함 함장인 귄터 프린Günther Prien, 오토 크레치머Otto Kretschmer, 허버트 슐츠Herbert H. Schultes 등도 포함되어 있었다. 특히 U-47의 귄터 프린 함장은 순양함 2척과 수송선, 그리고 구형 전함 워스파이트HMS Warspite를 공격하여 명중시켰지만 아무런 피해도 입히지 못했으며, U-46, U-37, U-38도 전함 워스파이트를 공격했지만 피해를 입히지 못했다. 노르웨이의 나르비크Narvik 외항에서는 U-25가 적 구축함 단대의 모든 함정을 공격했지만 어뢰가 발화되지 않아 아무런 전과도 올리지 못했다. U-30 함장인 프리츠-율리우스 렘프Fritz-Julius Lemp는 전함 바함HMS Barham에 어뢰를 발사해 명중되는 소리까지 들었지만 폭발하지 않았다.

어뢰에 대한 신뢰도는 끝없이 추락했고 함장들과 승조원들의 불만은 폭발 직전까지 갔다. 스캐퍼 플로 침투작전 영웅인 U-47의 귄터 프린 함장은 어뢰 공격 실패로 인해 적으로부터 심한 폭뢰 공격을 당하고 난 후 '나무총'으로 싸우다가는 모두가 미치고 말 것이라고 불평했다. 이러한 일이 발생하고 난 후에야 잠수함부대 기술자들이 어뢰의 결함을 조사하기 시작했다.

### 어뢰 불발은 뇌관 결함이 주범, 25% 이상 불발탄 발생

독일 잠수함의 아버지 칼 되니츠Karl Dönitz 제독은 잠수함부대를 돌아다니며 승조원들과 어뢰 불발탄 발생 문제를 토의했다. 정확한 문제점을 파악하여 어뢰 성능을 개선하는 것이 목적이었지만, 또 다른 목적은 작전 실패로 군법회의에 회부되어 있는 함장들을 구하는 것이었다.

결국 이 문제점에 대한 원인은 전기 추진 방식인 G7e 어뢰의 지리적 환경 현상으로 분석되었다. G7e 어뢰는 독일 북부에 있는 에케른푀르데Eckernförde 어뢰시험장에서만 여러 해 동안 시험했는데 항시 양호한 해상 상태와 동일한 위도에서 시험했기 때문에 위도와 해양 조건이 다른 노르웨이 해역에서는 제대로 성능을 발휘하지 못했던 것이다. 즉, 뇌관과 심도 유지에 영향을 주는 요소들을 미처 알아내지 못했던 것이다.

또 다른 원인 중의 하나는 자기기뢰에 대항하기 위해 함정에 설치한 소자장비가 어뢰의 자기감응근접신관(적 함선의 선저船底를 통과할 때 선체 자기에 감응해서 폭발하는 신관) 작동을 방해했던 것이다. 소자장비가 표적 함정의 자기장을 제거하여 어뢰가 표적에 근접해도 자장 신호를 인지하지 못했기 때문에 신관이 작동하지 않아 폭발하지 않았던 것이다. 잠수함이 장시간 잠항을 하게 되면 함내에 고압이 형성되게 되었는데, 이것으로 말미암아 아주 민감하게 작용하는 어뢰의 심도조종장치에 이상이 생겼던 것도 원인이었다. 나중에 개발된 음향어뢰인 GNATGerman Navy Acoustic Torpedo 어뢰(근접신관에 자력으로 추진)도 개발 초기에는 많은 결함을 보여 이 어뢰 역시 '나무총'이라는 비판을 면치 못했었다. 칼 되니츠 제독은 자신의 회고록인 『10년 20일Zehn Jahre und Zwanzig Tage』에서 어뢰의 25% 이상이 어뢰 자체에 결함이 있었다고 증언했다.

### 태평양 전투에서도 어뢰가 폭발하지 않아 함장들 불만 극에 달해

1943년 4월 미 해군 잠수함 튜니USS Tunny의 함장 제임스 A. 스콧James A. Scott 소령은 일본 항모전단 호위함의 삼엄한 경계를 뚫고 항공모함 700미터 거리까지 침투하는 데 성공했다. 함미 어뢰발사관으로 왼쪽 열의 선도 항모를 향해 4발의 어뢰를 발사하여 네 번의 어뢰 폭발음을 듣는 순간 곧바로 600미터 떨어져 있는 우측 열의 항모에 대해 함수 어뢰발사관으로 어뢰 6발을 순차적으로 발사했다. 세 번의 어뢰 폭발음을 듣고 반격에 대비하여 곧바로 깊이 잠항하여 회피했다. 어뢰 공격을 성공적으로 마친 스콧 소령과 그의 승조원들은 어뢰 폭발음이 들리는 순간 깊이 잠항했기 때문에 잠망경으로 항모가 침몰하는 멋진 장면을 직접 목격하지 못한 것이 못내 아쉬웠지만 2척의 항모 중 최소한 1척은 확실히 격침시켰을 것이라고 확신했다. 가까운 거리에서 어뢰를 정확히 발사했고 어뢰 폭발음까지 들었기 때문에 명중을 확실히 보장할 수 있었으며, 비록 항모라 할지라도 침몰될 가능성이 높다고 판단했다. 만약 가라앉지 않더라도 최소한 심각한 손상을 입었을 것이라고 믿었다.

깊이 잠항하여 항모전단을 완전히 벗어난 스콧 소령은 부상하여 진주만에 있는 잠수함지휘부에 일본 항모에 대하여 어뢰 공격한 사실을 상세히 보고했으며, 이 보고를 받은 록우드Charles A. Lockwood 제독과 지휘부는 일본 항모 격침 성과에 한동안 흥분해 있었다. 다음날 하와이의 정보국FRUPac, Fleet Radio Unit Pacific에서 일본 작전 전문을 감청하여 해독한 결과 전날 야간 트루크 기지에 3척의 일본 항모가 무사히 도착했다고 본국에 보고하고 있었다. 전날 밤 튜니함의 어뢰 공격은 실패했다는 게 판명되었다. 그렇다면 튜니함에서 어뢰를 발사한 후 들었던 일곱 번의 폭발음은 어떻게 발생했을까? 지휘부에서는 최종적으로 어뢰가 항모에 도달하기 전에 조기 폭발했을 것이라는 결론을 내렸다.

### 태평양 전투에서 미군 어뢰 불발탄이 독일 어뢰보다 많아

1943년 5월 6일 미 해군 잠수함 와후USS Wahoo의 함장 더들리 W. 모튼Dudley W. Morton 소령은 일본 수상비행기 모함에 1,200미터까지 접근하여 3발의 어뢰를 발사했으나 1발만이 정상적으로 발화했을 뿐 나머지 2발은 표적 선저를 통과하고도 발화하지 않았다. 5월 7일에는 대형 화물선 1척과 그 배를 호위하고 있는 중형 초계함 1척에 총 6발의 어뢰를 발사하여 화물선은 격침시켰으나 호위함 공격에는 실패했다. 다음날에도 호위함과 화물선을 발견하여 3발의 어뢰를 발사했다. 이 중 첫 번째 어뢰는 가는 도중에 조기 폭발해버렸고, 두 번째 어뢰는 표적을 빗나갔으며, 세 번째 어뢰는 표적 현측에 정확히 명중했으나 발화되지 않았다. 모튼은 거듭되는 어뢰 공격 실패에 분노하기 시작했다. 5월 12일에도 2척의 화물선과 1척의 호위함으로 구성된 선단에 대해 공격을 했으나 겨우 1척에게 손상만 입혔을 뿐 나머지는 격침시키지 못했다. 형편없는 어뢰 성능으로 승조원들의 불만과 불안은 더욱 고조되었다.

5월 21일 하와이에 입항한 모튼 소령은 잠수함 사령관인 록우드 제독에게 출동 결과를 보고하면서 그동안 겪었던 어뢰 공격 실패 사례와 문제점을 상세히 설명했다. 어뢰의 주행 심도 문제는 해결된 것 같으나 조기 발화와 불발, 그리고 침로 유지 문제가 해결되지 않는 한 전투 수행이 어렵다고 보고했다.

## 어뢰의 명중보다 몇 발이나 발화됐는지가 더 관심사

1943년 6월 10일 미 해군 잠수함 트리거USS Trigger의 함장 벤슨Roy S. Benson 소령도 항모와의 거리 1,100미터에서 현측을 향해 1번 어뢰를 발사했으며, 연이어 5발을 10초 간격으로 발사했다. 벤슨은 위험을 무릅쓰고 최후까지 잠망경을 올려 어뢰 명중 순간을 지켜보았다. 첫 번째와 두 번째 어뢰는 항모의 함수 쪽으로 지나가버렸고, 세 번째 어뢰는 주행하던 중 항모를 호위하던 일본 군함들이 일으킨 물결에 부딪혀 전혀 엉뚱한 방향으로 지나가버렸으며, 네 번째 어뢰는 항모 함수에 명중해 큰 폭발음을 일으켰으나, 다섯 번째 어뢰는 함수와 함교 중간 부분에 명중했지만 발화되지 않았다. 일본 항모에 가장 치명적인 손상을 입힌 여섯 번째 어뢰는 정확히 함교 아래쪽 선저에 명중해 큰 폭발을 일으켰는데 폭발로 인해 하얀 물줄기가 비행갑판까지 솟구치는 것을 확인할 수 있었다. 그러나 6월 22일 미 정보국에서 일본 통신문 감청 결과 트리거함이 발사한 어뢰 중 1발만이 일본 항모에 명중되어 일부분만 손상을 입혔다는 사실이 확인됨에 따라 승조원들의 어뢰에 대한 불신은 극에 달했다.

### 어뢰의 뇌관이 문제

모튼, 벤슨 등 잠수함 함장들의 연이은 어뢰 공격 실패 사례를 보고받은 록우드 제독은 어뢰의 자기감응신관에 치명적인 결함이 있다는 사실을 알게 되었다. 엎친 데 덮친 격으로 충격신관(어뢰가 표적에 직접 충돌할 때 그 충격으로 폭발하도록 설계된 신관)에도 치명적인 결함이 있다는 사실을 입증하는 어뢰공격 사례가 또 발생했다. 6월 24일 트루크 섬 외해에서 초계 중이던 미국 잠수함 티노사USS Tinosa 함장 대스핏Lawrence Randall Daspit 소령은 1만 9,000톤급 일본 유조선에 4발의 어뢰를 발사했다. 그 중 2발은 빗나갔고, 2발은 정확히 표적 중간 부분에 명중해 어뢰가 선체 현측에 부딪친 충격으로 약한 물줄기가 솟구치는 것까지 목격했으나 2발의 어뢰는 모두 발화되지 않았고 유조선도 전혀 손상을 입지 않았다. 이번에는 함수 발사관으로 2발을 더 발사하여 2발 모두 현측에 명중시켰으나 1발은 발화되지 않았고 1발만이 함미 끝단에 명중해 정상적으로 폭발했다. 이처럼 유조선에 명중했으나 발화되지 않은 불발 어뢰는 발사한 12발 중 11발이나 되었다.

록우드 제독은 가용한 모든 방법을 동원하여 어뢰 성능 개선에 돌입했다. 미국은 1941년 여름에 대서양에서 나포한 독일 잠수함 U-570에서 획득한 전기 추진 어뢰와 1942년 초부터 미국 동부 연안에서 독일 잠수함들이 발사한 전기 추진 어뢰 중 발화되지 않은 어뢰를 인양하여 연구해왔었다. 그때까지 미국은 압축공기 추진 방식 어뢰를 사용하고 있었는데 어뢰를 발사하면 공기가 방출되면서 수면에 기포가 발생하여 어뢰와 잠수함의 위치가 쉽게 노출되는 단점이 있었으나 전기 추진식은 흔적이 남지 않는 혁신적인 어뢰였다. 9월 16일 출동 임무를 종료하고 하와이에 입항한 핼리벗USS Halibut 의 함장 갤런틴Ignatius J. Galantin 소령도 록우드 제독에게 출동 기간 동안 겪은 어뢰 공격 실패 사례를 보고했다. 충격신관 어뢰 3발은 표적에 정확히 명중했으나 모두 불발이었

1944년 물에 빠진 조종사 구조 임무를 수행 중인 미 해군 잠수함 탱. 이 잠수함은 일본 수송선단을 향해 발사한 어뢰에 자기가 맞아 침몰한 유일한 잠수함이다. 〈Public Domain〉

한 시대를 풍미한 세 종류 어뢰. 영국의 Mk IX(맨 뒤), 독일의 G7e(중간), 미국의 Mk 18(맨 앞). 미국의 Mk 18 어뢰는 일본 함정을 격침시켰지만 탱함에서 발사한 Mk 18 어뢰는 부메랑이 되어 되돌아와 탱함 자신을 침몰시켰다. 〈GNU Free Documentation License / Alexander Buschorn〉

고, 자기감응신관 어뢰 4발은 표적 선저를 통과했으나 발화되지 않았으며, 출동 기간 중 제대로 발화된 어뢰는 단 1발뿐이었다는 것이었다.

어뢰 결함의 극치, 자기가 쏜 어뢰에 맞아 침몰한 미국 잠수함 탱

어뢰 결함에 의한 대표적인 사고는 1944년 10월 25일 새벽 자기가 쏜 어뢰에 맞아 침몰한 미국 잠수함 탱USS Tang(SS-306)의 사례다. 탱함은 대만 해협에서 야간에 수상항해 중인 일본 수송선단에 대하여 어뢰를 발사했는데 어뢰가 표적을 공격하기 위해 원형 탐색을 하다가 표적으로 가지 않고 자함의 함미 부분에 명중해 55미터 해저에 침몰했다. 사고 당시 함교에 함장과 같이 있던 3명, 그리고 침수되지 않은 어뢰실 부근에서 비상탈출복을 입고 탈출에 성공한 5명 등 총 9명이 생존했으나, 일본군에게 잡혀 포로가 되었으며, 나머지 승조원 78명은 사망했다. 이 사고 이후부터는 어뢰가 자함을 떠나 일정 거리를 이탈한 후에 표적 탐색을 시작하도록 안전장치를 보완했다.

## 현대 어뢰, 어떤 종류가 있으며 어떻게 발전할까?

지금까지 어뢰가 명품 무기로 자리매김할 때까지의 시련과 영광의 뒤안길을 더듬어보았다. 그러나 더 중요한 것은 앞으로 어떻게 발전할 것인가를 예측하고 준비하는 것이다. 이 분야는 필자의 전문성이 일천하여 오랜 기간 한국 어뢰인 '청상어', '백상어' 개발에 주도적으로 참여한 이재명 박사님의 도움을 받아 어뢰 이야기는 끝맺으려 한다.

현재까지 어뢰를 독자적으로 개발한 국가는 미국, 영국, 독일, 프랑스, 이탈리아, 스웨덴, 러시아, 중국, 일본, 한국 등이다. 어뢰의 종류는 일반적으로 크기, 유도 방식에 따라 분류된다. 어뢰는 크기에 따라 중어뢰Heavy Weight Torpedo와 경어뢰Light Weight Torpedo로 분류되는데, 중어뢰는 주로

미 해군 대잠헬기인 시코르스키(Sikorsky) SH-60 시호크(Sea Hawk) 우현에서 잠수함 공격용 Mk 46 경어뢰를 투하하는 모습

잠수함에서 수상함을 공격하는 어뢰이고, 경어뢰는 수상함 또는 항공기에서 잠수함을 공격하기 위한 어뢰다.

**크기에 따른 어뢰 분류**

| 구 분 | 중어뢰 | 경어뢰 | 비 고 |
|---|---|---|---|
| 탑재함 | 잠수함(어뢰정) | 수상함/항공기 | |
| 직 경 | 21인치 | 12.75인치 | Mk 37(미):19인치<br>Type 65(러시아):650mm<br>스웨덴: 400mm |
| 길 이 | 5~6m | 3m 이내 | |
| 무 게 | 800~1,600kg | 300kg 내외 | |

유도 방식에 따라 직주어뢰Straightrunning Torpedo, 음향유도어뢰Acoustic Homing Torpedo, 유선유도어뢰Wireguided Torpedo로 분류되는데, 이 중 직주어뢰는 표적에 앞지름 각을 맞추어 쏘면 곧바로 표적으로 직진해 주행하는 어뢰이고, 음향유도어뢰(또는 호밍 어뢰)는 표적 함정에서 나오는 소리나 항적wake을 추적하는 어뢰이며, 유선유도어뢰는 쏘고 나서 표적에 명중될 때까지 발사함에서 선으로 조종하는 어뢰다.

어뢰와 유사한 수중유도무기로는 자항기뢰Mobile Mine 또는 Submarine Launched Mobile Mine(투하된 후 부설 위치까지 자체 추진력으로 이동하도록 설계된 기뢰), 캡슐형 어뢰CAPTOR, Capsulized Torpedo(함정 또는 항공기에서 투하된 후 해저에 위치하다가 잠수함 표적이 지나가면 적아를 식별하여 공격하는 지능형 어뢰), 요격어뢰Anti Torpedo Torpedo(적이 발사한 어뢰를 중간에서 요격하는 어뢰) 등이 있으며, 러시아의 시크발Shkval 어뢰와 같이 200노트 이상으로 고속 주행하는 신개념의 수중유도무기도 있다.

## 어뢰 개발 기술은 어떻게 발전할까?

어뢰 개발에 사용되는 주요 기술에는 표적을 탐지하고 추적하는 ①유도 및 탐지 기술, 표적까지 이동하는 ②추진 기술, 그리고 표적을 파괴시키는 ③탄두 제작 기술 등이 있다.

### 유도 및 탐지 기술

음향유도어뢰는 표적 함정의 프로펠러와 장비 및 기계에서 나오는 소음, 그리고 함정의 선체가 파도와 부딪쳐서 나는 소음 등을 수동적으로 탐지하고 추적한다. 그러나 천해에서 비교적 소음이 적은 잠수함을 탐지하기 위해서는 어뢰에서 음파를 내보내서 표적에 맞고 돌아오는 능동 음파탐지 방법을 사용한다. 잠수함이 정지해 있는 경우에는 표적의

# VA-111 Shkval

세계에서 가장 빠른 러시아의 VA-111 시크발(Shkval) 어뢰. 어뢰 주변에 초공동을 형성해 마찰 저항을 줄임으로써 수중에서 200노트까지 속력을 낼 수 있다. 〈Public Domain〉

움직임에 의해 발생하는 도플러 효과가 없으므로 도플러를 탐지 수단으로 사용하지 않는 주파수 변조FM, frequency modulation 방식을 적용하고 있다. 잠수함 측에서는 공격해오는 어뢰의 능동소나에서 발생하는 음파 송신 소리를 수신하면 전속력으로 도주하게 되며 이를 추적하기 위하여 어뢰의 속도가 높아지면 어뢰 자체 소음도 증가하여 탐지거리가 줄어든다.

이를 극복하기 위해서 어뢰 속도를 표적 주위까지는 낮게 하고 표적 근처에서부터는 속도를 높여서 탐지 효율을 높이는 방법이 사용된다. 최근에는 컴퓨터의 소형화와 성능 향상에 따라서 정교한 컴퓨터를 어뢰에 탑재하여 신호처리 기술을 크게 향상시킴으로써 탐지 성능 향상에 많은 노력을 기울이고 있으나 그래도 탐지에는 어려움이 많다. 따라서 탐지거리 향상을 위한 수단으로 유선유도 방식을 채택하고 있으며 이는 발사 모함과 어뢰 간에 양방향 통신이 가능하도록 하여 어뢰를 가짜 표적과 구별하여 표적 쪽으로 유도한다.

수상함을 탐지하여 추적하는 또 다른 방식으로는 함정이 기동 시에 발생하는 항적을 탐지하는 방식이 있다. 러시아와 독일, 이탈리아 등의 몇몇 어뢰에는 이 방식이 채택되고 있다.

### 추진 기술

일반적으로 어뢰의 속도는 표적 함정 속도의 1.5배로 하고 있으며, 과거 소련의 알파Alfa급 잠수함(수중최대속력 45노트) 출현 이후 세계 각국은 어뢰의 속도 향상에 주력해왔다.

전통적으로 어뢰의 추진 에너지원으로는 축전지에 의한 전기 추진 방식이 적용돼왔으나, 이 방식은 중량이 무겁고 속도를 높이는 데 한계가 있었다. 그러나 전기 추진 방식은 소음이 적고 취급이 용이하다는 장점 때문에 널리 사용돼왔다.

**추진원별 특성 및 적용 현황**

| 추진원 | 속력<br>(노트) | 항주거리<br>(킬로미터) | 중어뢰 | 경어뢰 | 비고 |
|---|---|---|---|---|---|
| 아연/산화은 전지<br>(Zn/AgO) | 30~40 | 10~30 | SUT, F17P,<br>Mk 37, A184 | | 1960년대<br>이후 |
| 염화마그네슘 전지<br>(MgAgCl) | 30~45 | 5~8 | | Mk 44, A244,<br>Stingray | 1960년대<br>이후 |
| 열기관 엔진 | 40~60 | 40 | Mk 48,<br>Spearfish | | 1970년대<br>이후 |
| | 40~50 | 10 | | Mk 46,<br>Mk 50 | |
| 알루미늄/산화은 전지<br>(Al/AgO) | 50 이상 | 10 | | MU90 | 2000년대<br>이후 |
| 리튬/염화디오닐 전지<br>(Li/$SOCl_2$) | 60 이상 | 10~40 | 차세대 어뢰 | | |

잠수함의 수중 속도가 증가됨에 따라 미국, 스웨덴 등은 열기관 엔진을 사용하여 어뢰의 고속화 연구에 집중했다. 특히 미국은 이 분야에 적극 투자하여 Mk 48이나 Mk 50과 같이 50노트 이상의 속력을 낼 수 있는 어뢰를 개발했다. 프랑스와 이탈리아에서는 알루미늄을 혼합한 전지의 개발에 집중 투자하여 50노트급의 전지 추진 어뢰를 개발함으로써 전지 추진 어뢰도 고속화가 가능함을 입증했다.

### 탄두 기술

잠수함 어뢰 개발 기술 중  유도 및 탐지 기술, 추진 기술이 아무리 뛰어나도 파괴력을 대변해주는 탄두 기술이 빈약하면 오히려 공격받아 잠수함이 침몰하는 위기에 처한다는 것을 전사戰史는 증명하고 있다. 제1·2차 세계대전 초기에는 선체에 어뢰를 맞고도 멀쩡히 도망간 함정들이

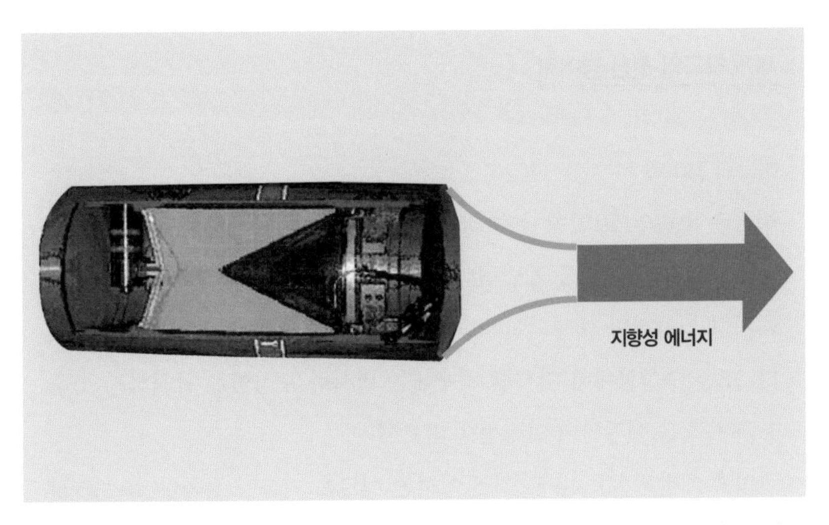


성형작약 형상. 표적 관통 능력을 강화하기 위해 폭발 에너지가 일정 방향으로 분출되도록 탄두를 설계한다.

부지기수였다. 그런고로 탄두 기술은 어뢰의 존재감을 나타내는 핵심 기술임은 두말할 나위가 없다.

지금부터 어뢰의 탄두 기술에 대하여 알아보고 세계 각국의 대표 어뢰들을 몇 가지 소개하려고 한다. 비교적 선체가 작은 디젤 잠수함은 소량의 폭약으로도 격침시킬 수 있으나 러시아의 타이푼급 잠수함(선체가 이중 구조Double Hull)과 같이 탄도미사일을 탑재한 대형 핵 추진 잠수함에 치명적인 손상을 입히기 어렵다. 이를 파괴하기 위해서는 폭발력을 증대시키고 정밀하게 유도하여 잠수함의 취약 부분에 명중될 수 있도록 유도·조종 능력을 향상시켜야 한다. 또 다른 수단으로는 성형작약Shaped Charge을 사용하여 선체 관통 능력을 증대시키고 동조 폭발이나 자연 폭발 등의 문제가 일어나지 않도록 안정화된 폭약을 사용해야 한다.

## 세계 각국의 최신 경어뢰

미국의 경어뢰

미국은 소련의 고속 핵 추진 잠수함을 겨냥하여 Mk 44 어뢰의 후속 모델로 Mk 46 경어뢰를 개발했다. 이 어뢰에는 자동조종장치를 제어하는 디지털 컴퓨터가 내장되어 초기에 호밍 모드, 심도 등을 설정할 수 있다. 또한 수상함에서 발사할 경우에는 발사한 수상함을 공격하지 못하도록 수심을 설정하여 안정성을 확보했다.

이후 개발된 Mk 46 Mod 5 어뢰는 새로운 기술이 접목된 소나를 장

미 해군의 Mk 46 경어뢰는 자동조종장치를 제어하는 디지털 컴퓨터가 내장되어 초기에 호밍 모드, 심도 등을 설정할 수 있다. 또한 수상함에서 발사할 경우에는 발사한 수상함을 공격하지 못하도록 수심을 설정하여 안정성을 확보했다. 사진은 2007년 필리핀 해역에서 미 해군의 알레이버크급 구축함 머스탱(USS Mustin, DDG 89)에서 Mk 46 경어뢰를 발사하는 모습. 〈Public Domain〉

착하여 선체에 무반향 음향 타일을 부착한 잠수함도 탐지할 수 있다. 특히 얕은 수심에서 운용 시에 문제가 되는 반향음을 크게 줄였으며 새로운 신호처리 기법을 적용하여 오탐 확률을 감소시켰다.

Mk 50 바라쿠다Barracuda 경어뢰는 45노트 이상의 소련 잠수함에 대항하기 위해 개발된 어뢰이며 자세한 성능은 공개되지 않고 있다. 하지만 일부 알려진 특징으로는 탐색 단계에서는 일반 어뢰와 같이 저속으로 주행하고 주파수 송신은 FM 모드를 사용하며 2대의 신호처리기에서 25킬로헤르츠의 주파수를 송신함으로써 표적 잠수함의 취약부를 선별하여 공격할 수 있는 것으로 알려져 있다.

미 해군의 Mk 50 바라쿠다 경어뢰는 45노트 이상의 소련 잠수함에 대항하기 위해 개발된 어뢰로, 탐색 단계에서는 일반 어뢰와 같이 저속으로 주행하고 주파수 송신은 FM 모드를 사용하며 2대의 신호처리기에서 25킬로헤르츠의 주파수를 송신함으로써 표적 잠수함의 취약부를 선별하여 공격할 수 있는 것으로 알려져 있다. 사진은 페르시아만 대잠전 훈련 당시 유도미사일 구축함 벌클리(USS Bulkeley , DDG 84) 에서 Mk 50 경어뢰를 발사하는 모습. 〈Public Domain〉

스팅레이는 영국 GEC-마코니(GEC-Marconi)사가 Mk 46 어뢰의 후속형으로 개발한 경어뢰로, 잠수함 취약 부분을 공격할 수 있도록 설계되었다. 사진은 영국 프리깃함 웨스트민스터(HMS Westminster)에서 훈련 중 스팅레이를 발사하는 모습. 〈Open Government Licence v1.0 (OGL) / LA(Phot) Dan Rosenbaum〉

## 영국의 경어뢰

영국은 미국의 Mk 46 후속 모델 유형으로 스팅레이Stingray 경어뢰를 개발했는데, 이 어뢰도 잠수함의 취약 부분을 공격할 수 있도록 설계되었다. 또한 내장된 자체 컴퓨터의 송신 방법으로 FM 방식이나 CW 방식을 적용했다. 영국은 1995년에 스팅레이의 수명 연장 프로그램 개발 시 새로운 신호처리기로 교체하여 2020년까지 사용할 수 있도록 개량했다.

### 프랑스와 이탈리아의 경어뢰

프랑스는 뮈렌Murène 어뢰를 개발했으나, EU 통합 시기에 맞추어 개발 경비와 기간 등을 줄이기 위해 이탈리아와 공동으로 MU90 임팩트Impact 경어뢰 개발을 추진했다. 현재 MU90 경어뢰 개발이 완료되어 실전 배치 중이다. 이탈리아도 A244/S 경어뢰 후속으로 A290 경어뢰를 개발하고 있는 도중에 프랑스와 공동으로 MU90 경어뢰를 개발했으며, 공동 개발한 MU90 경어뢰는 두 국가가 공동으로 설립한 회사인 유로토스EuroTorp에서 판매하고 있다.

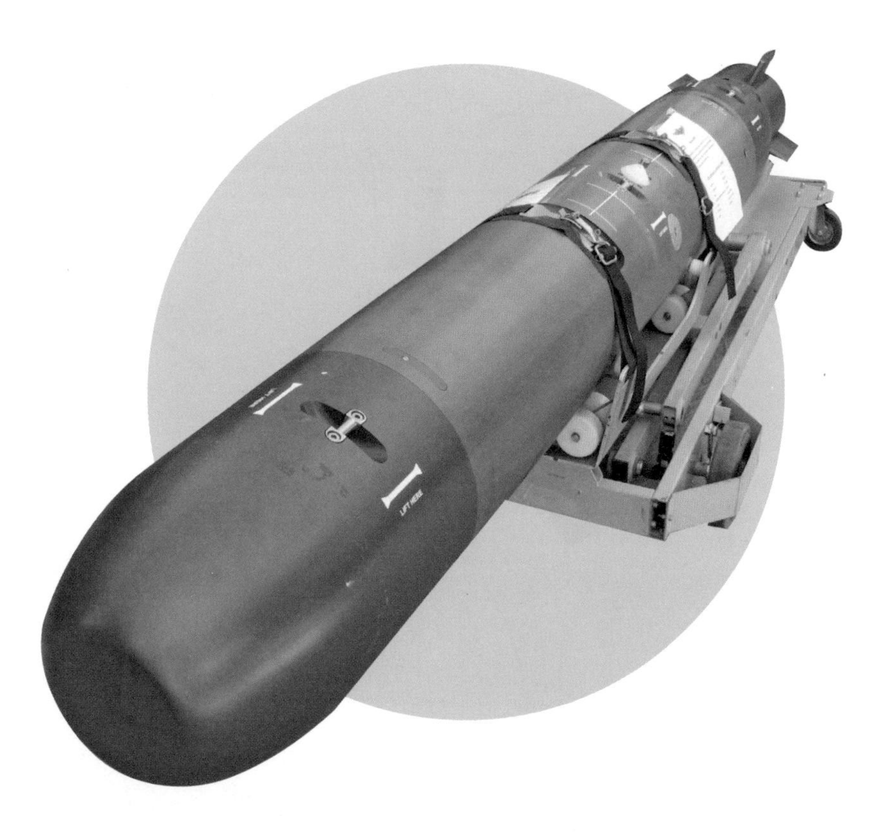


프랑스와 이탈리아가 공동 개발한 MU90 경어뢰는 대양뿐만 아니라 해저 환경이 복잡한 연근해에서도 탁월한 성능을 발휘한다. 〈CC BY-SA 3.0 / Causa83〉

# MU90 Impact Triple Launcher

MU90 경어뢰의 3중 어뢰발사관 〈Public Domain〉

### 스웨덴의 경어뢰

스웨덴의 경어뢰는 수심이 낮고 교통량이 많아 주변 소음이 큰 발틱해의 수중 음향 환경을 극복하기 위해 다른 국가와는 달리 유선유도 방식을 적용했으며, 직경은 400밀리미터다. 처음 개발한 Tp43계열인 Tp431/432가 있으며, 수출용으로는 Tp43X0와 Tp46 Grampus 등이 있다.

## 세계 각국의 최신 중어뢰

### 미국의 중어뢰

Mk 48 중어뢰Heavy Weight Torpedo는 1970년대 미국의 표준 어뢰가 되었으며, 1970년대 말에 고속의 소련 잠수함을 겨냥해서 Mk 48 ADC APAdvanced Capability를 개발했다. 이때 전자 부분을 신형 컴퓨터로 교체하면서 생기는 여유 공간에 연료를 더 채움으로써 고속 주행이 가능하도록 했다. 속도에 대해서는 정확하게 알려져 있지 않지만 대략 55 내지 60노트 정도인 것으로 알려져 있다.

미국의 레이시온Raytheon 사가 개발한 Mk 48 Mod 4 중어뢰는 여러 국가에서 구입하여 실전 배치 중이다. 미 해군의 대표적인 중어뢰인 Mk 48 ADCAP/ Mk 48 Mod 6는 잠수함 발사 다목적 어뢰로서 속력이 빠르고 잠항심도가 깊은 핵 추진 잠수함과 대형 전투함 공격용으로 사용할 수 있도록 설계되었다. 현재 Mk 48 ADCAP은 오하이오Ohio급 전략핵잠과 시울프Seawolf급 공격핵잠에 탑재되고 있으며 유선 또는 무선유도가 가능하다.

### 이탈리아, 프랑스, 영국의 중어뢰

이탈리아와 프랑스는 제4세대 중어뢰인 A-184를 공동으로 개발 중이

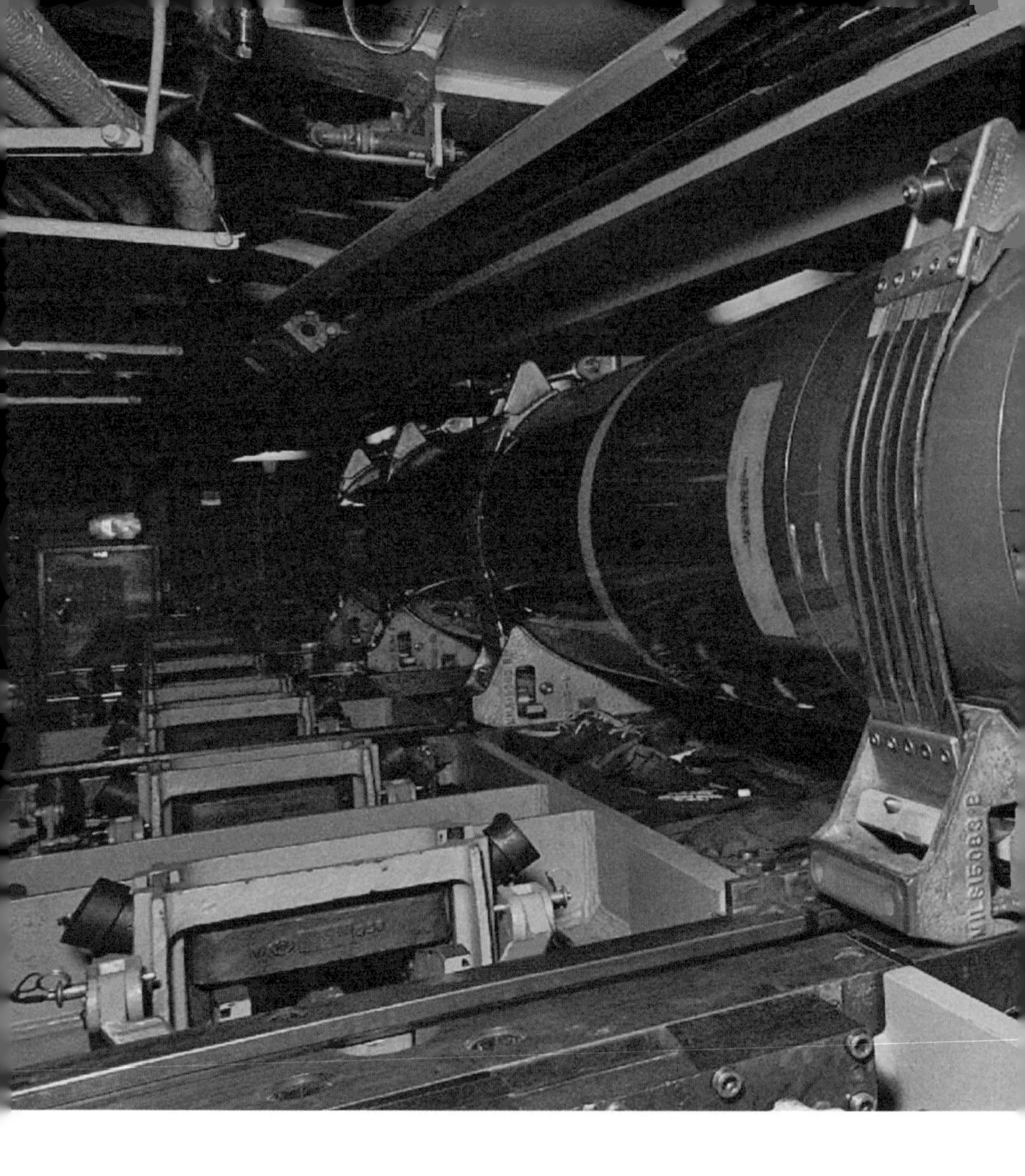

다. 영국에는 GEC-마코니Marconi사가 개발한 스피어피시Spearfish 중어뢰가 있으며 1999년에 초도품을 영국 해군에 인도했다.
스피어피시 Mod 1 중어뢰는 성능 면에서 미국의 Mk 48 ADCAP과 비슷하며 추진 엔진도 Mk 48과 유사한 모델을 사용하고 있다.

Mk 48은 세계 최고 성능을 자랑하는 미 해군의 잠수함 탑재용 중어뢰다. 사진은 잠수함 애쉬빌(USS Asheville)에 탑재되어 있는 Mk 48 ADCAP(Advanced Capability)의 모습. 〈Public Domain〉

영국은 독자 모델로 엔진 추진 방식의 스피어피시 중어뢰를 1980년대 중반에 개발했다. 스피어피시는 가스터빈엔진에 의해 추진되는데 70노트 이상의 속도를 낼 수 있어서 소련 해군의 알파급 공격핵잠도 추적이 가능하다.

### 러시아의 중어뢰

일반적으로 러시아의 중어뢰는 항적을 추적하며 직경은 650밀리미터, 폭약량은 500킬로그램 정도이고 단 한 발이면 항공모함도 격침시킬 수 있도록 파괴력을 키워 설계했다. DT 계열 어뢰로는 DST-90·92·96 등이 있으나 크기가 크기 때문에 대형 잠수함에만 탑재가 가능하다. 유선유도 중어뢰의 표준형으로는 Test-71, Test-96 등이 있고 최신형으로 Test-71M이 있으며 이 어뢰의 수출용은 Test-71ME이다. 이 어뢰는 탐색 단계에서 속도가 24노트이나 공격 단계에서는 속도가 40노트로 가속되며, 항주거리는 약 15~20킬로미터인 것으로 알려져 있다.

러시아는 수년 동안 로켓으로 추진되는 어뢰를 보유하고 있다며 주장했으나 서방세계에서는 믿지 않는 분위기였다. 하지만 결국 VA-111 시크발Shkval 어뢰를 공개하면서 서방세계를 긴장시켰다. 이 어뢰는 200노트의 속도로 약 10킬로미터를 주행할 수 있는 것으로 알려져 있다. 원추형 로켓으로 가스를 분사하여 추진하며 초공동기포Super Cavitating

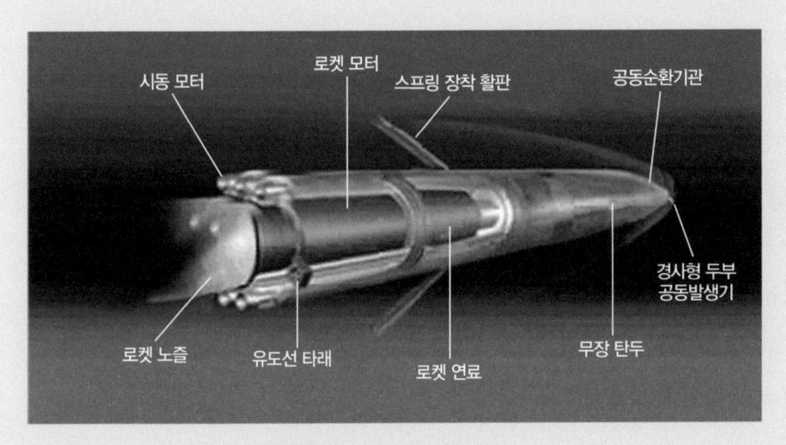


초공동 어뢰 시크발의 부분별 구조

초공동 어뢰의 노즐 부분

Bubble를 어뢰 주위에 형성하여 해수와의 마찰을 줄여서 200노트 정도의 속도까지 주행 가능하다. 지금까지의 수중무기 관련 기술은 물의 마찰저항을 최소화하기 위해 몸체의 형상을 보다 매끄럽게 하거나 추진 에너지를 높여 속력을 증가시키는 데 주력해왔지만, 이러한 방법으로는 속력을 증가시키는 데 한계가 있었다. 이는 추진 속도가 물리적으로 추진에너지의 세제곱근에 비례하기 때문이다. 그러나 초공동supercavity 현상을 이용하면 모든 것이 달라진다. 유체역학적으로 기포cavity는 물체의 진행을 방해하지만, 하나의 기포로 물체를 완전히 덮으면 마찰저항을 공기 중의 마찰저항과 비슷하게 만들 수 있다. 이러한 생각을 바탕으로 초공동화 기술이 연구됐고 드디어 무기체계로 실현됐다.

독일의 중어뢰

독일의 STN사에서 개발한 DM2A3 제헤흐트Seehecht 중어뢰는 자체 소음을 줄이고 탐색 기능을 강화한 어뢰다. 이 어뢰는 알레나사의 3차원 소나와 양방향 유선통신 시스템 등을 보완했다. 이 어뢰의 후속 어뢰로 개발된 것이 DM2A4다. 이 어뢰의 추진 전지는 아연-산화은전지zinc-silver oxide cell를 기본으로 강제 순환 방식을 적용하여 속력을 대폭 높인 것으로 알려져 있다.

독일 해군 잠수함에 DM2A3 중어뢰를 적재하고 있는 장면

**세계 각국의 대표 중어뢰**

| 국가명 | 어뢰명 | 국가명 | 어뢰명 |
|---|---|---|---|
| 미국 | Mk 48 ADCAP | 스웨덴 | Tp62 |
| 영국 | 스피어피시 | 이탈리아 | A-184 |
| 프랑스 | F17 Mod 2 | 일본 | Type 89 |
| 독일 | DM2A3 제헤흐트 | 중국 | C43 |
| 러시아 | SET-80 | | |

## 세계 각국의 '초공동 어뢰' 개발 현주소는?

어뢰의 속도는 최소한 표적 함정 속도의 1.5배는 되도록 설계한다. 그러나 물속에서 30노트 이상 고속으로 기동하는 핵 추진 잠수함이 개발되면서 1.5배의 속력으로는 표적을 추적하기 어렵게 됐다. 잠수함에서 어뢰의 탐색 소음을 들음과 동시에 전속으로 도망치면 회피할 확률이 훨씬 높아졌다는 이야기다. 이렇게 어뢰와 표적 간의 속력 경쟁이 심해지는 상황에서 초공동 어뢰의 등장은 고속 기동 잠수함들을 무력하게 만들었다. 왜냐하면 초공동 어뢰는 물속에서 초음속(?)으로 '날아간다'라고 표현할 정도로 고속으로 주행할 수 있기 때문이다. 일반적으로 어뢰는 몸체에 받는 물의 마찰저항이 공기 중에서 받는 저항의 1,000배에 달하기 때문에 '날아간다fly'는 표현보다 '주행한다swim'는 표현을 써왔다. 그런데 공기 중의 초음속 미사일들과 비슷한 속도로 어뢰가 바닷속을 날아다닌다고 할 때 과연 잠수함이 피할 수 있겠는가? 이렇게 초음속 미사일 속도로 어뢰가 접근하면 잠수함에서 어뢰 소음도 들을 수 없고 함정의 속도나 침로를 조종하여 피할 수도 없으며 어뢰를 다른 곳으로 유도하는 기만장치도 유명무실해진다.

초공동화 기술은 제2차 세계대전 중 독일이 가장 먼저 연구했고, 전후

戰後 미국과 소련이 초공동화 기술에 집중했다. 이후 소련은 지속적인 연구개발 투자로 1970년대 후반에 시속 약 380킬로미터의 '시크발Shkval' 어뢰를 실전 배치했고, 현재는 탐색·추적 기능까지 갖춘 버전을 개발 중인 것으로 알려져 있다. 이에 자극을 받은 미국은 1990년대부터 초공동화 무기체계의 필요성을 재인식하고, DARPADefense Advanced Research Projects Agency와 ONROffice of Naval Research을 중심으로 초공동화 기술을 활발히 연구 중인 것으로 알려져 있다. 초공동화 기술의 선구자인 독일은 1988년부터 초공동화 연구를 시작해 최근에 시속 약 800킬로미터의 '바라쿠다Barracuda' 어뢰를 개발 중인 것으로 알려져 있다.

이렇듯 선진국들은 초공동화 기술에 심혈을 기울이고 있으며 그들은 초공동화 기술을 향후 해양의 제패에 중요한 변수로 생각하고 있다. 선진국들의 사례에서 볼 수 있듯이 초공동화 기술은 단시일 내에 개발될 수 있는 것이 아니므로 국내에서도 지속적인 투자와 연구를 통해 기술을 축적하고 확보해야 한다. 지금 국내에서도 몇몇 방산업체에서 연구를 시작한 것으로 알고 있는데 선진국의 사례를 잘 연구하여 시행착오를 줄이고 단기간 내 성능이 우수한 어뢰를 개발하기를 기대한다.

02

# 보이지 않는 핵주먹, 잠수함 발사 미사일

## 원거리 공격이 가능한 잠수함 발사 순항미사일의 위력

미사일은 비행 방식에 따라 탄도미사일Ballistic Missile과 순항(크루즈)미사일Cruise Missile로 구분한다. 잠수함 발사 순항미사일SLCM, Submarine Launched Cruise Missile의 위력은 걸프전 당시 미 해군의 잠수함에서 토마호크 순항미사일로 지상 표적을 공격하면서 검증되었다. 어뢰에 비해 원거리 공격이 가능하지만 미사일 발사 시 잠수함의 위치가 노출된다는 취약점 때문에 잠수함 함장들은 결정적인 상황이 아니면 미사일 발사를 꺼려한다. 현재 잠수함 발사 순항미사일을 운용하는 나라는 우리나라를 비롯하여 20여 개국이며 종류는 10여 종이다.

탄도미사일은 로켓을 동력으로 하여 날아가는 데 비해 순항미사일은 부착된 엔진에서 스스로 추진 동력을 발생시켜 날아간다. 순항미사일은 발사 위치에 따라 공중 발사 순항미사일ALCM, Air Launched Cruise Missile, 지상 발사 순항미사일GLCM, Ground Launched Cruise Missile, 해상 또는 잠수함 발사 순항미사일SLCM, Sea/Submarine Launched Cruise Missile로 분류하기도 한다. 순항미사일의 크기는 무인항공기의 기체와 같이 작으며 대부분의 비행시간 동안 대기로부터 산소를 빨아들여 작동하는 제트엔진에 의해 추진된다. 또한 명중률을 높이기 위해 TERCOM Terrain Contour Matching(지형등고대조)이라는 유도 방식을 사용한다. 이 유도 방식은 인공위성에서 미리 표적까지의 지형을 입체 사진으로 촬영하고, 그것을 수 킬로미터 간격으로 바둑판처럼 나누어서 미사일에 기억시켜두며 발사된 미사일은 비행하면서 계속 지형을 측정하여 기억시켜둔 지형과 대조하면서 진로를 수정하므로 표적을 정확하게 명중시킬 수 있다.

최근의 순항미사일은 속력은 음속音速 이하로 느리지만 아주 낮게 비행하면서 표적을 우회하여 공격할 수 있으므로 탄도미사일보다도 오히려 레이더에 포착될 확률이 적다. 탄두는 핵 및 재래식 탄두를 선택적으로 장착할 수 있다. 순항미사일은 제2차 세계대전 때 독일이 개발한 V-1 비행폭탄Flying Bomb이 시초이며, 1967년 3차 중동전쟁 때 이집트 고속정에서 발사된 소련제 스틱스Styx 미사일이 이스라엘 구축함 에일라트Eilat 호를 격침시킴으로써 위력이 알려지기 시작했다. 이후 서방국가들도 순항미사일 개발에 뛰어들게 되었는데, 미국의 경우 순항미사일이 실용화됨에 따라 차기 전략폭격기 B-1 생산을 중지시키고 순항미사일로 대치하자는 분위기가 조성될 정도였다.

## 세계 각국의 대표적인 잠수함 발사 순항미사일

현재 대표적인 잠수함 발사 순항미사일로는 미국의 토마호크Tomahawk와 서브하푼Sub-Harpoon, 프랑스의 엑조세Exocet SM39, 러시아의 SS-N-19, 21 그리고 중국의 C-801 등이 있다.

### 정밀성, 은밀성, 치명성 3박자를 두루 갖춘 토마호크 순항미사일

토마호크 미사일은 미 해군이 개발한 장거리 대지 또는 대함 공격용 순항미사일로, 터보팬엔진을 이용하여 비행기와 똑같은 원리로 비행한다. 길이 5.55미터에 직경은 51.72센티미터이고 사정거리는 함정 공격용이 400킬로미터이며, 대지 공격용은 2,200킬로미터에 달한다. 비행속도는 880킬로미터/시, 탄두중량 450킬로그램이며, 핵탄두와 재래식 탄두를 선택적으로 장착할 수 있다. 미 해군의 핵 추진 잠수함에서는 수직발사관vertical launching system을 이용하여 발사한다. 1기당 가격은 60만 달러(약 7억 원)이며 강력한 고폭탄이나 활주로에 넓게 살포되는 클러스터형 탄두를 장착할 수도 있다. 비행 중 고도는 최저 7미터, 최고 100미터를 유지하기 때문에 레이더에 잘 포착되지 않는 장점이 있다.

토마호크 순항미사일 외형

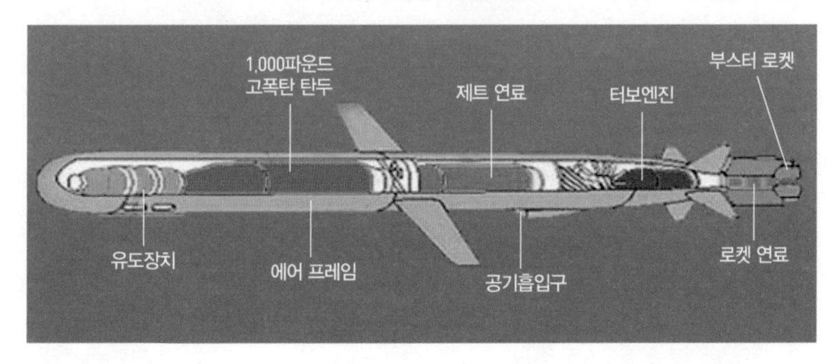


토마호크 순항미사일 내부 구조

토마호크 순항미사일을 탑재하기 위해 어뢰실을 점검하는 로스앤젤레스급 공격핵잠 뉴포트 뉴스(USS Newport News, SSN 750)의 무기적재팀 〈US Navy〉

미 해군의 경우 사령부의 표적정보 참모부서 요원들이 토마호크 발사에 필요한 최신 지형 등고선 자료 및 디지털 현장 비교 사진을 실시간으로 토마호크 발사 잠수함에 제공한다. 잠수함은 미사일 발사 직전 잠망경 심도로 부상하여 GPS로 위치를 받고 잠수함 지휘소에서 위성을 통해 전송해준 발사 위치, 비행 위치 및 표적 정보 등 발사 자료를 수신하여 전투체계와 미사일에 입력시켜 발사하기 때문에 지정된 목표물을 정확하게 타격할 수 있다. 수직발사관을 이용하여 토마호크 미사일을 발사한 후에는 모항이나 잠수함 기지에 복귀하여 수직발사관 내부에 남아 있는 미사일 캐니스터(수밀통)를 제거하고 새로운 미사일을 적재한다.

걸프전 기간 중 미국은 총 288발의 토마호크 순항미사일을 발사했는데 그중 200발 이상이 개전 초 4일간 집중적으로 발사됐다. 이때 보여준 토마호크 순항미사일의 치명적인 위력으로 인해 미국의 전쟁 수행 방식이 완전히 바뀌게 된다. 걸프전 이후부터 미국은 미군이 참가하는 모든 전쟁에서 토마호크 순항미사일의 전술적 가치를 중요시했고 사용 빈도를 늘렸다. 토마호크 순항미사일은 비록 외형이 단순하지만 미사일로서 정밀성, 은밀성, 치명성 3박자를 두루 갖추었다고 평가받았다. 토마호크 순항미사일은 그 존재만으로도 전쟁의 양상을 완전히 바꾼 무기로 인정받았으며 세계 각국이 무인 병기 개발에 투자하는 동기를 제공하기도 했다.

잠수함을 이용한 대표적인 토마호크 순항미사일 지상 공격은 1991년 4월 2일 걸프전 당시 미국의 핵 추진 잠수함 루이빌USS Louisville과 피츠버그USS Pittsburgh가 수행했으며, 영국은 2001년 아프가니스탄 전쟁, 2003년 이라크 전쟁, 2011년 리비아 공격 시 핵 추진 잠수함 트라팔가HMS Trafalgar에서 토마호크 순항미사일을 발사했다. 현재 토마호크 Block-Ⅳ를 싣고 다니는 미국 잠수함으로는 버지니아급, 로스앤젤레스급, 시울프급 등이 있으며, 영국 잠수함으로는 아스튜트급, 트라팔가급이 있고, 스페인 잠수함으로는 S-80A가 있다.

미 해군의 오하이오급 순항미사일 발사형 핵 추진 잠수함 플로리다(USS Florida, SSGN 728) 〈Public Domain〉

2003년 바하마 연방 인근 해역 수중에서 미 해군의 오하이오급 순항미사일 발사형 핵 추진 잠수함 플로리다가 토마호크 순항미사일을 발사하는 모습 〈US Navy〉

### 가장 많이 팔린 미 해군의 서브하푼 순항미사일

하푼Harpoon 미사일은 1972년 미국의 맥도널 더글러스McDonnell Douglas 사가 개발했으며, 현재 전 세계에 가장 많이 팔리고 있는 순항미사일이다. 일반 하푼 미사일은 항공기, 수상함에서 함정을 공격하거나 육상 기지의 표적을 선별적으로 공격할 수 있도록 개발되었으며, 잠수함에서 수상함이나 육상 기지를 공격하기 위해 개발된 미사일을 서브하푼Sub-Harpoon 미사일이라 한다. 잠수함에서는 표준형 어뢰발사관으로 발사하며 캡슐화된 하푼의 길이는 6,300밀리미터, 직경은 530밀리미터이고 중량은 1,050킬로그램(캡슐 359킬로그램 + 미사일 691킬로그램)이다. 사정거리는 모델에 따라 약간씩 다른데 대략 50~130킬로미터이고, 최대 속력은 마하 0.9 이하다.

UGM-84 서브하푼 미사일은 직경 53센티미터, 길이 6.5미터의 수밀원통canister에 저장되어 잠수함의 어뢰발사관에 장전되어 있다가 함 외부로 발사되면 수밀원통의 양성부력으로 수면에까지 도달한다. 원통 끝단이 수면에 닿자마자 캡슐 끝부분이 폭발물에 의해 떨어져나가고 동시에 미사일 부스터booster가 점화되어 공중으로 튀어 오른다. 이 때부터 비행 로켓 엔진이 점화되며 발사 전 전투체계를 통해 입력된 비행 프로그램대로 표적을 향해 날아간다. UGM-84는 유도탄 앞부분에 표적을 탐색하는 소형 탐색기seeker가 내장되어 있어 표적 가까이 접근하면서 사전에 입력한 프로그램에 의해 표적을 탐색한다. 비행 단계에서 상대방의 레이더에 탐지되는 것을 방지하기 위해 해수면에서 2~3미터 높이로 낮게 비행하며 표적에 접근한다. 또한 최종 단계에서는 높이 치솟았다가pop-up 내리꽂듯이 표적에 명중되게 함으로써 표적함에서 방어가 곤란하며 명중 시 피해를 크게 준다. 현재 서브하푼 미사일을 운용하고 있는 국가는 미국, 일본, 한국, 호주, 네덜란드, 이집트, 그리스, 이스라엘, 터키 등 9개국이다.

잠수함에서 발사된 UGM-84 서브하푼 미사일의 모습 〈Public Domain〉

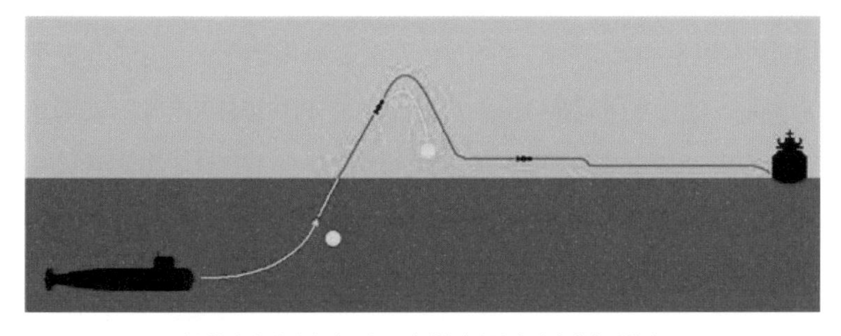

잠수함에서 발사된 서브하푼 잠대함미사일의 개략적인 비행경로

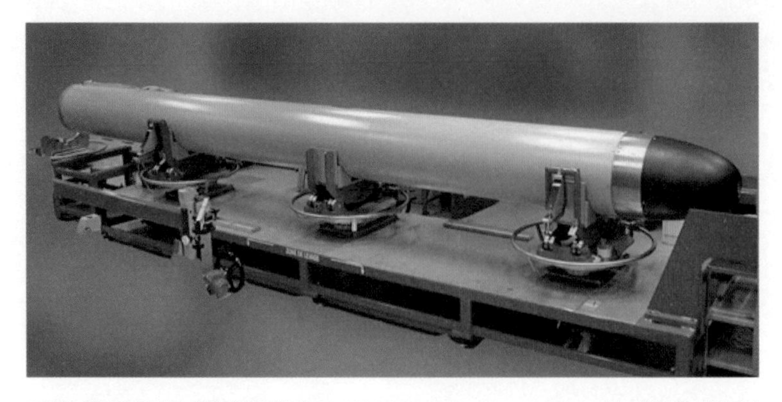

프랑스 해군의 잠대지 순항미사일인 MBDA SCALP Naval Land Attack Missile. 이 미사일은 바라쿠다급 잠수함에서 어뢰발사관을 이용하여 발사하며 미 해군의 토마호크 미사일 성능과 유사하다. 〈http://www.naval-technology.com〉

### 프랑스 잠대지 순항미사일 MBDA SCALP Naval Land Attack Missile

프랑스 해군은 잠수함에서 대지공격용으로 MBDA SCALP Naval Land Attack Missile을 운용하고 있다. 이 미사일은 바라쿠다급 잠수함에서 어뢰발사관을 이용하여 발사하며 미 해군의 토마호크 미사일 성능과 유사하다. 사정거리는 1,000킬로미터이며 최대속력은 마하 0.9이고 탄두중량은 300킬로그램이다.

### 프랑스 잠대함 순항미사일 MBDA 엑조세 SM39

프랑스의 엑조세Exocet SM39는 미 해군의 서브하푼 미사일과 성능이 유사하며 대함 공격용으로 운용하고 있다. MBDA 엑조세Exocet SM39 함대함미사일은 바라쿠다급, 루비Rubis급 및 트리옹팡Triomphant급에서 모두 운용하고 있으며 어뢰발사관을 이용하여 발사한다. 사정거리는 70킬로미터이며, 최대속력은 마하 0.9이고 탄두중량은 165킬로그램이다. 현재 이 미사일을 운용하고 있는 국가는 프랑스, 파키스탄, 말레이시아, 브라질, 칠레 등 5개국이다.

엑조세 SM39를 잠수함 어뢰발사관에 탑재하고 있는 모습
〈http://www.mbda-systems.com〉

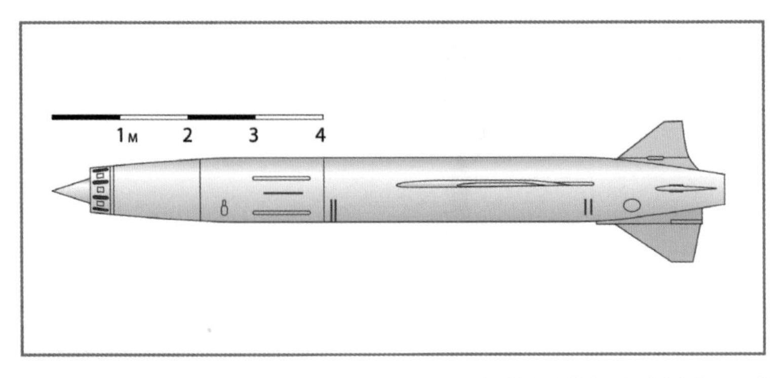


SS-N-19는 미국의 항모전투단에 대응하기 위해 오스카-II급 잠수함에 탑재했으며, 사정거리는 700킬로미터이고 속력은 마하 1.5~2.5, 재래식 탄두는 750킬로그램, 핵탄두는 500킬로톤 장착 가능하다. 〈CC BY-SA 3.0 / Allocer〉

러시아 잠대함·잠대지 순항미사일 SS-N-19, SS-N-21, SS-N-27

러시아 해군은 세계에서 가장 다양한 순항미사일을 보유하고 있으며 탄두도 재래식 탄두와 핵탄두를 선택적으로 장착하는 미사일을 보유하고 있다. SS-N-19는 미국의 항모전투단에 대응하기 위해 오스카Oscar-II급 잠수함에 탑재했으며 사정거리는 700킬로미터이고 속력은 마하 1.5~2.5, 탄두는 재래식은 750킬로그램, 핵탄두는 500킬로톤을 장착 가능하다. SS-N-21은 시에라Sierra급, 아쿨라Akula급, 라다Lada급 잠수함에 탑재되며 사정거리는 2,500킬로미터이고 탄두는 재래식은 410킬로그램, 핵탄두는 200킬로톤을 장착 가능하다. SS-N-27은 야센Yasen급, 라다급, 빅터Victor급 잠수함에 탑재되어 있으며 사정거리는 200킬로미터이고 재래식 탄두의 중량은 400킬로그램이다. 현재 SS-N-27을 운용하는 국가는 러시아, 중국, 인도 등 3개국이다.

중국 C-801 순항미사일

중국 해군은 C-801 잠대함미사일을 보유하고 있으며 사정거리는 40킬로미터이고 탄두중량은 165킬로그램이다. 이 미사일은 샹급, 킬로급,

▲ SS-N-21을 탑재한 러시아 아쿨라급 핵 추진 잠수함. SS-N-21은 사정거리가 2,500킬로미터이고 탄두는 재래식은 410킬로그램, 핵탄두는 200킬로톤을 장착 가능하다. 〈Public Domain〉

▼ SS-N-27을 탑재한 빅터 III급 핵 추진 잠수함. SS-N-27은 사정거리가 200킬로미터이고 재래식 탄두의 중량은 400킬로그램이다. 〈Public Domain〉

한급, 유안급 , 송급 잠수함 등에서 운용하고 있으며, 중국이 보유한 킬로급 잠수함에서는 러시아의 SS-N-2 미사일을 운용하기도 한다.

### 항공기 위협에서 잠수함 생존성을 높이기 위한 잠수함 발사 대공미사일

잠수함 발사 대공미사일SLAM, Submarine Launched Anti-air Missile은 현재 실용화되지는 않았지만, 독일의 EADS/LFK사가 TKMS사, 노르웨이의 콩스베르그Kongsberg사와 함께 공동 개발 중인 트리톤Triton 미사일이 있다. 이 미사일 시스템은 헬리콥터 및 해상초계기로부터 잠수함을 방어하기 위한 유일한 무기다.

트리톤은 독일 EADS/LFK사가 1996년 7월 개발 완료한 함대함 광섬유 유도미사일fibre-optic guided missile 체계를 말한다. 트리톤의 주요 표적은 디핑dipping 중인 대잠 헬리콥터이며 수상함 및 해안 표적 공격도 가능하다. 어뢰발사관에 6발까지 장착 가능하며 제원은 최대사거리 15킬로미터, 순항속도 200미터/초, 고도 20~60미터, 길이 2.8미터, 직경 0.229미터, 총중량 145킬로그램, 탄두중량 20킬로그램이다.

독일의 EADS/LFK 사가 TKMS 사, 노르웨이의 콩스베르그 사와 함께 공동 개발 중인 잠수함 발사 대공미사일인 트리톤은 헬리콥터 및 해상초계기로부터 잠수함을 방어하기 위한 유일한 무기로, 디핑 중인 대잠 헬리콥터나 수상함 및 해안 표적 공격이 가능하다. 〈CC BY-SA 3.0 / Jwnabd〉

수중 잠수함에서 잠대공미사일로 헬기를 공격하는 전투 개념도

## 핵전쟁 억제 전력으로 자리 잡은 잠수함 발사 탄도미사일(SLBM)

### 잠수함 발사 탄도미사일, 독일의 계획을 본떠 미국과 소련이 개발

잠수함 발사 탄도미사일SLBM, Submarine Launched Ballistic Missile을 활용한 전투 계획도 제2차 세계대전 시 독일에 의해 처음 시도되었다. 독일은 당시 최신형 잠수함인 Type 21에 V-2(A4) 미사일과 연료를 싣고 북미 지역을 공격하려고 계획을 세웠지만 실현하지 못하고 종전을 맞았다.

전후 이 계획에 흥미를 가졌던 미국과 소련은 경쟁적으로 연구했으며 미국은 1953년 수상항해 중인 잠수함에서 발사 가능한 핵탄두를 장착한 레귤러스Regulus 미사일 개발에 성공했다. 한편 소련은 1955년 9월 16일 디젤 잠수함 B-67에서 세계 최초의 SLBM이라 할 수 있는 핵탄두를 장착한 R-11FM 미사일을 발사하는 데 성공했다. 소련이 잠수함에서 SLBM을 성공적으로 발사하자 미국은 크게 자극을 받았다. 당시 미 육군은 액체연료를 사용한 중거리 탄도미사일인 주피터Jupiter를 개발하고 있었다. 소련에 자극을 받은 미국은 1956년 주피터 미사일 일부를 빌려와 잠수함 함교탑 내에 4~8발 장착하여 엘리베이터를 이용해 미사일을 발사관에서 밀어내어 발사했다. 이러한 계획이 진행되던 중에 탄두 소형화 및 고체연료 기술이 개발됨에 따라 미 해군은 주피터를 포기하고 고체연료 추진 미사일을 핵 추진 잠수함에 탑재하여 수중에서 발사하기로 결정했다.

### 미국은 소련의 핵 선제공격에 대응하기 위해 SLBM을 개발

소련에 자극받은 미국은 소련의 핵 선제공격에서 살아남을 수 있는 전력으로 잠수함 발사 핵탄도미사일을 탑재한 핵 추진 잠수함 전력화를 서두르게 되었다. 1959년 12월 30일 드디어 탄도미사일을 탑재한 핵 추진 잠수함 1번함인 조지 워싱턴USS George Washington(SSBN-598)이 취역했으며 다음 해인 1960년 7월에는 폴라리스Polaris A-1 미사일 발사 시험에 성공했고 11월부터 실전에 배치했다. 1955년 새롭게 해군참모총장으로 임명된 알레이 버크Arleigh Burke 제독은 SLBM의 개발을 독촉했다. 이에 따라 UGM-27 폴라리스Polaris 미사일이 개발되었다. 폴라리스는 본격적인 수중발사 탄도미사일이었다. 최초의 모델인 폴라리스 A-1은 2단 로켓을 채용했으며 사정거리는 2,000여 킬로미터에 이르렀다. 무엇보다도 가장 큰 특징은 바로 고체연료를 채용했다는 점이다. 이에 따라 액체연료보다 훨씬 더 안전할 뿐만 아니라 미사일 자체의 크기도 크게 줄일 수 있었다.

1959~1961년에 5척이 건조된 미국의 에단 앨런Ethan Allen급 잠수함에는 사정거리가 2,400킬로미터로 연장된 폴라리스 A-2가 탑재되어 훨씬 원거리에서 적국에 대한 핵미사일 공격이 가능했다. 미국은 소련

1978년 11월 전략핵잠 로버트 E. 리(USS Robert E. Lee, SSBN-601)가 플로리다 미사일 시험장에서 폴라리스 A-3 탄도미사일을 수중발사하는 모습 〈Public Domain〉

잠수함 부두 정박 중 잠수함 발사 탄도미사일(SLBM) 수직발사관 작동시험 장면. 1964년 6월 미 해군의 탄도미사일 탑재 핵 추진 잠수함 대니얼 분(USS Daniel Boone, SSBN-629)이 정박 상태에서 수직발사관의 기능시험을 하고 있다.

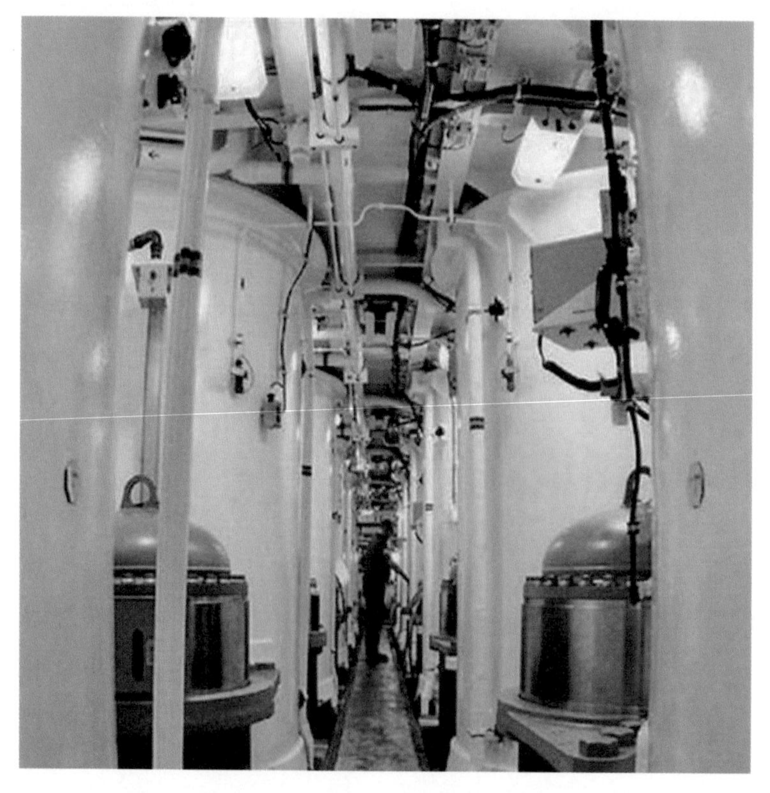

잠수함 내부 미사일 수직발사관 구역의 모습. 발사관 앞쪽의 작은 캡슐 모양의 것은 미사일을 해수면 상부로 밀어 올리기 위한 가스발생기다.

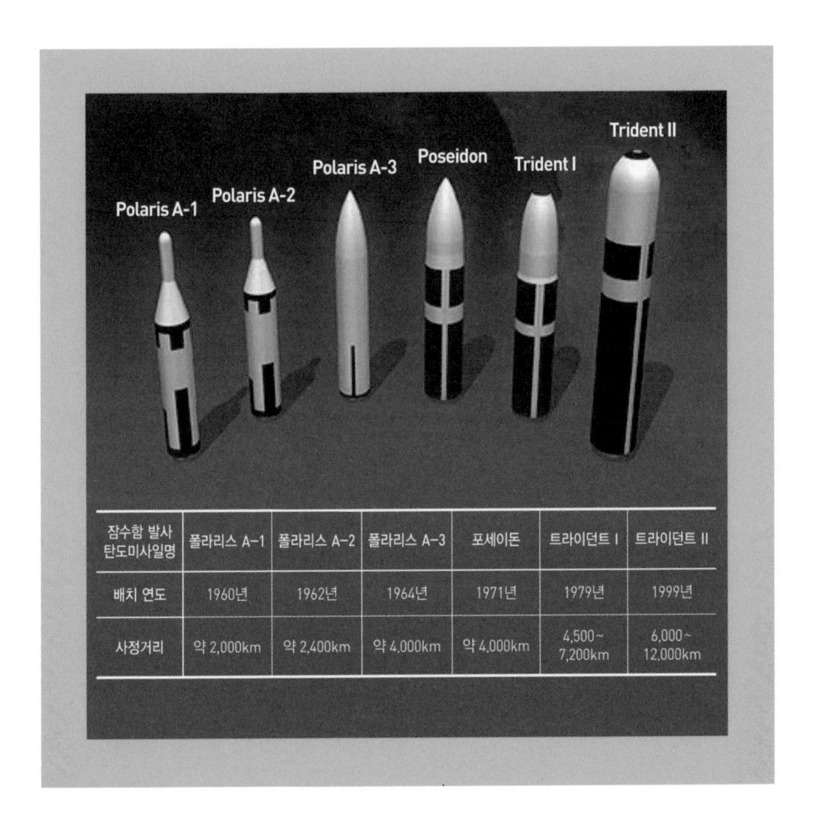


| 잠수함 발사 탄도미사일명 | 폴라리스 A-1 | 폴라리스 A-2 | 폴라리스 A-3 | 포세이돈 | 트라이던트 I | 트라이던트 II |
|---|---|---|---|---|---|---|
| 배치 연도 | 1960년 | 1962년 | 1964년 | 1971년 | 1979년 | 1999년 |
| 사정거리 | 약 2,000km | 약 2,400km | 약 4,000km | 약 4,000km | 4,500~7,200km | 6,000~12,000km |

과의 핵 전력 증강 경쟁이 심화되자, 전략핵잠의 추가 확보가 필요하다고 인식하여 개량형 전략핵잠을 1961~1964년에 31척 추가 건조한다는 계획을 추진했다. 이것이 라파예트Lafayette급 잠수함 건조 계획으로, 라파예트급 잠수함은 정숙성이 에단 앨런급 잠수함보다 향상되었고, 장비나 주거구역을 확충하기 위해 선체는 또다시 대형화되었다. 폴라리스 A-3형의 실용화에 따라 라파예트급 잠수함 이전의 전략핵잠에도 A-3형이 탑재되었으며, 조지 워싱턴급은 1966~1967년에 폴라리스 A-1에서 폴라리스 A-3, 에단 앨런급은 1974~1976년에 폴라리스 A-2에서 폴라리스 A-3로 탑재 미사일이 바뀌었다. 아울러 미 해군은 수중발사 탄도미사일의 위력을 강화하기 위해 직경을 1.37미터에서 1.88미터로 늘려 탄도미사일을 대형화하고, 복수의 탄두를 장착한 폴라리스

1977년 1월 18일, 미국 플로리다주 케이프 커내버럴(Cape Canaveral)에서 실시된 트라이던트 I 최초 발사 모습 〈Public Domain〉

B-3형을 개발했다. 이 미사일은 포세이돈 C-3라고 불리며 사정거리는 4,000킬로미터로 폴라리스 A-3와 같았지만 40~50킬로톤급의 다탄두재돌입탄도탄MRV, Multiple reentry vehicle을 최대 14개까지 장착할 수 있었다. 이후 전략핵잠은 지속적으로 개선되어 오늘날의 오하이오급 잠수함으로 발전했으며 오하이오급에 탑재된 트라이던트Trident I은 사정거리 4,500~7,200킬로미터, 트라이던트 II는 사정거리 6,000~1만 2,000킬로미터에 다탄두독립목표재돌입탄도탄MIRV, Multiple Independently Targeted

2014년 6월 미 해군 대서양 미사일 시험장에서 실시된 오하이오급 탄도미사일 잠수함 웨스트 버지니아(USS West Virginia, SSBN-736)의 트라이던트 II 탄도미사일 발사 시험 장면 〈Public Domain〉

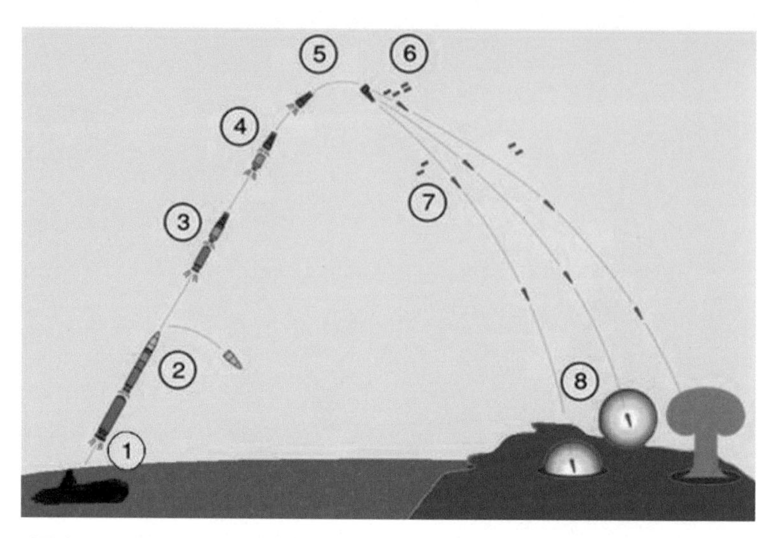


**미국의 SLBM, 트라이던트 II 발사 과정** ❶수면 이탈 후 1단 모터 점화 후 상승 ❷발사 60초 후 1단 분리 낙하 2단 모터 점화, 미사일 덮개 이탈 ❸발사 120초 후 3단 모터 점화, 2단 분리 ❹발사 180초 후 3단 모터 추진 종료, 로켓으로부터 탄두부 분리 ❺탄두부 자체 기동 및 대기권 재돌입 준비 ❻재돌입 기동 중 탄두부와 기만용 탄두부 작동 ❼대기권 내 고속하강 중 신관 기폭 준비 ❽핵탄두 표적 상공 폭발 또는 명중 후 폭발

Reentry Vehicle을 장착하고 있다.

미국과 끊임없이 경쟁해온 러시아도 1962년에는 SS-N-4(R-13) 사크Sark, 1964년에는 SS-N-5(R-21) 서브Serb, 1969년에는 SS-N-6(R-27), 1973년에는 SS-N-8(R-29) SLBM을 배치했다. 현재 러시아는 델타-Ⅲ급 잠수함에서 사정거리 6,500킬로미터의 SS-N-18(R-29R)을, 타이푼급 잠수함에서 사정거리 8,300킬로미터의 SS-N-20(R-39)을, 델타-Ⅳ급 잠수함에서 사정거리 8,300킬로미터의 SS-N-23(R-29RM)을, 그리고 보레이Borei급 잠수함에서 사정거리 8,300킬로미터의 SS-N-30(RSM-56) 미사일을 운용하고 있다. 러시아는 아직도 미국과 쌍벽을 이루며 서로를 견제하고 있다.

미국과 러시아 외에 유엔 안보리 상임이사국인 영국은 뱅가드Vanguard급 잠수함에서 사정거리 1만 2,000킬로미터의 트라이던트 II(트라이던

열강들의 SLBM 역설

이 시간에도 강대국들은 겉으로는 SLBM을 핵전쟁 억제용 이라 하면서 속으로는 상대방을 정조준하고 있다.

트 D5)를, 프랑스는 트리옹팡급 잠수함에서 사정거리 6,000킬로미터의 M-45 미사일을 탑재하고 있으며, 중국은 진급晋级(Type 094) 전략잠수함에서 사정거리 8,000km의 JL-2와 시아급夏級(Type 092) 잠수함에서 사정거리 2,150km의 JL-1을 탑재하고 있다. 한편 유엔 안보리 비상임이사국 중 유일하게 인도가 아리한트Arihant급 잠수함에서 사정거리 750킬로미터의 사가리카Sagarika 미사일을 운용하면서 지금 이 시간에도 강대국들은 SLBM을 핵전쟁 억제 전력으로 활용하면서 상대방을 겨냥하고 있다.

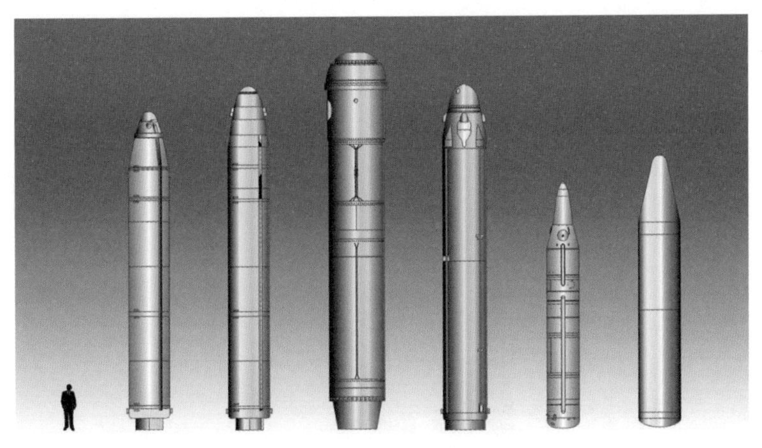

러시아와 중국 잠수함 발사 탄도미사일 비교. 왼쪽부터 SS-N-8(러시아), SS-N-18(러시아), SS-N-20(러시아), SS-N-23(러시아), CSS-NX-3(중국), JL-2(중국)

❶ 미국 와이오밍 잠수함(USS Wyoming, SSBN-742) <Public Domain> ❷ 영국 뱅가드 잠수함(HMS Vanguard) <Open Government Licence v1.0(OGL) / Royal Navy>

❸ 트리옹팡(Triomphant)급 잠수함 테메레르(Téméraire) 〈CC BY-SA 2.0 fr〉 ❹ 러시아 보레이(Borei)급 잠수함 K-550 알렉산더 네프스키(Alexander Nevsky) 〈CC BY 4.0 / Ildus Gilyazutdinov〉 ❺ 인도 아리한트 잠수함(INS Arihant) ❻ 중국 진(晋)급 094형 잠수함 〈Public Domain〉

태평양 미사일 시험발사장에서 오하이오급 전략핵잠 켄터키(USS Kentucky, SSBN 737)가 트라이던트 II 탄도미사일을 발사하고 있는 모습. 전략핵잠은 지속적으로 개선되어 오늘날의 오하이오급 잠수함으로 발전했으며 오하이오급에 탑재된 트라이던트 I은 사정거리 4,500~7,200킬로미터, 트라이던트 II는 사정거리 6,000~1만 2,000킬로미터에 다탄두독립목표재돌입탄도탄(MIRV)을 장착하고 있다. 〈Public Domain〉

03

# 육상 지뢰보다 수천 배 위력적인 바다의 지뢰, 기뢰

## 적 항만 입구나 접근로에 은밀하게 부설

사전적 의미의 기뢰naval mine 또는 sea mine란 '폭약과 기폭장치를 넣은 금속제의 용기로 해중과 해저에 부설되어 항행하는 함선에 접촉 또는 감응하여 폭발함으로써 그 함선에 손상을 입히는 무기'를 말한다. 2015년 8월 비무장지대에 북한군의 목함 지뢰 설치로 남북이 전면전 위기로 치달았다. 이러한 대인·대전차 지뢰의 위협이 휴전선 일대에 도사리고 있다면 전쟁 초기에 우리의 주요 항만, 산업시설 접근로에는 이보다 수천 배 위력을 발휘하는 대함 기뢰의 위협이 존재한다고 봐야 한다. 바다의 지뢰인 기뢰는 함선이 접촉하는 순간 두 동강이 나고 수십, 수백 명의 승조원이 수장되기 때문에 육지의 지뢰보다도 훨씬 더 위력적이다.

기뢰에는 공격기뢰와 방어기뢰가 있다. 전쟁 초기 적 항구를 봉쇄하기 위해 우리가 기뢰를 부설하는 것을 공격기뢰라 하며, 우리의 주요항만과 선박들의 이동 항로 부근에 적 잠수함이나 선박이 접근하지 못하도록 설치하는 기뢰를 방어기뢰라 한다. 적 항구나 항로에 은밀하게 기

미 해군 EOD(폭발물처리)팀이 쿠바 관타나모만(Guantanamo Bay) 해군 기지 인근 해역 수중에서 기뢰 소해 훈련 중 훈련용 모의 계류기뢰에 비활성 폭약 장약을 설치하는 모습. 바다에서 함선이 기뢰에 접촉하면 한순간에 두 동강이 나고 수십, 수백 명의 승조원이 수장되기 때문에 기뢰는 육지의 지뢰보다도 훨씬 더 위력적이다. 〈Public Domain〉

뢰를 부설하기 위해 가장 적합한 수단은 잠수함이다. 잠수함은 전쟁 초기 은밀하게 적 해역에 접근하여 쥐도 새도 모르게 기뢰를 부설할 수 있는 전력이며 부설된 기뢰에 의해 출항하는 함정이 한 척이라도 격침되면 일시에 적 항구를 봉쇄하는 전과를 얻을 수 있다.

## 기뢰가 사용된 최초의 전쟁은 미국 남북전쟁

기뢰가 전쟁에 본격적으로 사용된 시기는 미국 남북전쟁 때다. 남북전쟁 당시 해상 전력에서 열세를 면치 못했던 남군은 다양한 기뢰를 광범위하게 사용했고, 반대로 강력한 함대를 갖추고 있던 북군은 기뢰에 대항하는 전술을 발전시켰다.

그 후 기뢰는 미국-스페인전쟁과 러·일전쟁에서도 사용되었으며, 전쟁이 끝난 후에도 부근을 이동하는 많은 선박에 막대한 손상을 입혔기 때문에 이를 방지하기 위해 1907년에 '자동촉발해저기뢰의 부설에 관한 조약'이 체결되었다. 당시의 기뢰는 해안가에서 전기 스위치를 올리면 폭발하는 관제기뢰와 전해액이 들어간 곳에 선박이 접촉되면 전해액이 흘러 전지가 되어 폭발하는 자동촉발기뢰였다. '자동촉발해저기뢰의 부설에 관한 조약'은 자동촉발기뢰의 사용을 금지·제한하기 위한 것이었다.

제2차 세계대전부터는 감응기뢰(물리적인 접촉에 의하지 않고 목표물에 의한 감응작용에 의해 발화장치가 작동되도록 설계된 기뢰)가 개발되어 사용되었다. 감응기뢰에는 음향기뢰, 자기기뢰, 수압기뢰가 있지만 최근에는 그것들을 조합한 복합기뢰가 주류를 이룬다. 자동촉발기뢰에 비해 감응기뢰의 소해는 매우 어려우며 장기간에 걸쳐 선박의 통항을 방해하고 손상을 준다.

**기뢰의 분류**

| 목적에 따른 분류 | 부설 위치에 따른 분류 | 감응 방법에 따른 분류 |
|---|---|---|
| • **공격기뢰**<br>• **방어기뢰** | • **부유기뢰**<br>• **계류기뢰**<br>• **해저기뢰** | • **접촉기뢰**<br>• **감응기뢰**<br>– 자기기뢰<br>– 음향기뢰<br>– 자기/음향 복합기뢰<br>– 압력기뢰 |

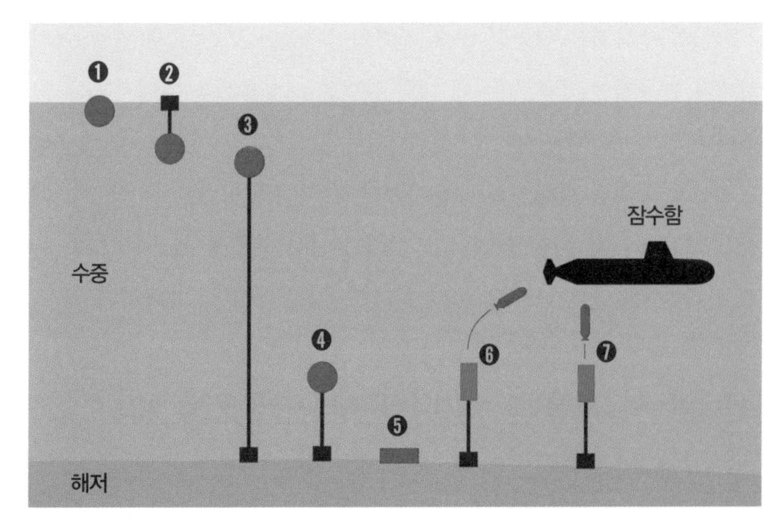


❶ 부유기뢰(Drifting Mine) ❷ 부유기뢰 ❸ 계류기뢰(Moored Mine) ❹ 계류기뢰(Short Wire Moored Mine) ❺ 해저기뢰(Bottom Mine) ❻ 어뢰사출형기뢰(Torpedo Mine) / 캡터 기뢰(CAPTOR Mine) ❼ 부상기뢰(Rising Mine)

제2차 세계대전 당시 호주 인근 바다에 설치된 독일의 접촉식 부유기뢰. 고전적인 기뢰로 성게처럼 생겼다. 가시처럼 보이는 접촉핀이 적함에 닿거나 적함이 만들어내는 수압에 의해 구부러지면 폭발한다. 〈Public Domain〉

## 기뢰전, 초기에는 큰 기대 안 했지만 전과는 막대

남북전쟁의 승리가 북군 쪽으로 기울어지기 시작하던 1864년 8월 5일 새벽, 모빌만Mobile Bay에 대한 북군 함대의 상륙작전이 전격 단행되었다. 4척의 장갑함과 14척의 크고 작은 범선으로 구성된 북군 함대는 데이비드 패러것David G. Farragut 제독의 지휘 아래 일제히 포문을 열었다.

작전의 주목적은 남군의 주요 전략거점이었던 모건 요새Fort Morgan의 파괴와 뉴올리언스New Orleans에 대한 완벽한 해상봉쇄를 위해서였다. 그러나 이 전투에서 북군은 고전을 면치 못했는데, 그 이유는 바로 남군이 모빌만에 설치한 방어기뢰 때문이었다. 이 전투에서 북군은 장갑함 테쿰세USS Tecumseh를 기뢰에 잃었고, 이에 분노한 패러것 제독이 "망할 놈의 기뢰! 양현 앞으로 전속!"이라고 외친 일화는 너무나 유명하다.

## 가장 경제적이고도 적아를 식별하여 공격하는 지능형 무기로 발전

남북전쟁 중 36척의 함정이 기뢰로 침몰했고 이 영향으로 19세기 후반부터는 거의 모든 주요 해전에 기뢰가 등장하게 된다. 이후 기뢰는 1907년 전시 기뢰 사용을 제한하는 헤이그 협약Hague Convention과 소해기술의 발전, 그리고 비인도적이라는 비난에도 불구하고 여전히 치명적인 해상무기로 사용되고 있다.

특히 저렴한 가격에도 불구하고 그 위력은 해군의 어떤 전투함도 일격에 격침시킬 수 있을 정도로 대단했기 때문에 비용 대 효과가 가장 높은 무기로 평가받기도 한다. 이러한 이유로 제1·2차 세계대전과 베트남전에서도 기뢰는 위력을 발휘했으며, 성능이 지속적으로 개선되었다. 최근에는 첨단 전자기술 발전과 함께 한 번 작동하면 적아를 구분 못 하고 공격한다는 단점도 보완돼 사전에 입력된 특정 목표만 공격하는 능력도 갖추고 있다. 해전의 양상을 바꿀 정도의 전과를 얻은 무기체계로서 기뢰는 현대 해전에서 가장 중요한 해상병기 중 하나로 평가받고 있으며 첨단 과학기술 발전과 함께 21세기에도 여전히 치명적인 무기로 사용될 것이다.

## 적 항구에 직접 들어가지 않고 원거리에서 부설 가능한 현대식 기뢰

미 해군의 잠수함 발사 자항기뢰SLMM, Submarine Launched Mobile Mine는 잠수함에 의해 부설되는 천심도용 해저 기뢰로서 대함 어뢰인 Mk 37의 탄부를 기뢰로 개조한 것이다. 이 자항기뢰는 잠수함으로부터 발사되어 목표지점까지 자력으로 항해하여 이동한 후 해저에 가라앉아 기뢰가 되며 기뢰 부설용 함정이나 항공기가 접근하기 곤란한 해역에서 사용된다. 잠수함 함장들이 수행하는 임무 중에 머리카락이 설 정도로 신경을 써야 하는 작전 중 하나가 전쟁 초기 적 해역에 은밀히 침투하여 공

미 해군 잠수함 발사 자항기뢰(SLMM) Mk 67 〈http://www.globalsecurity.org〉

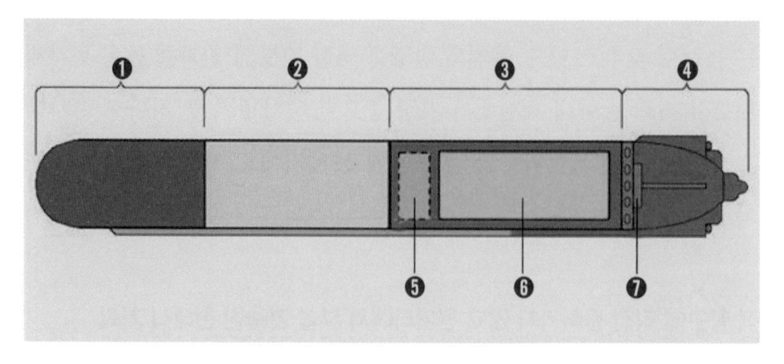


미 해군의 잠수함 발사 자항기뢰(SLMM, Submarine Launched Mobile Mine) 각부 명칭 ❶ Mk 13 어뢰 탄두부 ❷ 축전지 ❸ 후부 몸체 ❹ 꼬리 ❺ 보조 조종단 ❻ 컴퓨터 조종단 ❼ 계수기 작동기

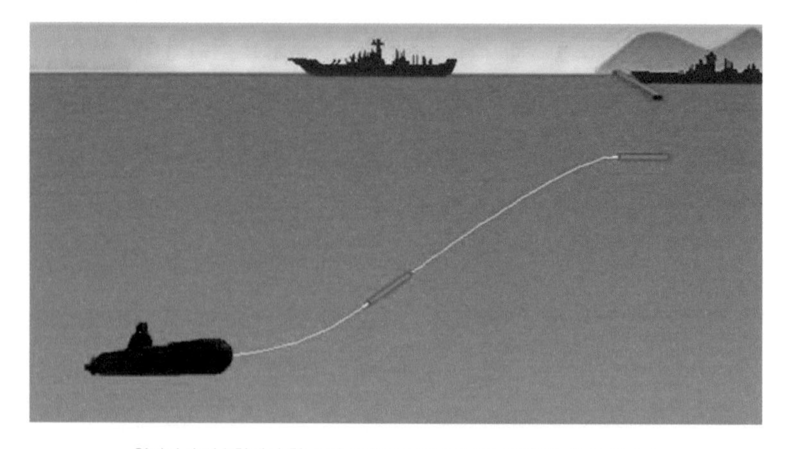

원거리의 잠수함에서 항구 입구 쪽으로 자항기뢰를 발사하는 전투 개념도

격기뢰를 부설하는 것이다. 적 항만감시세력에게 들키지 않게 사전에 계획된 수중 위치에 정확하게 기뢰를 부설함으로써 적 항구를 봉쇄하는 임무는 중요하면서도 대단히 어렵다. 하지만 잠수함 발사 자항기뢰 SLMM가 개발된 지금에는 잠수함을 이용하여 그리 어렵지 않게 적 해역에 기뢰를 부설할 수 있으며 부설 중 발각되거나 얕은 수심의 해변에 좌초될 위험이 훨씬 줄어들었다. 한국도 현재 국내 L사에서 잠수함 발사 자항기뢰를 개발 중이며, 향후 2년 내 실전 배치가 가능할 것으로 판단된다.

# CHAPTER 04

## 강대국의 잠수함을 이용한 첩보전, 진짜 잠수함인 핵 추진 잠수함의 활약상 들여다보기

WORLD

속도 면에서 핵 추진 잠수함이 KTX라면, 디젤 잠수함은 완행열차다.

01

# 바닷속에서 아무도 모르게 전력을 엿보고 전략을 훔쳤다

## 미·소 냉전 시 첩보 잠수함들의 물밑 전쟁

"너의 적을 알라": 미국, 은밀성 우수한 잠수함 동원해 소련의 전략핵잠 감시

잠수함은 타국의 영해 12마일 내로는 허가 없이 물속으로 들어갈 수 없으며 영해 내로 들어가려면 상대국에 사전통보 후 허가받을 시만 물위로 항해가 가능하다. 그러나 이것은 국제법상 그렇다는 것이고, 사실은 몰래 적국의 영해 내로 들어가 첩보를 수집했다는 것은 공공연한 비밀이 돼버렸다. 지금부터 미·소 냉전 시 첩보 잠수함들의 이야기를 소개하고 우리도 평시에 국익을 위해 고가의 잠수함을 어떻게 활용해야 할 것인지 교훈으로 삼기를 바란다.

다음은 한때 《뉴욕타임스The New York Times》에 연재돼 미국 전역에 큰 센세이션을 일으켰던 미·소 잠수함들 간에 벌어진 실화를 책으로 엮은 『장님들의 음모Blind Man's Bluff』 내용 중에서 주요 내용을 발췌한 것이다.

냉전 시 미국은 소련의 해상 전투수행 능력을 파악하고 소련의 의도를 알아내기 위해 은밀성이 우수한 잠수함을 가장 많이 이용했다. 미국

냉전시대에 미국 잠수함 시울프(USS Seawolf, SSN-21)는 부상하거나 잠망경 심도로 올라오지 않고도 수집된 정보를 본국에 타전할 수 있는 통신장치를 구비하고 있었다. 또한 소련 함정의 사격훈련 또는 무장발사시험 후 해저에 가라앉은 잔해와 파편 등을 회수할 수 있는 장비들도 보유하고 있었다. 이처럼 은밀성이 우수한 시울프는 들키지 않고 소련 연안 감시 및 정찰활동, 소련 전략핵잠에 대한 첩보수집 등의 임무를 수행했다. 〈Publid Domain〉

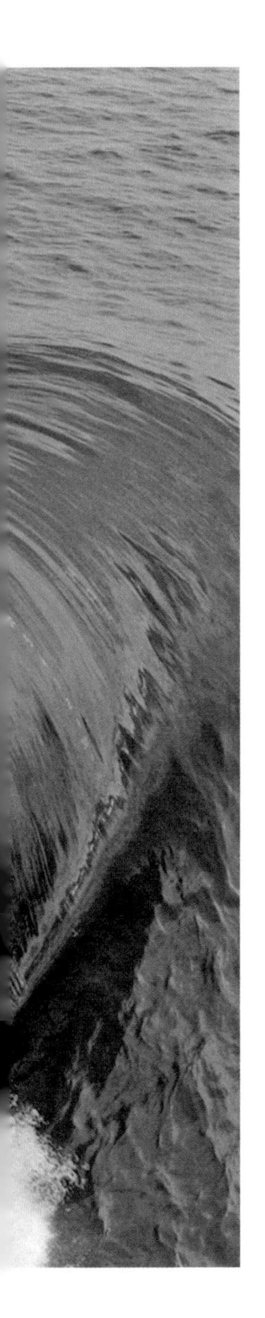

은 소련 연안에 대한 감시 및 정찰활동을 위해 잠수함을 수백 차례 투입했으며, 소련 미사일 발사시험을 감시했고 발사되는 미사일의 성능까지도 파악했다. 또한 소련 항만의 출입항 선박과 물동량을 확인하고 조선소 근해에서 새로 건조해 시운전 중인 함정의 특성을 파악했을 뿐만 아니라 음향 특성까지 녹취했다.

시울프USS Seawolf(SSN-21)와 같은 잠수함은 이러한 특수 목적을 위해 부상하거나 잠망경심도로 올라오지 않고도 수집된 정보를 본국에 타전할 수 있는 통신장치를 구비하고 있었다. 또한 소련 함정의 사격훈련 또는 무장발사시험 후 해저에 가라앉은 잔해와 파편 등을 회수할 수 있는 장비들도 보유하고 있었다. 이런 임무를 수행하기 위한 가장 중요한 무기는 어뢰가 아니라 카메라, 최첨단 소나(음파탐지기), 전파감청과 도청을 위한 복잡한 센서와 안테나 등이었다.

이 잠수함 승조원들의 목표는 "한 방에 적함을 격침하자"가 아니라 "너의 적을 알라"였다. 미국 잠수함이 소련 잠수함을 추적하는 첩보수집 임무에서 가장 중요한 요소는 들키지 않는 것이었으며 그중에서도 소련의 전략핵잠(SLBM 탑재 핵 추진 잠수함)을 추적하는 임무가 최우선이었다.

소련의 전략핵잠은 20발의 탄도미사일을 적재하고 있고 1발의 탄도미사일에서 10기의 핵탄두를 운반할 수 있어 1척의 화력은 제2차 세계대전 시 일본에 투하한 원자폭탄과 비교할 수 없을 정도로 강력한 폭발력을 지니고 있다. 이러한 거대한 수중 화약고는 육상 기지의 유도미사일, 항공기에 탑재된 탄도미사일보다 적의 공격으로부터는 안전했으나, 자신들에게는 그만큼 더 위험했다.

미·소 냉전 시 미 해군은 잠수함을 투입해 소련의 신형 함정 해상 시운전 정보, 핵미사일 발사 시험 정보 등을 은밀하게 수집했다. 위 지도는 미국 잠수함이 소련 영해 3마일까지 침투해 소련 선박들을 추적하고 감시했던 무대가 된 북극의 바렌츠 해협.

소련의 전략핵잠에 대항하기 위한 미국의 최선의 대응책은 잠수함이었다. 이에 따라 소련 전략핵잠의 정보를 수집하고 추적하는 것이 미 해군의 최우선 과제가 됐으며, 국가적인 위기상황 관리 시에 가장 비중 있게 취급됐다.

전진 배치된 소련 잠수함을 추적하기 위해 승조원들은 햇빛도, 창문도 없는 좁은 잠수함 내에서 북적거리며 개인 사생활은 아예 포기해야 했고 가족을 떠나 대양의 심해에서 그들 자신만의 생활 방식을 터득해야만 했다. 또한 그들은 지중해의 구석구석을 항해하고 북극의 위험한 얼음 밑에도 있어야 했으며, 종종 소련의 영해까지 침투해야 했다. 임무 수행 기간 동안 소나를 통해 들려오는 고래소리, 물고기소리, 선박통항 소음 등 수중 소음을 스크린을 통해 볼 수 있는 것 외에는 외부와 완전히 차단돼 있었다. 이러한 면에서 잠수함 승조원들은 일반적인 수상함정의 승조원들보다 훨씬 열악한 환경에서 근무한다고 할 수 있으며, 이것은 잠수함 승조원들이 즐겨야(?) 할 피할 수 없는 운명이었다.

북극 부근에서 얼음을 뚫고 부상한 버지니아급 공격핵잠 텍사스(USS_Texas, SSN_775)의 모습 〈Public Domain〉

잠수함 승조원들은 임무 수행 기간 동안 소나를 통해 들려오는 수중 소음을 스크린을 통해 볼 수 있는 것 외에는 외부와 완전히 차단돼 있다. 잠수함 승조원들은 일반적인 수상함정 승조원들보다 훨씬 열악한 환경에서 근무한다고 할 수 있으며, 이것은 잠수함 승조원들이 피할 수 없는 운명이다. 사진은 전투훈련 중 오하이오급 전략핵잠 메릴랜드(USS Maryland, SSBN-738)의 음탐사가 소나 스코프를 보며 표적을 탐색하는 모습. 〈Public Domain〉

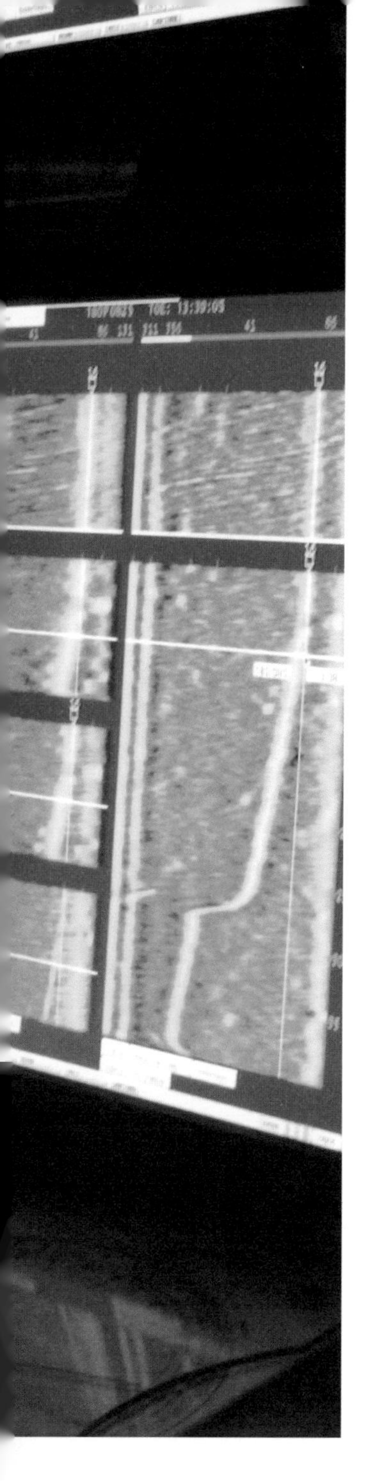

**소련은 미 잠수함 활동구역에 폭뢰를 투하하거나 미군 또는 미 정보요원들을 스파이로 포섭**

소련은 미국의 스파이 활동을 차단하기 위해 미 잠수함 활동구역에 주기적으로 폭뢰를 투하하거나 미군 또는 미 정보요원들을 스파이로 포섭하는 등 할 수 있는 모든 수단을 동원했다. 미·소 잠수함 간의 쫓고 쫓기는 긴박한 상황에서 미숙한 판단으로 상호 수중충돌에 직면하거나 소련 영해에서 소련 함정에 탐지되는 등 위험이 증가했다. 이러한 미국 잠수함은 소련에 있어서 적군 이상의 악역을 수행하는 흑사병과 같은 존재였다. 깊은 바다 죽음의 해류 속에서 적을 찾기 위한 잠수함 승조원들의 사냥은 시간과 공간을 초월한다.

제1차 세계대전 당시 독일 디젤 잠수함이 연합군 선박에 위협을 가한 지 채 한 세기도 지나지 않아 잠수함의 기술은 급속도로 발전했다. 제2차 세계대전 중 잠수함은 무장호송선단에 대한 공격이 가능할 정도로 매우 강력한 수단으로서 결정적인 역할을 했으나 결국 연합국의 발전된 대잠 세력에 무릎을 꿇었다. 그후에는 진짜 잠수함인 핵 추진 잠수함이 등장해 잠수함의 위협은 날로 커지고 있으며 거기에다 핵무기까지 싣고 다니는 상황이 되니 적 잠수함 동향 파악은 항상 제1의 관심사이며 추적 대상이 되고 있다.

### 잠수함을 이용한 통신 감청은 태평양전쟁의 경험에서 비롯

태평양전쟁 중에도 미국은 통신을 감청할 수 있는 간단한 안테나를 여러 척의 잠수함에 설치하고 상륙작전을 위한 상륙해안 정찰 임무를 부여했다. 이러한 실험은 정보당국자들의 관심을 자극했고 태평양전쟁이 끝나고 냉전 시작과 함께 잠수함에 의한 새로운 정보수집 임무의 가능성을 제시했다.

그러나 '이러한 임무가 너무 도발적이고 위험하지 않은가?', '전쟁을 예방하기 위해 행하는 이러한 스파이 임무가 뜻하지 않게 전쟁으로 확대되지는 않겠는가?' 하는 우려를 자아내기도 했다. 여기에 소개되는 내용들은 소련의 수중 통신 케이블을 감청하기 위한 미 해군 정보장교의 노력에 관한 이야기, 소련 함정에 탐지돼 꼼짝할 수 없었던 잠수함 함장들의 이야기, 숨 쉴 공기조차 부족한 상황에서 소련 군함의 소나기 같은 해상사격구역에 있어야 했던 사람들의 이야기, 그리고 수십 년간 이러한 첩보수집 임무를 수행한 사람들의 이야기다.

미국은 지금 이 시각에도 잠수함을 그들의 관심 지역에 은밀히 침투시켜 정보를 수집하고 있으며 세계에서 가장 잠수함을 잠수함 특성에 맞게 운용하고 있는 나라다.

02

# 냉전시대 첩보수집작전 중 화재로 침몰한 미 해군의 디젤 잠수함

## "소련 핵미사일 발사시험 첩보를 수집하라!" 미국, 철의 장막 속살 엿보려 혹한의 바렌츠해 '잠수'

### 전투요원이 아닌 통신감청요원이 잠수함에 승조하다

미 해군의 첩보수집 전문가 해리스 오스틴Haris Ostin은 북아일랜드 런던델리주에 있는 영국 해군기지로 들어가면서 한 번도 본 적 없는 추악한 모습의 고철 덩어리 같은 잠수함을 본 순간 한숨을 쉬며 투덜거렸다.

"이게 코치노USS Cochino(SS-345)함이야? 이런 고철 덩어리 같은 배를 타고 정보수집을 하라니! 깡통보다 더 심하군."

오스틴은 제2차 세계대전 중 일본 해군의 통신을 감청해 암호를 해독하던 미 해군 보안대 소속이었다. 그는 특수임무를 수행하기 위해 미 해군참모총장으로부터 직접 명령을 받고 미국에서 영국까지 날아왔다. 주유럽 미 해군사령부에서 간단한 브리핑을 받은 후 '도깨비Spook'라고 불리는 최신 스파이의 한 사람으로 코치노함에 승조하게 됐다. '도깨비'는 소련 고위급 인사들의 특급비밀을 감청하거나 도청하는 일을 주로 하

미국은 소련의 핵미사일 시험발사 정보수집, 함정 특성 파악 등을 위해 바렌츠 해역에 잠수함을 투입했다. 사진은 초창기 첩보수집작전에 투입된 디젤 잠수함 코치노함으로, 당시는 통신 감청 마스트가 주 무기(?)였다. 〈Public Domain〉

는 사람이었으며 수많은 공중파 중 정보 가치가 높은 전파를 분류할 수 있는 특별 훈련을 받았다. 오스틴은 원래 순양함에 근무하고 있었으나 좀 더 어렵고 새로운 일에 도전해보고 싶어 잠수함 승조원으로 근무 장소를 바꾸었다.

코치노함의 함장은 베니테즈Rafael C. Benitez 중령이었다. 베니테즈 중령은 32살의 나이에 아주 예의 바른 사람이며 잠수함 장교로서 태평양전쟁에 참여할 당시 일본 군함으로부터 수차례의 폭뢰 공격을 받고도 살아남은, 전투 경험이 풍부한 장교였다. 이러한 풍부한 잠수함 전투 경험을 보유하고 있었음에도 불구하고 그는 상부의 명에 따라 1949년 6월

말부터는 스파이 임무를 수행하는 잠수함 함장 임무를 수행하게 됐다. 빨강 머리 오스틴이 이번 작전명령을 함장에게 건네주자, 함장은 매우 조심스럽게 작전명령을 읽어 내려갔다.

### 첩보수집을 위해 개조된 디젤 잠수함, 해상 시운전도 없이 작전 투입

코치노함은 전쟁 중에 터득한 경험을 토대로 잠수함의 성능을 몇 가지 개선했으며, 개선된 장비에 대해 해상 시운전을 하려고 준비하던 시기였다. 제2차 세계대전 당시의 잠수함은 주로 수상항해를 하다가 적함을 공격하거나 적으로부터 공격을 피할 때만 잠항을 했고 현재와 같이 깊은 심도의 잠항은 불가능해 얕은 심도에서만 작전했다.

코치노함은 제2차 세계대전 시 뼈저린 경험을 토대로 가능한 한 장기간 물속에서 오래 견딜 수 있도록 스노클 마스트를 장착했으나 새로 설치한 스노클 장비에 대한 해상 시운전은 물론 승조원들이 장비를 잘 다룰 수 있도록 숙달 훈련도 하지 못했다.

베니테즈 함장은 당연히 장비 시운전을 하고 승조원 숙달 훈련을 해야 한다고 생각했는데 오스틴이 준 작전명령서는 이를 허락할 여유가 없었다. 그것은 여태까지 듣지도 보지도 못한 첩보수집작전이었으며, 그것도 소련 북해함대가 주둔해 있는 혹한의 바렌츠해에서 이뤄지는 작전이었다.

베니테즈 함장과 승조원들은 주로 태평양에서 일본군과 마주치고 탐색해 공격하고 회피하는 데 익숙해져 있었다. 그러나 지금은 평시지만 우군의 지원이 전혀 없는 가운데 새로운 적 소련의 영해 근처에서 비밀 정보를 감청하는 위험한 임무를 지시받은 것이다.

## 전투 임무보다도 익숙지 않은 첩보수집작전 임무

베니테즈 함장은 잠수함에 첩보수집 임무를 부여하는 작전에 대해 잠수함의 가치를 떨어뜨리는 작전으로 평가절하하면서도 지시받은 스파이 임무를 거역할 수 없다는 것을 잘 알고 있었다. 이제 달라진 전장에서 새로운 임무를 수행하게 된 것이다. 이제 미국은 일본이 아닌 아주 새로운 적과 마주쳐야 했다. 미국인들은 한때 그들의 원자폭탄에 피폭된 일본인들을 얼굴 없는 괴물로 여겼고 승리감에 도취했지만, 이제는 동맹국에서 적국으로 변해버린 소련이 핵폭탄을 제조할 수 있다는 데 대해 긴장하지 않을 수 없었다. 또한 소련이 세계를 지배하기 위해 열을 올리고 있는 데 대해 제동을 걸어야 한다는 데 모두가 동의하고 있었다. 중국 공산주의자들은 중국 본토에서 장제스蔣介石를 몰아냈고, 체코슬로바키아 공산주의자들은 정권을 탈취했다. 소련은 베를린 장벽을 설치하고 윈스턴 처칠Winston Churchill은 동유럽에 철의 장막 시대가 시작됐다고 선언했다.

당시 소련의 잠수함은 대부분 구식의 소형 연안방어용이었다. 그러나 제2차 세계대전 후 소련은 영국, 미국과 함께 그때까지 가장 앞선 기술인 소나와 스노클을 탑재한 독일의 U-보트를 전리품으로 나눠 가질 수 있었다. 소련은 이러한 기술을 바탕으로 성능이 뛰어난 잠수함을 만들 수 있었으므로 미국의 모든 지휘관은 성능이 향상된 소련 잠수함과 조우했을 때 대응할 수 있도록 훈련하고 숙달해야 했다.

다행히 미국은 수중에서 소련보다 한 수 빠른 행보를 준비 중이었다. 그때까지만 해도 무명의 잠수함 출신 기관장교인 리코버Hyman G. Rickover는 제2차 세계대전 후 다시 불붙기 시작한 수중전에서 스노클을 하지 않고도 장기간 수중항해가 가능한 핵 추진 잠수함을 개발 중이었다. '케이오 작전Operation Kayo'이라고 이름 붙여진 이 새로운 계획은 코치노함과 같은 모든 디젤 잠수함이 다가올 미래전에서 스노클링을 하다가 적에

미국의 고위 정보장교들은 오히려 첩보수집에 유리한 핵 추진 잠수함 건조보다는 독일의 함상 발진 무인 소형 비행기 그리고 최초의 초음속 V-2 로켓을 장착할 수 있는 잠수함 기술을 전수받자고 주장하기도 했다. 사진은 1942년 독일이 개발한 U-보트의 갑판에 설치된 V-2 로켓 발사대의 모습을 찍은 것으로, V-2 로켓은 오늘날의 대륙간탄도미사일의 효시다.

게 발각될 염려가 없는 잠수함을 개발하는 것이었다.

한편 미국의 고위 정보장교들은 오히려 핵 추진 잠수함 건조보다는 독일의 V-1 로켓, 함상 발진 소형 무인비행기, 그리고 최초의 초음속 V-2 로켓을 장착할 수 있는 독일 잠수함의 기술을 전수받자고 주장하기도 했다. 연합국에 공포의 대상이었던 독일 기술력은 순항미사일, 탄도미사일, 자체 추진 로켓엔진 부착 폭탄을 개발하는 데 선구자적 역할을 했다. 이러한 기술을 모방해서 미국은 이미 원시적이기는 하지만 최초로 잠수함에서 발사가 가능한 미사일을 실험하는 데 열을 올리고 있었다.

### 미 고위 당국자들, 소련 핵미사일 개발 정보 감청에 잠수함이 최적 수단이라 판단

소련은 이미 보병용 미사일을 개발하고 있었고 육상과 무르만스크

Murmansk 해역의 잠수함에서 미사일 발사 시험을 진행 중이라는 첩보가 접수됐다. 이 모든 것은 추측에 불과했으나 이러한 정보는 제2차 세계대전 중 소련과 함께 일했던 영국 해군 정보부로부터 약간씩 흘러나오고 있어서 다소 신빙성이 있었다. 또한 미국 알래스카와 영국에 있는 통신 감청 기지에서는 소련 해군 함정과 육상 기지 간 교신 내용을 수집하고 있었다. 통신 감청 또는 고정간첩들에 의해 수집된 이런 모든 정보는 매우 중요해서 당사자가 직접 비밀가방에 넣어 책임 있는 고위 장성들에게 보고했다. 그러나 정보 관계자들은 이러한 고급정보를 수집하는 데는 잠수함이 최적의 수단이라고 판단하고 결국 잠수함을 본격적으로 첩보작전에 투입하기 시작했다.

## 숨죽인 소련 미사일 시험, 미 감청 숨막힐 판…

통신 감청에 이어 군함과 상선의 추진기 특성도 녹취

1948년 미 해군은 소련의 통신을 감청하고 또 소련 군함과 상선 추진기의 회전수를 측정하기 위해 발라오Balao급 잠수함 시도그USS Seadog (SS-401)와 블랙핀USS Blackfin (SS-322)을 베링해로 보냈다. 이것은 수동음파탐지기로 소련 선박의 음향 특성을 식별하기 위한 첫걸음이었다.

코치노함은 제2차 세계대전 중 마지막으로 취역한 잠수함으로, B-29 항공기가 첫 원자폭탄을 투하한 지 2주 후에 다른 전투에 투입될 운명이었으나, 전쟁이 끝나자 코치노함과 발라오급 잠수함 터스크USS Tusk (SS-426)는 스노클 시스템과 최신 장비를 탑재한 후 다른 임무 수행에 적합하게 개조됐다. 정보 관계자들은 코치노함과 같이 스노클링을 할 수 있는 잠수함이 이런 임무에 적합하다는 결론을 내렸다. 이런 잠수함을 이용하면 소련 연안에서 들키지 않고 소련의 핵미사일 시험을 은밀하게 감시할 수 있다고 생각했던 것이다. 잠수함은 필요시 잠망경, 통

제2차 세계대전 후 미군은 일부 디젤 잠수함에 스노클을 장착해 첩보 잠수함으로 활용했고 대다수는 해체했다. 사진은 1946년 해체 대기 중인 미 해군의 잠수함 52척과 잠수함 지원함들의 모습이다. 아깝게도 이 잠수함들은 선령이 4년밖에 안 된 것들이었다.

신 안테나, 그리고 스노클 마스트 등만 수면 위에 노출시키면 되기 때문에 항공기에 발각되지 않고 과감한 첩보수집 활동을 할 수 있는 최적의 수단으로 떠올랐다.

### 첩보수집 잠수함은 일단 출항하면 육지와는 통신단절 후 작전

코치노함에 파견된 오스틴은 그가 가져온 블랙박스에 동축 케이블 커넥터를 연결해 통신 감청을 위한 준비를 끝냈다. 그 블랙박스는 검은색이 아니라 해군의 전통적이고 대표적인 회색이었다.

모든 것은 8월 중순에 완료됐으며 터스크함과 함께 포츠머스Portsmouth 조선소를 출항했다. 다른 잠수함편대 소속 토로USS Toro(SS-422)함과 코르세이어USS Corsair(SS-435)함 또한 동일한 시기에 같은 임무에 투입됐다. 해군에서는 이를 '가상통신경비훈련'이라고 칭했다. 잠수함은 일단 출항하면 육상본부와 어떠한 교신도 할 수 없도록 지시받았다. 이들 잠수함은 포츠머스 조선소를 벗어나자마자 잠항해 육상에 있는 어느 누구도 이 4척의 잠수함이 어디에 있는지 알지 못했다.

코치노함이 잠항 몇 시간 후 압력선체를 관통해 설치한 케이블 수밀 부분이 높은 수압을 견디지 못하고 터지는 바람에 오스틴은 뜻밖의 해수목욕을 해야만 했다. 그는 즉시 그 틈새를 막고 장비 작동이 가능하게 손을 봤다.

코치노함 승조원 중 3분의 1은 실전 경험이 있었다. 그들은 역전의 용사답게 많은 무용담을 가지고 있었다. 좁은 함내 어디에서든 그들이 이야기꽃을 피울 땐 다른 승조원들은 마치 자기 일인 양 귀를 기울였다. 오스틴 역시 지난날 순양함에서 체험한 실전 상황을 이야기하며 승조원들과 친하게 지내려고 노력했다. 그리고 그가 출동 중에 주로 즐기던 주사위놀이를 하며 다른 승조원들과 어울렸다.

### 침대 부족해 승조원들은 침대를 교대로 사용해야

잠수함에 설치된 침대 수는 승조원 수보다 턱없이 부족했다. 그래서 침대에서 자던 승조원이 당직 임무 교대차 일어날 때까지 기다렸다가 재빨리 그 자리에 들어가야 했다. 이것을 잠수함에서는 핫벙커Hot Bunker라 부른다.

함장, 부장, 라이트 소령, 오스틴과 그의 보좌요원 총 5명을 제외한 나머지 승조원 모두는 3직제 당직 임무가 부여됐다. 오스틴은 자기가 3직제 당직 임무에 투입되는 것을 원치 않았다. 그래서 그는 원하는 시간에 식사를 할 수 있었고, 음식을 서로 먹겠다고 동료와 다투지 않아도 됐으며, 스팸을 포함한 모든 음식을 포식할 수 있었다.

그러나 그러한 즐거움도 얼마 가지 못했다. 베니테즈 함장은 오스틴을 함교탑으로 불러 당직 근무에 임하도록 지시했다. 그것은 오스틴이

잠수함의 침대 수는 승조원 수보다 부족하다. 그래서 침대에서 자던 승조원이 당직 임무 교대차 일어날 때까지 기다렸다가 재빨리 그 자리에 들어가야 했다. 이것을 잠수함에서는 핫벙커(Hot Bunker)라 부른다. 사진은 가끔 승조원의 휴식 공간으로 이용되기도 하는 잠수함의 어뢰실 모습. 〈Public Domain〉

무엇엔가 몰두하고 바쁘게 일함으로써 무료함과 나태해지는 걸 막고 그의 행동을 예의주시하기 위해서였다.

얼마 지나지 않아 코치노함과 터스크함은 각각의 임무 구역인 그린란드 북방 북극의 빙하 속으로 항해를 했으며, 소련 연방 해역 가까이로 침로를 수정해 항해를 계속했다. 그들은 북극권에 있는 노르웨이 해역을 지날 때까지 속력을 늦추지 않았다.

### 바렌츠해에 진입해 전파 감청 시작

1949년 8월 20일 토요일 두 잠수함은 바렌츠해에 진입했다. 코치노함은 오스틴의 첩보수집 임무를 위해 노르웨이 끝자락으로부터 12마일 떨어져 있는 해역으로 항해를 계속했다. 여기서부터 베니테즈 함장은 첩보수집을 위해 오스틴의 요구대로 침로를 잡아주기로 했다. 안테나를 수면 위로 높이 올리기 위해 함교탑을 반쯤 부상시키자 함이 노출될 위험이 매우 높았다. 밤인데도 대낮같이 밝은 백야였기 때문에 수상함이나 트롤 어선 등 물위에 떠 있는 어떤 함정에게도 들키지 않도록 조심해야만 했다. 특히 주간에는 햇빛에 함교탑이 반사돼 원거리에서 발각될 위험이 더 컸다.

오스틴은 코치노함이 노르웨이 북동 해역을 통과할 때부터 소련의 전자파를 탐색하기 시작했다. 코치노함은 무르만스크에서 약 150마일 정도 떨어져 있었지만, 소련의 미사일 시험 신호를 탐지하기에는 좋은 위치였다. 베니테즈 함장이 최적의 위치라고 판단한 곳이었다.

오스틴의 블랙박스는 발사 단계에 있는 고주파수대를 탐지하게끔 고안돼 있었는데, 이 스파이 임무는 다른 도박과는 다른 추측 게임과도 같았다. 소련의 미사일 시험발사 계획을 알 길이 없었기 때문에 오스틴이 할 수 있는 일은 그의 블랙박스가 있는 조그마한 공간에서 탐지장비의 다이얼을 돌리면서 신호를 잡는 것뿐이었다.

임무 구역에 도착한 지 사흘이 지났다. 오스틴은 아직도 소련의 음성 통신 몇 가지만 탐지했을 뿐 별다른 소득이 없었다. 베니테즈 함장은 오스틴에게 하루만 더 기회를 주고자 했으나, 오스틴은 몇 주 더 있기를 건의했다. 오스틴은 소련 시험미사일 신호를 탐지함으로써 공적을 한 건 올리려는 야심을 갖고 있었다. 그날 저녁 무엇인가 탐지되기 시작했으나 미사일 발사 신호는 아니었다. 함장은 오스틴에게 시험장비를 주의 깊게 살피라고 지시했으며, 오스틴은 함장에게 보다 정확하게 탐지할 수 있는 위치로 접근하자고 권고했다.

사실, 그 주변 어디에서도 미사일 시험 징후를 알 수 있는 흔적을 잡을 수는 없었다. 코치노함은 원래의 위치로 되돌아갔다. 원기왕성한 육식 동물이 사냥술을 익히는 것과 같이 코치노함과 터스크함은 상호 탐색과 회피 전술을 익히고자 했으나 통신 감청 소득이 없자, 더 이상의 임무 수행은 불가능했고 임무 구역을 이탈해야 했다.

베니테즈 함장은 처음부터 이번 임무를 달갑지 않게 생각해왔지만 그래도 아무런 성과 없이 임무 구역에서 이탈하게 된 것에 대해 아쉬워하고 있었다. 비록 오스틴 때문에 고생은 했지만 함장은 임무 수행 결과 보고서에 "그래도 이 정도 탐지했다는 것은 성과가 전혀 없는 것은 아니다"라고 기록하며 돌아가게 된 것을 내심 다행으로 생각하고 있었다.

## 위기의 코치함, 터스크함에 SOS

### 코치노함 이동 중 엔진실에서 예기치 않은 화재 발생

다음날 이른 아침, 코치노함의 우측에서 터스크함이 같이 이동하는 것으로 확인됐다. 터스크함도 새로 개조한 장비들을 시험하면서 코치노함과 일정 거리를 두고 기동 중이었다. 그날은 잔뜩 흐린 날씨에 높은 파도와 습기 때문에 매우 칙칙한 날이었다. 통신실에서 폭풍이 내습할 것

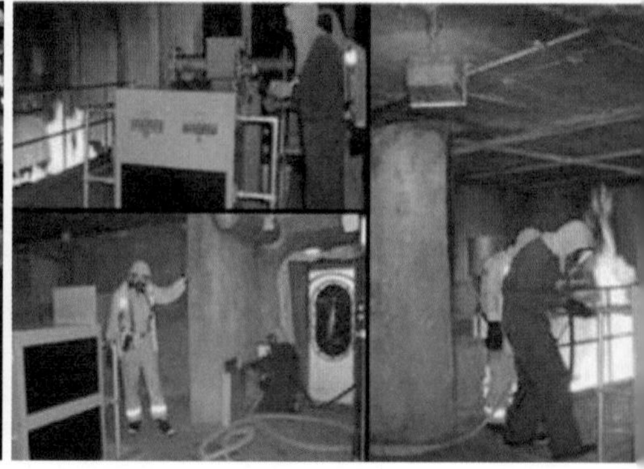

**왼쪽** 잠수함은 함내 화재 발생에 대비해 매일 1회 이상 소화훈련을 한다. 미 해군 전략핵잠 앨라바마(SSBN-731)함 승조원들이 비상호흡기를 착용하고 훈련하는 모습.
**오른쪽** 승조원들은 해상에 나가기 전 육상에 설치된 잠수함 소화 훈련장에서 실제로 화염을 만들어 실전과 같은 훈련을 한다. 미 잠수함 승조원들이 잠수함 소화 훈련장에서 훈련을 하는 모습.

이라는 기상예보 전문을 접수했고, 몇 시간 후 바람이 강하게 불기 시작했다. 높은 파도는 코치노함을 당장이라도 집어삼킬 것만 같았고, 조타수들은 잠망경심도를 유지하기 위해 안간힘을 쓰고 있었다. 승조원들은 함 구조물을 잡고 흔들리는 함내에서 몸을 지탱하고 있었으며, 일부는 떨어지는 커피잔이나 공구를 잡으려고 분주하게 움직였다.

베니테즈 함장은 전부 기관실로부터 스노클 마스트에 있는 해수감지 센서에 빨간 불이 켜졌으며 바닷물이 약간씩 들어오고 있다고 보고받았다. 그리고 얼마 후 엔진이 갑자기 정지해서 베니테즈 함장은 엔진에 공기 공급이 차단돼 정지됐는지 확인하도록 부장을 기관실로 보냈다. 약 2분 후에 '쾅' 하는 굉음에 이어 잠시 정적과 함께 공포감이 밀려왔다.

순식간에 일어난 일이라 아무도 어쩔 수 없었다. 그러나 그것은 시작에 불과했다. 전기사는 코치노함이 잠항항해 시 추진력을 제공하는 축전지실 구역에서 불꽃이 일어나고 있는 것을 보았다. 그 격실은 코치노함의 중앙부에 있었고 불꽃은 후부 축전지실에서 일어나고 있는 것이 분명했다.

"후부 축전지실에 화재가 발생했습니다!"

전기사가 숨을 헐떡거리며 보고하자, 함장은 곧바로 잠수함을 수면 위로 부상하도록 지시했다. 그런 다음 수중통신기를 잡고 근거리에서 같이 기동하고 있을 터스크함을 호출했지만 응답이 없었다.

밸러스트 탱크ballast tank에 고압의 공기를 불어넣자, 잠수함은 순간적으로 함수가 치솟으며 수면 위로 올라왔다. 5미터가 넘는 파도는 금방이라도 잠수함 선체를 부숴버릴 것만 같았다. 함장은 해치를 열고 함교탑으로 올라가서 주변을 둘러보며 터스크함을 찾았으나 보이지 않았다. 함교를 덮치는 파도 때문에 쌍안경을 볼 수조차 없었다.

### 위급 상황에 잠수함 승조원 목숨은 함장의 신속한 판단에 달려 있다

비상호흡기장치와 수소가스탐지기 작동하지 않아 초기 화재 진압에 애로

소화반을 배치하고 화재 진압을 시도했으나 불길을 잡지 못하고 있었으며 더구나 이런 화염이나 가스 분출 시를 대비해 준비해뒀던 비상호흡기장치조차 작동되지 않고 있었다.

한편 축전지에서는 계속 폭발성이 강한 수소가스가 분출되고 있었다. 누군가가 이 불길에 뛰어들어 화재가 발생한 축전지를 인접한 축전지들과 분리하지 않는다면 수소가스는 폭발할 것이고, 이 폭발로 코치노함은 침몰할 수도 있었다. 베니테즈 함장은 함교에서 내려와 조종실로 향했다. 베니테즈는 먼저 수소농도탐지기를 확인했다. 그러나 조종실 수소 농도는 아직 제로에 가까웠다. 짧은 순간 안도의 한숨을 쉬었으나, 그는 곧 수소농도탐지기가 고장이라는 사실을 알아차렸다.

함장이 현재 취할 수 있는 방법은 딱 한 가지밖에 없다고 생각했다. 폐쇄된 수밀문 반대쪽인 엔진실을 통해 누군가를 축전지실로 들여보내 축전지를 분리하는 길밖에 없었다. 그때 부장이 위험을 감수하고 그렇

게 하겠다는 보고를 했다. 부장 역시 한순간에 축전지실이 폭발할 수도 있고, 그렇게 되면 함이 치명적인 손상을 입으리라는 것을 누구보다 잘 알고 있었다.

함장은 걱정스러웠지만 부장이 들어가는 것 외에는 별다른 대안이 없다고 생각했다. 함장은 터스크함이 오는지 확인하기 위해 함교로 올라갔다.

### 함장은 승조원 전원을 살리기 위해 화재 진압 중단 지시

그때 두 번째 폭발음이 들렸다. 불타고 있는 축전지실로 통하는 통풍관의 플랩이 찢어지는 큰 폭발이었다. 축전지실로부터 연기와 유독가스가 승조원 침실로 쏟아져 들어왔다. 베니테즈 함장은 소화작업을 중지하고 모두 대피하라고 지시했다. 함장의 명령을 화재 격실로 알리러 가는 승조원들은 큰 화상을 입을 수 있다는 본능적인 공포에 휩싸였다.

소화반 요원들은 유독가스 농도가 덜한 승조원 침실 앞에 있는 승조원식당의 한구석에 모여 숨을 헐떡이고 있었다. 함장의 명령을 받자 그들은 좁은 사다리를 통해 수밀문을 열고 함 외부로 올라가 파도에 휩쓸려가지 않도록 몸을 단단히 묶었다.

살이 에일 듯한 차가운 거친 파도는 잠수함 선체를 내리치고 있었고 잠수함은 마치 추풍낙엽처럼 이리저리 흔들렸다. 외부 갑판 위로 나온 승조원들 중에는 재킷을 걸친 자, 모포를 몸에 둘둘 말고 있는 자들도 있었으며, 또 몇몇은 구명의를 입고 있었다. 그들 중에는 상하가 붙은 내의 한 벌만 입고 피곤과 한기를 느껴 정신이 혼미한 자도 있었다.

차갑고 거친 파도를 맞아가며 갑판에서 버티기에는 너무 지쳐 있었다. 그리고 비상식량, 식수, 비상의약품 등 가진 것이라곤 아무것도 없었다. 승조원들 중 47명은 갑판 구조물에 몸을 묶고 있었고, 12명은 최대 7명밖에 수용할 수 없는 좁은 함교에 옹기종기 모여 있었다. 아직 함

내에는 18명의 승조원이 화재를 진압하고 엔진을 살리기 위해 필사적으로 노력하고 있었다.

**화재 진압 어려움 인식한 함장은 배를 포기할 것을 결심, 첩보작전보다 승조원 살리는 게 우선**

함장은 갑판 위의 승조원과 수평선을 번갈아 보며 터스크함을 찾았으나 보이지 않았다. 화재는 30분 넘게 계속되고 있었다. 베니테즈 함장은 만약 엔진만 살릴 수 있다면 잠수함을 해안 모래사장에 전속으로 접안시킴으로써 승조원들을 구할 수 있다고 생각했다. 잠수함이 큰 파도의 파곡에 놓였을 때 다급한 외침이 들려왔다.

"익수자 발생! 익수자 발생!"

바닷물에 빠진 승조원은 조리장인 모건Morgan이었다.

"어서 그를 잡아!"

함장은 소리쳤지만 이미 늦었다. 이제 그가 할 수 있는 일은 파도 속에 들어갔다 나왔다 하며 보일락 말락 하는 모건에게 잠수함을 접근시키는 일이었다. 바로 그때 함교에 있던 승조원 중 한 명이 터스크함을 발견했다. 코치노함의 통신사들이 우왕좌왕하고 있는 사이, 오스틴은 함교 베니테즈 함장 곁에서 수기신호를 보내기 시작했다. 그는 신병훈련소에서 수기신호를 배운 후 아직까지 사용해본 적이 없었지만 두 깃발을 높이 쳐들고 송신하기 시작했다. 터스크함은 코치노함에 보다 가까이 접근하려 하고 있었다. 그러나 베니테즈 함장은 허우적거리는 조리장으로부터 눈을 뗄 수가 없었다. 이 광경을 보고 있던 로취 상사는 말릴 틈도 없이 조리장을 구하기 위해 숨이 멎을 것 같은 차가운 파도에 뛰어들었다.

잠수함은 함내에 화재가 나면 화재 진압과 동시에 함정을 신속하게 부상시키도록 준비해야 한다. 미 해군의 앨러바마함에서 함을 부상시키기 위해 비상호흡기를 착용하고 잠망경으로 관측하는 모습.

## 코치노함의 사투

익수자는 구조했으나 화재가 확대돼 승조원 부상자 속출

로취 상사는 섭씨 4도의 차가운 수온에도 불구하고 조리장을 현측까지 끌고 왔으며, 갑판 위에 있던 조리사 1명이 기진맥진해 있는 조리장을 갑판 위로 끌어올렸다. 조리장을 함교에 있는 조그마한 해도대 옆으로 옮겨 눕히는 동안 다른 승조원들은 로취 상사를 갑판 위로 끌어올렸다. 그는 옆에서도 소리가 들릴 정도로 심하게 떨고 있었다. 승조원 2명은 조리장의 젖은 옷을 벗기고 온기를 회복시키기 위해 필사적으로 온몸을 주무르고 있었다. 갑판 위 구조물에 몸을 묶은 승조원들이 사나운 파도에 의해 떨어져 나가거나 추위에 견디지 못해 의식을 잃을 수도 있다는 사실을 함장은 잘 알고 있었다.

함장은 좁은 함교로 모두 올라오라고 했지만 인간 피라미드를 만들어야 할 만큼 여유가 없었다. 함장은 그들 중 일부에게 화재가 없고 견딜 만한 함수 전부의 어뢰실로 이동하라고 했다.

잠수함의 기관실에서 화재가 발생하면 불꽃이나 연기를 탐지한 탐지센서가 자동으로 작동돼 소화용액을 분사하게 돼 있다. 잠수함 기관실에 설치된 분무식 소화계통이 자동으로 작동해 소화용액을 분사하는 모습.

라이트 부장이 축전지실로 통하는 고착된 수밀문을 힘겹게 열자마자 수소가스가 불꽃과 함께 폭발하면서 라이트 부장을 뒤쪽으로 날려버렸다. 가스 마스크를 착용하고 있던 얼굴을 제외한 손, 가슴, 다리 등 그의 신체 앞부분은 아주 심한 화상을 입었다. 그는 심한 충격을 받았고 함께 있던 4명의 승조원도 심한 부상을 입었다. 부상자들은 후부 어뢰실로 옮겨짐으로써 화재 현장을 사이에 두고 다른 승조원들과 격리됐다.

그들은 신속한 의료지원이 필요했으나 치료해줄 의무장 이슨Eason은 전부 어뢰실에 있었다. 화염과 가스로 인해 잠수함 내부를 통해 후부 어뢰실로는 갈 수가 없었다. 의무장은 전부 어뢰실에서 외부 갑판으로 올라와 후부 어뢰실로 가고자 했다. 그러나 후부 어뢰실로 통하는 갑판 쪽 수밀문은 이슨으로부터 50미터나 떨어져 있었다. 세찬 파도가 갑판을 뒤덮고 있는 상황에서 외부 갑판 위를 50미터나 이동한다는 것은 불가능했다.

그때 젊은 장교 한 명이 함교에서부터 함미 수밀문까지 의무장 이슨의 몸을 묶을 수 있도록 안전줄을 설치했다. 이슨은 그 안전줄을 잡고 거센 파도를 헤치며 간신히 함미 수밀문에 도착했고, 부상자들이 있는 후부 어뢰실로 들어갔다. 오스틴은 다시 수기를 집어 들고 터스크함에 신호를 보냈다.

"의료지원이 필요함. 5명 부상, 1명 심한 화상."

이슨은 처참하고 생생한 사고 현장 상황을 함장에게 보고했다. 특히 라이트 부장은 생명이 위독할 정도의 화상을 입었다고 했다. 보고를 받은 함장은 격앙되어 더는 들으려고 하지 않았다. 그 소식을 함교에 있는 모든 승조원에게 알리기에는 너무 처참했고 모두가 낙담할 수 있었기 때문이다. 보고받은 당직사관은 함장에게 더는 보고하지 않고 그저 현장 상황을 파악만 하고 있었다.

### 함내는 온통 불과 연기뿐

화재가 발생한 지 1시간 30분이 지나자 전부 어뢰실에 피신해 있던 승조원들은 스며드는 가스로 인해 더는 견디지 못하고 파도로 위험한 갑판으로 올라오기 시작했다. 함교는 얼마나 많은 인원이 있는지 알 수 없을 만큼 승조원들로 빼곡했다.

함장은 줄줄이 함교로 올라오는 승조원들이 마치 죽은 사람 같다고 생각했다. 끌려온 1명은 의식불명이었고 숨도 쉬지 않는 것 같았다. 동료들이 인공호흡을 실시했다. 라이트 부장은 매우 고통스러워했고, 이슨은 다량의 모르핀 주사를 놓고 화상을 입은 다른 승조원을 돌보고 있었다.

한편, 터스크함 함장 워싱턴 대령은 고무보트에 의무사를 태워서 코치노함에 보낼 방법을 강구하고 있었다. 이미 터스크함 승조원들은 1만 6,000갤런 이상의 디젤유를 바다에 뿜어내고 있었다. 해면에 유막을 형성하여 파도를 잔잔하게 만들기 위해서였다. 터스크함은 투색총으로 연결선을 코치노함에 쐈다. 두 잠수함의 승조원들은 잠수함 간 인원 이송용 구명정을 운용할 수 있는 방안을 모색하고 있었다.

터스크함에서 코치노함에 연락줄을 쏘아 구명줄을 설치했다. 거친 파도로 인해 로프 작업 중 터스크함 승조원이 로프를 놓쳐버리기도 했으나 가까스로 구명줄을 연결할 수 있었다.

터스크함 함장은 파도를 바라보며 구명정을 통해 인원을 이송하는 것이 아주 위험한 작업임을 깨닫고 각종 의약품을 가득 채워 코치노함에 이송했다.

베니테즈 함장 역시 이러한 상황에서 인원 이송이 매우 위험하다는 것을 알고 있었으며, 구명정에 탑승해 거친 바다를 가로질러 이송하다가 자칫 추락하기 쉽다는 것을 알고 있었다.

### 화재 진압이 불가해 승조원을 터스크함으로 이동시키기로 결심

그러나 오후 2시쯤, 그는 함내에서 계속되는 폭발음을 느끼며 더 이상은 선택의 여지가 없음을 깨달았다. 그는 코치노함 승조원들이 이미 자포자기 상태라는 끔찍한 상황을 터스크함에 알려야 했다.

오스틴의 수기신호로는 터스크함과 충분한 정보를 교환할 수 없었기 때문에 보다 많은 정보를 신속하게 전달할 수 있는 방법을 생각해야만 했다. 무엇보다 그는 설치된 구명정을 통해 그의 승조원들을 터스크함으로 이송하는 것이 가능한지를 확인해야 했다.

베니테즈 함장은 셸턴에게 구명정을 이용해 터스크함으로 인원 이송을 시도할 의향이 있는지 묻고는 셸턴과 같이 인원 이송에 참여할 사람이 있는지 승조원들에게 물었다. 그런데 단 한 번의 훈련 경험도 없는 젊은 로버트 필로가 자원을 했다. 함장은 셸턴과 필로에게 구명정을 이용해 터스크함으로 승조원을 이송하라고 지시했다.

비록 필로에게 인원 이송을 지시했지만, 만약 인원 이송 중 사고라도 발생한다면 무경험자에게 임무를 부여한 것에 대한 책임을 면할 수 없을 것 같았다. 그러나 대부분의 다른 승조원들은 화상과 질식으로 현장에 투입할 수 없었고, 겁에 질려 있는 상황에서 별다른 방법이 없었다.

베니테즈 함장은 필로가 단순한 영웅 심리에서 자원을 한 것인지, 이 끔찍한 배를 떠나기 위해서 한 것인지 알 수 없었다. 그렇다고 이렇게 거친 바다에서 구명정을 이용한 인원 이송이 얼마나 위험한 것인지를 설명하기 위한 시간적인 여유도 없었다.

코치노함 승조원들이 필로와 셸턴이 탑승하고 있는 구명정을 수면에 내리자마자 높은 파도로 구명정이 뒤집혔다. 두 사람은 구명정에 있는 가죽끈을 겨우 잡고 있었으며, 터스크함 갑판 위의 승조원들은 거친 파도와 싸우며 구명정을 끌어당겼다. 베니테즈는 두 사람이 구명정을 잡고 필사적으로 헤엄치는 상황을 그저 바라볼 수밖에 없었다. 파도의 힘으로 구명줄조차 절단됐다.

베니테즈 함장은 자신의 주변을 살펴보았다. 터스크함과 구명정은 거리가 점점 멀어지고 있었고, 터스크함은 구명정을 회수하기 위해 침로를 변경하기 시작했다. 코치노함은 유독가스가 많이 발생해 갑판과 함교에 57명의 승조원이 대피하고 있었고, 함내의 함수와 함미 격실에 18명의 승조원이 있었다. 라이트를 포함한 5명의 승조원이 화상을 입었으며, 질식으로 인해 갑판 위로 대피한 승조원들은 여전히 상태가 좋지 않았다. 모든 사람이 추위에 떨고 있었고, 특히 물에 빠졌던 모건은 오한이 매우 심한 상태였다.

## 비운의 코치함, 바닷속에 침몰하다

물에 빠진 동료 함정 승조원 구하려다 자기 승조원 희생당한 터스크함 함장

구명정을 타고 터스크함으로 간 두 사람 중 필로는 터스크함의 승조원

에 의해 끌어올려지던 중 거친 파도에 휩쓸려 선체에 심하게 부딪쳐 의식을 잃었다. 터스크함 장교가 재빨리 그를 갑판 위에 누이고 인공호흡을 해 호흡을 재생시킨 뒤 아드레날린을 주사했다. 셸턴은 그후 3분이 지나서 갑판 위로 끌어올려졌으며, 의식은 있었으나 매우 고통스러워하고 있었다. 그는 의무장에 의해 응급치료를 받은 후 터스크함 함장에게 코치노함의 축전지실에 발생한 화재와 폭발, 함내의 대부분이 유독가스로 더는 운용이 불가한 끔찍한 상황을 세부적으로 설명했다.

터스크함의 외부 갑판 위에는 15명의 승조원 중 일부가 필로를 돌보고 나머지는 구조 장구를 정리하고 있었는데, 갑자기 거대한 파도가 터스크함을 강타해 단번에 필로를 포함한 12명의 승조원이 물속으로 휩쓸려갔다. 터스크함 함장과 승조원들이 깜짝 놀라 다급하게 주위를 살폈으나, 필로와 다른 한 명의 승조원은 시야에서 찾을 수가 없었다. 많은 사람이 물속에서 의식을 잃은 사람들을 구조하기 위해 투입됐고 1시간 25분 만에 필립스 페닝턴 중위가 끌어올려졌다. 구조작업 중 거친 파도로 인해 작업이 계속 지연됐고, 사람들이 물에 빠진 지 2시간이 경과했다. 터스크함 함장의 얼굴은 견디기 힘든 현실 때문에 많이 일그러졌으며, 7명의 승조원이 여전히 물에 빠진 채였다. 그들의 생존 가망성은 없어 보였다.

### 어렵게 조타장치를 수리해 함을 조종했으나 또 다른 폭발로 화재 확대

코치노함은 첫 번째 폭발 후 6시간이 지났으나, 함내는 자욱한 연기 속에서 불길이 여전히 거셌다. 코치노함은 여전히 조종이 불가능한 상태였고, 함장은 부상자들을 터스크함에 안전하게 옮길 수 있도록 그의 잠수함이 파도가 낮은 쪽으로 밀려가길 바랐다.

그러던 중 부상자 중 한 명이 부상당한 몸임에도 불구하고 조타기를 통제하는 밸브를 임시로 수리했다. 드디어 함이 조종되기 시작했고, 터스크함과 상봉할 수 있었다. 오후 7시 10분, 첫 번째 폭발 이후 거의 9시간 만이었다.

코치노함 함장은 감정이 북받쳐 말을 잇지 못하며 자신을 믿고 묵묵히 고통을 극복하고 있는 승조원들을 모두 살릴 수 있기를 간절히 기도했다. 라이트를 제외한 부상자들의 상황이 점차 나아지고 있었고, 거친 파도도 조금씩 누그러지고 있었다. 코치노함 함장은 승조원들에게 계속해서 상황을 설명해주며 용기를 북돋아주었고, 부상자들이 고통을 이겨낼 수 있도록 격려했다.

그러나 그러한 희망도 잠시뿐, 또 한 번의 폭발음과 함께 배가 격렬하게 흔들렸고 후부 기관실에 화재가 발생해 점차 후부 어뢰실로 번져갔다.

이젠 더 선택의 여지가 없었다. 코치노함 함장은 승조원들을 모두 터스크함으로 이송하기로 결심했다. 지금 그는 일본 잠수함에 의해 연속 공격을 받았던 데이스함USS Dace 근무 시절의 전쟁 기간 동안 느꼈던 것과 동일한 느낌을 받았다. 그리고 그 당시에는 단지 운이 좋았기 때문에 살아남았다고 회상했다.

### 당시 잠수함 운용 50년 역사의 미국 잠수함도 화재 신속하게 진압 못 해 화재 발생 15시간 만에 침몰

터스크함은 코치노함에 접근하기 위해 준비를 하고 있었다. 터스크함은 두 잠수함의 충돌과 코치노함의 추가 폭발 시 너무 근접해 발생할 수 있는 연쇄폭발에 대비하기 위해 함수에 적재된 어뢰가 발화되지 않도록 안전조치를 취하고 코치노함으로 접근하기 시작했다.

코치노함의 함미에서는 승조원들이 함내에 있던 라이트 부장을 옮길 준비를 했다. 라이트는 어뢰실 후부 격실에서 함미 해치를 통해 올라오기 위해 해치 아래의 수직 사다리로 비틀거리며 움직였다. 그는 더는 움직일 수가 없었다. 그는 격실 바닥까지 물이 차 있음을 깨달았다. 잠수함이 침몰하고 있었던 것이다.

코치노함 함장과 승조원들은 라이트가 움직이는 것을 보았다. 몇 명이 그를 돕기 위해 달려들었으나, 라이트를 붙잡아 끌어올리기 위한 공간적인 여유가 없었다. 그에게 아무런 도움이 되지 않았고 고통만 더할 뿐이었다.

두 잠수함의 갑판 위에 구조용 사다리를 설치했으나, 그 누구도 사다리를 통해 이동할 엄두를 못 냈다. 구조용 사다리는 두 잠수함 사이에 겨우 걸쳐져 매우 심하게 흔들렸기 때문이다. 몇 명의 승조원이 사다리를 고정하기 위해 끈을 움켜쥐고 있었으나 배가 흔들림에 따라 사다리가 불안정한 상태로 떨어졌다 붙었다 했다. 만약 누군가 이동 중에 떨어진다면 '쿵쿵'거리며 부딪치는 두 잠수함의 선체에 끼어 매우 심한 부상을 입을 것이 틀림없었다.

두 배가 파도에 의해 요동치다가 잠시 수평을 유지하는 아주 짧은 시간을 이용해 누구의 지시나 통제 없이 각자 자신의 판단 하에 재빨리 이동했다. 이렇게 사람들이 이동하는 중 사다리가 떨어지기도 했으나 기적적으로 그 누구도 추락하지 않았다.

승조원 중 3분의 1 정도가 터스크함으로 이동했을 때 잠수함이 파도에 밀려 두 잠수함의 연결줄의 일부가 절단됐으며, 남은 연결줄로는 오래 버티기 힘들어 보였다. 다행히 모든 승조원이 좁은 사다리를 통해 터스크함으로 겨우 이동했으나, 코치노함 함장만은 코치노함의 갑판에 여전히 서 있었다.

드디어 금요일 새벽 1시 45분 코치노함 함수 해치 바로 아래까지 물이 찼다. 그리고 잠수함이 서서히 기울기 시작했다. 경사각이 점점 더 심해지자, 코치노함 함장은 매우 긴장하며 잠수함을 다시 안정시킬 수 있을지를 살폈다. 잠수함은 점차 더 기울었으며 잠수함을 다시 안정시키기는 불가능해 보였다. 그러나 코치노함 함장은 계속 서서 배가 함미부터 미끄러져 점차 바닷속으로 빠져들어가는 것을 보고 있었다. 결국 코치노함 함장은 배를 완전히 포기하기로 결심했다.

그는 구명사다리가 산산이 부서지기 바로 직전 마지막으로 사다리를 통과했다. 터스크함 함장은 터스크함을 침몰하는 코치노함으로부터 안전하게 대피시킨 후 코치노함의 마지막 모습을 보기 위해 함교로 올라갔다.

코치노함은 우현으로 15도 이상 기울어졌다. 시간이 지남에 따라 거의 수직으로 섰으며 마치 침몰하기 전 다시 볼 수 없는 하늘을 마지막으로 한 번 쳐다보듯이 꼿꼿이 선 후 바닷속으로 서서히 빠져들었다. 코치노함은 화재 발생 15시간이 지난 후, 노르웨이 연안에서 185킬로미터 떨어진 수심 290미터 해역에서 침몰했다.

**코치노함 침몰 후 소련 핵무기 실험으로 잠수함 첩보작전 임무 중요성 입증**

코치노함의 침몰은 미국과 소련 양국 신문의 헤드라인을 장식했다. 소련의 해군 신문인 《붉은 함대Red Fleet》는 소련 영해 가까이서 실시한 미국의 '의심스러운 훈련'과 미국이 첩보작전을 위해 무르만스크 인근까지 코치노함을 보냈다는 기사를 실었다.

소련의 계속되는 확인 요청에도 미 해군은 그 어떠한 공식 발표나 코치노함의 작전에 대한 모든 언급을 회피했다.

코치노함 침몰 9일 후 한 공군 정찰기가 소련이 핵무기 시험을 했다는 명백한 증거를 확보했다. 잠수함의 첩보작전 임무의 중요성이 실제로 입증된 것이다.

03

# 미국 핵 추진 잠수함의 소련 양키급 핵 추진 잠수함 추격전

## 소련 최신예 핵 추진 잠수함의 능력을 파악하라!

### 운 좋게 먹잇감을 찾아낸 라폰함, 양키급 잠수함에 275미터까지 접근

1969년 3월 아직도 겨울의 매서운 찬바람이 하얀 파도를 만들어내고 있는 바렌츠 해역, 미 해군 스터전Sturgeon급 잠수함 라폰USS Lapon(SSN-661)함의 함장 맥Chester M. Mack은 조심스럽게 잠망경을 통해 무엇인가를 관측하고 있었다. 그는 신형 소련 탄도미사일 탑재 핵 추진 잠수함을 정찰하기 위해 이곳에 와 있었다.

당시 이 소련 잠수함은 미국에 치명적인 위협을 가할 수 있는 존재로 부상하고 있었으며, 나토NATO는 이 잠수함을 양키Yankee급 잠수함으로 분류했다.

1960년대 말 소련은 잠수함 건조 및 운용 기술 분야에서 엄청난 도약을 하고 있었다. 이 기술적 기반을 바탕으로 미국의 폴라리스Polaris 잠수함을 모방한 것처럼 보이는 핵탄도미사일 탑재 잠수함을 선보였다.

이 잠수함은 미 대륙으로부터 1,000마일(1,852킬로미터) 떨어진 해상

1960년대 말 미국은 소련 양키급 잠수함의 소음 수준에 대한 정보수집이 절실했다. 사진은 양키급 잠수함 추격전에 동원된 당시 미 해군의 최신예 스터전급 핵 추진 잠수함 라폰함. 〈Public Domain〉

소련은 1960년대 말부터 잠수함 건조 및 기술에 있어서 비약적인 발전을 이룬다. 특히 양키급 잠수함을 개발하면서 소음 수준을 크게 줄였으며, 탄도미사일 탑재 능력을 강화하면서 미국의 가장 큰 위협으로 부상하게 된다. 소련의 양키급 잠수함 모습. 〈Public Domain〉

에서 백악관과 펜타곤을 타격할 수 있는 능력을 보유하고 있는 것으로 판단되었다. 맥의 임무는 이 잠수함의 능력을 상세하게 알아내는 것이었다.

맥은 소련 해군의 최강 북해함대 관할 훈련 구역인 바렌츠해를 지나 곧장 항진했다. 그는 미 해군 최신 공격핵잠인 스터전Sturgeon급 잠수함을 지휘하고 있다는 자부심으로 충만해 있었다.

이 잠수함에는 최신 소나(음파탐지기)와 도청장비를 보유하고 있어 임무 수행에 자신감도 충만했지만, 이번에는 행운도 많이 따랐다. 왜냐하면 먹느냐 먹히느냐의 잠수함 추적 게임에서 그는 그가 찾고자 했던 잠수함을 쉽게 찾아냈기 때문이다.

그가 관측하고 있는 잠망경 앞에 길이 143미터, 직경 13미터, 배수량 9,600톤의 거대한 양키급 잠수함이 모습을 나타낸 것이다. 맥은 라폰함을 275미터까지 접근시켜 소련 잠수함을 바라보았다.

### 잠망경으로 촬영한 양키급 잠수함, 미국의 폴라리스 잠수함과 유사

양키급 잠수함은 선형에서부터 함교탑에 설치된 잠항타까지 미 해군의 폴라리스 잠수함Polaris submarine(폴라리스 SLBM을 탑재한 미국의 핵 추진 잠수함)과 매우 비슷했다. 소련 잠수함 항해 모습이 잠망경을 통해 승조원 식당에 있는 텔레비전으로 전송됐다.

이러한 장치를 잠수함 승조원들은 '페르비즈Perviz, periscope vision'(잠망경 영상이란 뜻으로 텔레비전에서 파생됐으며, 잠수함 승조원들이 그렇게 붙였음)라고 불렀다. 하지만 이 초기의 페르비즈는 화면이 별로 좋지 않았기 때문에 승조원 누구도 맥 함장만큼 양키급 잠수함의 새로운 형상을 정확히 볼 수는 없었다.

잠망경에는 하셀블라드Hasselblad 단안 렌즈 카메라가 장착돼 있었으며, 맥은 사진을 촬영하기 위해 권총 방아쇠 모양의 카메라 작동장치를 잡아당겼다. 필름은 연속 촬영을 할 수 있게 돼 있었으며, 매번 카메라 작동장치를 잡아당겨 여러 장의 사진을 촬영했다. 라폰함을 서서히 전방으로 이동시키면서 맥은 소련 잠수함이 라폰함을 눈치채지 못하도록 잠망경을 7초 동안만 수면 위로 노출시키며 촬영했다.

맥은 잠망경을 통해 양키급 잠수함을 가슴 졸이며 몰래 훔쳐보면서 거대한 양키급 잠수함을 부분별로 촬영했다. 마침내 일곱 장의 사진을 겹쳐놓자 양키급 잠수함의 전체적인 모습이 나타났다.

### 양키급 잠수함은 기존의 소련 잠수함보다 소음 수준이 훨씬 낮음을 확인

소련이 첫 번째 양키급 잠수함을 건조하고 있을 때 미국 정보부는 정찰위성이 수집한 자료를 바탕으로 소련이 새로운 거대한 함정 건조를 위해 준비하고 있다는 사실을 알아냈다. 하지만 이것은 단지 희미하게 찍힌 사진 몇 장을 분석한 결과에 지나지 않았다. 그러나 양키급 잠수함은 지난해에 건조를 마치고 노출 위험을 무릅쓰면서 해상시험을 시작했다.

양키급 잠수함은 당시 소련에서 SLBM을 탑재하고 있는 디젤 잠수함인 줄루Julu급과 골프Golf급, 그리고 핵 추진 잠수함으로서는 첫 번째로 SLBM을 탑재한 호텔Hotel급에 비해 월등히 우수해 보였다.

지금까지 그 어느 소련 잠수함도 양키급 잠수함만큼 미국 잠수함 승조원들에게 두려움을 주지 못했다. 그 이유 중 하나로 소련의 초창기 잠수함들의 소음은 매우 커서 미국이 세계의 주요 잠수함 길목 해저에 설치한 수중음향감시장비SOSUS, Sound Surveillance System와 잠수함의 소나에 쉽게 탐지됐기 때문이다.

그러나 이번에 양키급 잠수함을 보면서 여러 가지 의문을 갖지 않을 수 없었다. 양키급 잠수함이 단지 미국의 폴라리스 형상만을 모방했을 것인가? 아니면 형상 이외의 다른 부분까지 모방했을 것인가? 쿠바 미사일 위기 이후 6년이 지난 지금, 소련은 어떠한 징후도 없이 미국에 선제공격을 가할 수 있는 잠수함을 건조했는가? 현재 맥의 눈에 보이는 양키급 잠수함이 이 정도로 조용하다면, 이러한 의문은 쉽게 풀리는 것 아닌가? 즉, 소련의 육상에 있는 대륙간탄도미사일과 폭격기용 핵폭탄 모두가 파괴된다 하더라도 소련은 바다에 나가 있는 양키급 잠수함만 있으면 미국에 반격을 가할 수 있는 것이다.

### 미국에 최대 위협인 양키급 잠수함 능력을 파악해 격파하는 것이 시급

펜타곤의 브래들리James Bradley 대령은 스파이 활동을 통해 소련 잠수함과 미사일에 대한 중요한 첩보들을 이미 수집해놓은 상태였다. 그는 침몰된 골프급 잠수함 사진을 통해 소련이 이미 기술적으로 비약적인 도약을 했음을 알아냈지만, 양키급 잠수함에 대한 두려움만큼 큰 두려움을 느끼지는 않았다. 이러한 상황에서 그가 생각하는 가장 중요한 것은 어떻게 이 잠수함을 찾아내어 파괴할 것인가를 연구하는 것이었다.

그래서 미 해군과 나토 동맹국들은 이 잠수함이 실제 항해하는 모습과 미사일을 적재하고 어디에서 작전을 할 것인가를 알아야 할 필요가 있었다. 또한 양키급 잠수함들이 수중음향감시장비에 탐지되지 않고 통과하지 못하도록 하며, 미국 잠수함과 대잠항공기가 부설한 소노부이로 양키급 잠수함이 침투하는 것을 인지할 수 있도록 정확한 음향정보를 수집할 필요가 있었다.

따라서 누군가는 반드시 양키급 잠수함에 근접해 장시간 아주 가까운 거리에서 상세한 정보를 수집해야만 했고, 이러한 임무를 수행하기 위해서 큰 모험을 하지 않을 수 없었다.

### 양키급 잠수함 능력을 파악하는 함장은 제독으로 진급 기대

맥은 이러한 임무를 달성하는 사람은 제독으로 진급할 것이라고 생각했으며, 다른 함장들도 마찬가지였다. 비록 얼마 전에 스콜피온 잠수함

USS Scorpion(SSN-589)을 사고로 잃었지만, 이러한 새로운 임무 수행에 대한 잠수함 승조원들의 열정은 줄어들지 않았다. 이러한 분위기 속에서 맥은 양키급 잠수함을 잘 알고 있다고 자부했기 때문에, 이 임무를 자신만이 성공적으로 수행할 수 있다고 생각했고, 자신 이외에 이 임무를 수행할 수 있는 함장은 없다고 확신했다. 맥은 오로지 자신만이 할 수 있다는 자신감으로 가득 차 있었고, 또 그만큼 독선에 사로잡혀 있었다.

## 미국 핵잠 성능을 뽐내다: 발각된 미국 핵잠 '잰걸음', 발견한 소련 핵잠 '소걸음'

### 라폰 함장은 평소 소련 잠수함 승조원 능력에 대해 평가절하

미 해군의 라폰함 함장 맥은 해군사관학교 출신이 아닌 장교후보생학교 출신이었다. 그는 펜실베이니아에서 석탄 광부의 아들로 태어났으며 펜실베이니아 주립대학교 시절 ROTC 부장의 권유로 장교후보생학교에 입학했다. 출세욕이 강한 맥은 자신이 명문가 출신도 아니고 이렇다 할 내세울 만한 것 없는 가문 출신이라는 것에 대해 평소 불만스러워했다. 하지만 스스로를 '영리한 당나귀 같은 녀석'이라고 자부하며 철제 스타 견장을 달고 있는 날카로운 푸른 눈을 가진 그의 상관 앞에서도 자신의 주장을 끝까지 고집하는 스타일이었다. 또한 그는 해학적인 성격을 갖고 있었는데, 이러한 성격은 손으로 만든 러시아 잠수함부대의 상징인 돌고래 마크를 미국 잠수함부대의 상징인 돌고래 마크와 나란히 놓고 우롱하며 비교하는 습관에서 잘 드러나곤 했다. 그는 무엇보다도 소련 잠수함 승조원들의 나약함을 놀리는 것을 좋아했다.

"심약한 자는 결코 미녀를 얻을 수 없다A faint heart never won a fair maiden."

맥은 1967년 말 라폰함의 함장으로 부임했다. 그는 먼저 그를 신뢰하고 있는 다른 지휘관들을 설득해 우수한 자원들만으로 승조원을 구성했다. 다음으로 정식 해군 장비로 채택되지 않은 시험용 장비들을 장착했다. 그리고 승조원을 격려하고 사랑으로 대하는 반면에 엄격하고 혹독하게 지휘했다. 이러한 노력으로 그는 상급 지휘관들을 감동시키고 설득해 신임 함장 조함 능력 향상을 위한 훈련 기간을 갖지 않고도 작전에 바로 투입됐다.

### 라폰함, 잠망경 운용을 잘못해 소련 헬기에 발각되다

잠수함부대에서는 위험을 피하려는 함장들을 가리켜 '겉만 번듯한 참치' 또는 '바다의 겁쟁이'라고 불렀다. 맥은 자신의 대담함에 대해 우월감을 갖고 있던 지휘관들 앞에서도 꽤 당당했다. 지휘관들은 맥의 행동에 대해 용기가 있는 것인지 무모한 것인지 판단하지 못했다. 확실히 양키급 잠수함을 근접 촬영한 사진은 최근까지 획득한 그 어떤 정보보다 가치가 있었다. 그러나 맥은 더 좋은 정보를 얻기 위해 커다란 위험에 맞서야 했다.

라폰함은 바렌츠해에서 이미 소련 헬기에 발각된 적이 있었다. 잠망경의 렌즈가 햇빛에 반사되는 바람에 소련 헬기에 발각됐는데, 라폰함에서는 누구도 피탐을 알아채지 못했으나 통신실 당직자만 소련 헬기 조종사가 러시아말로 "잠수함 발견"이라는 경보를 발하는 소리를 들었다.

그 후 당직사관이 잠망경의 고각을 조절해 하늘을 바라봤을 때, 그를 바라보고 있는 듯한 헬기 조종사를 발견했다. "저 조종사는 내가 이제까지 본 것 중 가장 긴 빨간 콧수염을 가졌군" 하고 당직사관은 말했다.

라폰함 함장 맥도 침실을 가로질러 전투정보실로 급히 달려온 터라 숨찬 목소리로 "너무 가깝군" 하고 탄식했다. 위험을 인지한 그는 "여기보다는 지옥이 낫겠어"라고 말하면서 소련의 모든 대잠세력이 배치되기 전에 현장을 이탈하기 위해 회피기동을 시작했다. 맥은 자신의 잠수함을 어뢰로 끝장내기 위해 접근하고 있는 2척의 소련 잠수함과 아주

1960년대 초에는 잠수함에서 탄도미사일을 발사할 때 주로 수상항해 상태에서 발사했다. 사진은 1964년 미 해군 라파예트급 핵 추진 잠수함 헨리 클레이(USS Henry Clay, SSBN-625)에서 폴라리스 탄도탄 미사일을 시험발사하는 장면. 〈Public Domain〉

근접해 기동하고 있었다.

### 핵 추진 잠수함 라폰함, 적에게 발각돼도 고속으로 현장 이탈해 귀항, 그러나 수집한 정보는 높은 평가 받지 못함

맥은 기관실에 최고속력으로 증속할 것을 명령했다. 고속으로 현장을 이탈해 도망치는 수밖에 없었다. 라폰함에는 흑인인 콕스George T. Tommy Cox와 제임스Joseph Jesse James가 타고 있었다. 당시 이들은 통신실에서 담배를 피우기 위해 손에 담배를 쥐고 있었는데, 회피기동으로 함이 얼마나 흔들렸는지 오랫동안 불을 붙일 수 없었다. 콕스는 컨트리 가수가 되길 원했고, 메인주 카리부Caribou에서 개최된 진 후퍼 카운티Gene Hooper County 노래경연대회에서 일등을 한 적도 있었다. 고등학교 시절에는 '신디의 바Cindy's Bar'라는 술집에서 연주를 하기도 했다.

고속으로 위협 현장 이탈에 성공한 라폰함은 소련 잠수함 어뢰의 위험 속에서도 양키급 잠수함의 초기 시운전 사진, 소련의 여러 가지 활동 등을 촬영한 필름을 포함한 각종 자료를 수집해 귀항했다. 그러나 이러한 자료들은 흥미롭기는 하나 획득하고자 하는 결정적인 자료가 아니었으며, 또한 대서양함대에서 스타가 되기에는 충분하지 않았다.

### 맥의 강력한 경쟁자 데이스함 함장 매키의 등장

대서양함대에는 맥 이외에 또 다른 선구자가 있었는데, 짙은 눈썹과 날카로운 눈을 가졌고 유연한 남부 신사로 알려진 매키Kinnaird R. McKee였다. 그는 데이스USS Dace(SSN-607)함에 근무하면서 정찰임무에 대한 표준절차를 만들었으며, 비록 1969년 3월에 양키급 잠수함을 촬영한 맥보다 늦게 양키급 잠수함을 촬영했지만, 잠수함부대의 영웅이 됐다. 1967년에 매키는 예인되고 있는 소련 핵 추진 쇄빙선을 촬영했으며, 이 쇄빙선에서 방사능 원자로 사고가 발생했음을 나타내는 공기 샘플도 채취했다. 이듬해, 그는 다시 긴박한 임무를 수행했다. 소련의 2세대 핵 추진 잠수함을 1척도 아닌 2척이나 근접해 사진을 촬영하고 음향정보를 수집했던 것이다.

나토는 이 잠수함들을 각각 빅터Victor급 핵 추진 잠수함과 찰리Charlie급 핵 추진 잠수함으로 명명했다. 그리고 매키는 바렌츠해와 카라Kara해의 사이에 위치한 커다란 섬인 노바야 제믈야Novaya Zemlya의 연안에서 신형 잠수함 1척을 발견했다. 이 섬은 소련의 주요 핵실험 지역 중 하나였다.

### 핵 추진 잠수함은 피탐돼도 빙하 밑으로 도망갈 수 있어

매키도 맥처럼 한때 피탐된 적이 있었다. 당시 그는 잠수함 갑판 위에서 있는 소련 승조원의 사진을 찍었는데, 그는 데이스함의 잠망경을 손으로 가리키고 있었다. 곧바로 소련 함정의 추적이 시작됐다. 그는 결국 위험한 지역인 북극의 빙하 밑으로 들어감으로써 소련의 추격을 따돌렸다. 그리고 안전하다고 판단한 후 다시 잠망경심도로 부상해 두 번째 소련 잠수함의 사진을 촬영했다.

매키는 합참의장 및 국방부 요원들과 가진 회의에서 소련 잠수함에 대한 정보를 보고했다. 특유의 재능으로 소련 잠수함 승조원에게 발각된 상황에서도 소련 수상함들을 어떻게 회피할 수 있었는지 드라마틱하게 설명했다. 그가 가져온 소련 잠수함들의 사진 정보자료 및 보고가 훌륭했기 때문에 상관들은 데이스함이 피탐됐다는 사실에 대해서는 어떠한 문책도 하지 않았다. 하지만 미 해군이 이 신형 잠수함을 새로운 유형으로 분류하지 않자 매키는 못내 아쉬워했다.

## 수중관측작전: 미국은 '더 가까이 접근', 소련은 '더 깊숙이 잠수'

### 고급첩보 획득을 위한 미 잠수함 함장들의 경쟁

라폰함 함장 맥과 데이스함 함장 매키의 차이점은 무엇보다 매너에 있었다. 모든 사람이 매키를 더 영웅으로 생각했다. 맥이 해군 조직과 제도권 내에서 무난하게 성장한 반면, 매키는 초급장교 시절부터 적극적으로 행동해 정상에 우뚝 선 장교 중의 한 명이었다.

매키는 어느 한겨울 밤에 재규어 컨버터블 안에서 현재의 아내인 앤Betty Ann을 만나 13일 후에 프러포즈해 결혼했다. 데이스함에서도 그는 초급장교들에게 적극적인 동기 부여를 위해 상품으로 듀어스Dewar's 스카치와 잭 다니얼스Jack Daniels 위스키를 제시함으로써 최대한 경계심을 갖고 당직근무에 임하도록 했다. 이러한 상품은 신형 소련 잠수함 정보를 수집하는 데 많은 도움을 줬다. 또 그는 달변의 능력을 발휘함으로써 제독들에게도 좋은 평가를 받았다. 그가 수행한 임무에 대한 놀라운 이야기에 매료돼 잠수함부대를 지휘하고 있는 제독들은 그가 감수한 각종 위험에 대해 어떠한 문제도 제기하지 않았다.

### 소련 잠수함 선저 아래로 들어가 소음 녹취는 물론 선체·추진기 사진 촬영도

매키 외에도 맥에게는 대서양함대 내에 또 다른 경쟁자가 있었다. 그들은 다름 아닌 켈른Alfred L. Kelln과 섀퍼H. B. Shaffer였다. 레이USS Ray(SSN-653)함의 함장인 켈른은 양키급 잠수함을 촬영한 최초의 함장이었으며, 섀퍼는 맥이 촬영하기 몇 달 전에 찰리급 및 양키급 잠수함 바로 밑으로 항해를 했던 그린링USS Greenling(SSN-614)함의 함장이었다.

섀퍼는 이들 잠수함이 수중에서 발생시키는 소음 준위와 고유 소음 특성을 녹음했을 뿐만 아니라 잠망경에 내장된 신형 광증폭 광학카메라를 이용해 선체와 추진기를 촬영했다. 당시 그린링함은 양키급 잠수함 선저 밑에 매우 근접해 기동했기 때문에 만약 그때 양키급 잠수함 승조원들이 측심기를 작동해 하부 수심을 측정했더라면, 그곳의 하부 수심이 7미터도 안 되는 해저로 착각해 긴급부상을 시도했을지도 모른다.

### '수중관측작전'은 위험도가 가장 높아 식은땀이 솔솔

적 잠수함의 직 하방에 접근해 상대함의 추진기와 선저를 사진 촬영하고 소음을 녹취하는 '수중관측Underwater Look' 임무는 대단히 큰 위험을 동반하고 있었다. 언제라도 소련 잠수함이 그린링함의 상부에서 심도를 변경해 깊이 내려갈 수 있었고 이런 상황에서 충돌할 확률이 높았기 때문에 임무 수행 후 그린링함 함장 새퍼는 매우 큰 표창을 받았다. 이런 작전을 하려면 통상 표적함보다 2~3배(최소 1.5배)의 속력을 낼 수 있어야 하므로 핵 추진 잠수함이 적합하다. 미국은 최초로 양키급 잠수함의 음향 특성을 획득했고, 그린링함의 테이프에 기록된 수중 소음 정보들은 곧바로 미국이 세계 곳곳 주요 잠수함 길목에 설치한 수중음향감

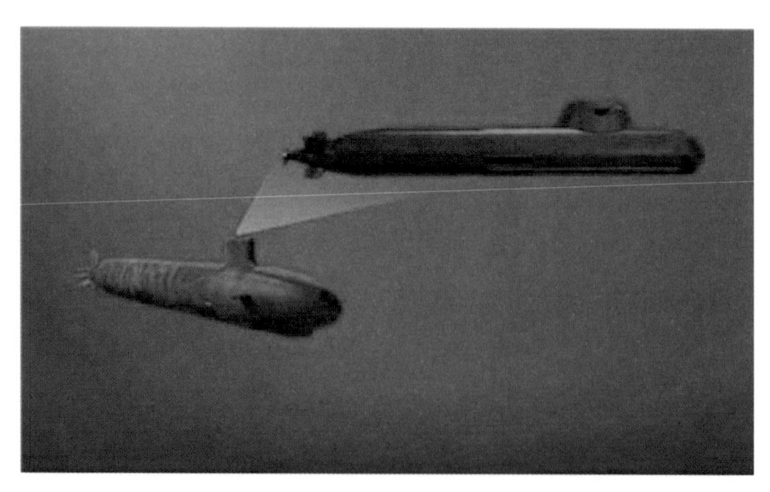

1960~1970년대 소련 잠수함은 소음이 커서 미국 잠수함이 근접해도 인지하지 못했다. 그림은 미국 잠수함이 소련 잠수함의 후방에서 밑으로 접근해 소음을 녹취하고 선체 및 추진기의 사진을 촬영하는 '수중관측작전'을 나타낸 그래픽 장면.

시SOSUS장비의 컴퓨터에 입력됐다.

그러나 그린링함이 수집해온 수중소음 정보가 어선, 해양생물 및 조류의 소음들로 가득 찬 대양에서 항해하고 있는 양키급 잠수함의 소음을 구별해낼 수 있을 정도로 정확한 것인가에 대한 검증이 필요했다. 결국, 양키급 소음은 장기간 여러 번에 걸쳐 획득해야만 했다.

### 임무 수행 기간 함장은 승조원들의 지루함 달래기 위해 많은 이벤트 해야

맥과 다른 함장들은 번갈아가며 임무를 수행하기 위해 미국 영해를 벗어나 바렌츠해와 양키급 잠수함의 모항을 향해 북위 50도 이상의 해역으로 장거리 항해를 했다. 1969년 9월에 접어들면서 드디어 맥에게 기회가 왔다. 라폰함은 장기 임무 수행을 위해 산더미같이 많은 양의 달걀과 고기, 버그주스bug juice로 알려진 시럽과 같은 음료수를 적재하고 대서양에 위치한 노퍽Norfolk항을 출항했다. 이번에는 맥의 식성을 고려해 다른 때와 달리 3개월분의 얼린 블루베리를 적재했다. 그는 블루베리와 블루베리 머핀에 대한 물릴 줄 모르는 식성을 갖고 있었다.

그는 수시로 블루베리 피자 파티와 슬롯머신 등으로 장기간 항해로 인한 승조원들의 권태를 날려 보내려 노력했다.

### 당시 핵 추진 잠수함 승조원은 공동침대가 아닌 개인침대를 배정

라폰함에는 원래 슬롯머신을 설치할 만한 공간이 없었으나, 어렵게 만들어 슬롯머신을 설치하고 출항했다. 라폰함이 비좁지 않다고 말할 수 있는 사람은 없었지만, 그래도 다행스러운 것은 모든 승조원에게 공동으로 사용하는 핫벙커가 아닌 자신만의 침대가 주어졌다는 것이다. 침대들은 선반을 겹쳐놓은 형태로 설치됐기 때문에 위아래 침대 사이의 공간은 한 사람이 들어가 누웠을 때 거의 닿을 정도였다.

이러한 개인별 침대를 제공하기 위해서 어뢰실의 빈 공간에도 매트

잠수함은 설계 때부터 적용되는 용적률(장비 배치 대 공간 비율)이 60% 정도이기 때문에 아무리 커도 승조원의 취침 공간을 충분히 확보하기 어려운 실정이다. 사진은 장기간 작전 시 승조원 취침 공간으로 활용되는 미 오하이오급 잠수함의 어뢰저장실의 모습.

리스를 깔아 침대를 마련해야 했다. 이렇게 잠자리가 좁고 불편했지만 승조원들은 커튼으로 침대를 가려 다른 사람들로부터 독립된 공간에서 휴식을 취할 수 있다는 데 만족해야 했다.

그리고 각 침대에는 서랍이 하나씩 달려 있었는데, 승조원들은 이 서랍 속에 3개월간 임무 수행에 필요한 내의와 잠수함복 등 생활에 필요한 모든 것을 넣어뒀다.

## 승조원들에게는 장기간 작전 중 한 번 정도 받아보는 가족 전보가 위안

디젤 잠수함에서는 디젤 기름으로부터 나오는 악취와 혼탁한 함내 공기의 축적으로 인해 폐결핵에 걸리기도 했는데, 라폰함은 디젤 기름의 악취와 원자에서 나오는 방사능을 제거할 수 있는 장치가 있었다.

이처럼 라폰함은 최신형 공기정화장치가 설치돼 함내 공기를 정화하므로 누구나가 안락하다고 했지만, 실제로는 담배 연기가 함내에 가득 차 있었다. 이러한 하수구와 같은 곳에서의 생활이 더 나아지기를 기대하는 사람은 아무도 없었다. 이러한 환경 속에서 승조원들은 잠망경 영상과 가족의 소식을 전해주는 전보를 제외하고는 어떠한 기대도 할 수 없었다. 단지 이것들만이 바깥 소식을 접할 수 있는 유일한 수단이었다. 하지만 가족 소식을 전하는 전보는 받을 수 있는 양이 제한되어, 모든 승조원이 사랑하는 아내 또는 부모로부터 소식을 받을 수 있는 것도 아니었으며 보통 임무 수행 기간에 한 번 정도, 그것도 약 서너 줄 정도의 소식만을 전해받을 수 있었다.

당직근무 시간 이외의 시간을 어떻게 활용하느냐는 승조원의 지혜

다음으로 승조원들의 일상생활을 살펴보면 승조원들은 6시간 동안 당직근무를 했다. 당직 이후에는 주로 정비와 끝없는 행정업무, 그리고 승조 자격 부여 평가 등으로 약 12시간 동안 일과를 진행해야 했다. 이러한 생활이 주기적으로 반복됐다.

여기에서 승조 자격 부여 평가는 새로 잠수함 승조원으로 부임한 대원들에게 해당됐다. 이들은 잠수함에 설치된 모든 장비 및 계통에 대해 이해해야 했으며, 또한 그것들을 운용할 수 있음을 공식적으로 평가받아야 했다.

이러한 평가에서 합격하지 못하면 그 어느 누구도 정식 잠수함 승조원이 될 수 없었으며, 정식 잠수함 승조원 표시인 돌핀 마크를 부착할 수 없었다.

## 미국과 소련의 핵 추진 잠수함의 만남

장기 작전 중 함내 가요경연대회는 지루함을 달래는 최고 인기 이벤트

라폰함 함장 맥은 이러한 일상적인 잠수함 생활에서 벗어나 승조원들의 사기를 북돋울 방안을 찾기 위해 고심했다. 맥은 이러한 방안으로 음악연주를 선택했다. 그는 손수 선발한 승조원 중에서 12명의 기타연주

자를 찾아내 연습을 시켰다. 이들 중 한 명인 콕스는 자신의 기타와 3개월 동안 사용할 기타 줄과 피크를 들고 다시 라폰함에 승조했다. 그는 모든 잠수함 승조원들을 괴롭히는 잠수함 승조 자격 부여 평가에 합격해 돌핀 마크를 단 최초의 도깨비(도청 전문요원)였으며, 라폰함에서 그의 동료와 함께 자작곡인 '수중어뢰'와 조니 캐쉬Johnny Cash, 리키 넬슨Ricky Nelson, 제리 리 루이스Jerry Lee Lewis, 그리고 엘비스 프레슬리Elvis Presley의 대표곡들을 부르며 즐겁게 생활하고 있었다.

콕스가 라폰함에 재부임한 것은 우연한 일이 아니었다. 대부분의 잠수함 승조 도청요원인 '도깨비'들은 해군 보안대에서 어떤 잠수함에 태울 것인지를 결정했고, 동일 잠수함으로는 인사 발령을 내지 않았다. 그러나 이러한 인사 원칙은 라폰함 함장 맥에 의해 깨졌다. 맥은 직접 자신의 잠수함에 승조할 도깨비들을 지명했으며, 그중 한 명이 콕스였다.

또 콕스와 함께 승조한 도깨비의 리더인 팰런Donald R. Fallon 대위가 있었다. 팰런이 라폰함에 처음 들어왔을 때 맥은 단지 10초 만에 그를 승조원으로 선발했다. 9초 동안은 아래위를 살펴보다가 마지막 1초 동안에 그를 승조원으로 결정한 것이다.

### 함장은 장비 고장 시 수리 잘하는 병사를 가장 신뢰

맥은 자신이 엉뚱했기 때문에 머리가 비상하고 창의력이 풍부하며 규칙적인 사람을 좋아했다. 맥이 좋아하는 승조원 중에 도널드 덕Donald Duck이라는 흔치 않은 이름을 가진 기관사가 있었다. 그는 스스로 앨라배마의 셸비 카운티Shelby County 출생이며 통나무집에서 자란 촌놈이라고 칭했다. 덕의 아버지는 버스에서, 덕은 잠수함에서 일하고 있었다. 그는 학교 교육을 받지 못했기 때문에 해군의 문맹퇴치 프로그램을 통해 입대했다. 하지만 그는 라폰함의 모든 장비를 고칠 수 있었다. 심지어 맥보다도 고장 내용을 더 잘 알아냈으며, 특히 베트남전쟁으로 부족해진

> 최고의 잠수함에서 계급, 직책, 가문 등은 생활하는 데 커다란 문제가 되지 않았다. 잠수함의 제한된 공간에서는 그러한 것들이 필요하지 않았던 것이다. 결국 대학 교육을 받고 승조한 장교들이 첫 번째로 배우는 교훈은 해상에서 연이어 발생하는 예기치 못한 장비 고장 시 투덜거리면서도 완벽하게 수리해내는 부사관과 수병들 없이는 생활할 수 없다는 것이다.

일부 부속품들을 고치거나 만들 수 있었다. 또한 덕은 라폰함에 필요한 수리 부속들을 찾아내 공식적인 절차를 거치거나 안 되면 훔치기라도 해서 그만이 아는 비밀 장소에 보관했다.

### 잠수함에서는 승조원들의 학벌보다 전문성이 최고

이러한 노력 덕분에 덕의 빈약한 학력은 라폰함에서 전혀 문제가 되지 않았다. 대부분 승조원들은 고졸 학력을 갖고 있었다. 이들은 블루칼라 blue collar 집단이었으나, 전반적으로 영리하고 창의성이 있었으며, 일반적인 해군 장병 그 누구보다도 여러 달 동안 폐쇄된 공간 속에서 견딜 수 있는 인내심을 갖고 있었다. 장교들은 대부분 해군사관학교 출신이었다. 그러나 결국 이러한 출신 성분은 퇴색돼갔다. 최고의 잠수함에서 계급, 직책, 가문 등은 생활하는 데 커다란 문제가 되지 않았다. 항해 중인 잠수함의 제한된 공간에서는 그러한 어떤 것들이 필요하지 않았던 것이다.

결국 대학 교육을 받고 승조한 장교들이 첫 번째로 배우는 교훈은 해상에서 연이어 발생하는 예기치 못한 장비 고장 시 투덜거리면서도 기꺼이 완벽하게 수리해내는 부사관과 수병들 없이는 생활할 수 없다는 것이었다.

대부분의 소련 잠수함들은 대서양, 태평양으로 진출하기 위해 GIUK 해협(Greenland–Iceland–United Kingdom Gap)을 반드시 통과해야 했다. 미국은 이러한 주요 해협에 수중음향감시체계인 SOSUS(Sound Surveillance System)를 설치하고 소련 잠수함의 이동을 집중 감시했다. 그림은 해저에 설치된 SOSUS 근처를 통과하는 잠수함을 그래픽한 모습.

**라폰함, 수중음향감시체계가 제공한 정보에 따라 양키급 잠수함 예상 위치로 이동**

이제 맥이 선발한 승조원들이 능력을 발휘할 때가 다가왔다. 출항한 지 일주일이 지난 후 맥은 고대하던 전보를 수신했다 . 그 전보에는 9월 16일 노르웨이 북부 해안에 부설해놓은 수중음향감시체계SOSUS, Sound Surveillance System(잠수함이 지나갈 만한 길목의 해저에 설치해놓은 수중음향감시 센서)에 양키급 잠수함이 접촉됐다는 내용이 적혀 있었다.

양키급 잠수함은 바렌츠해를 지나 GIUK 해협Greenland Islands United Kingdom Gap을 향하고 있었다. 다음으로 두 번째 수중음향감시체계에 접촉 신호가 있었다. 이를 통해 양키급 잠수함이 그린란드와 아이슬란드가 분리되는 덴마크 해협 어귀에서 노르웨이의 얀 마위엔Jan Mayen 섬 북쪽을 지나고 있음을 알았다. 양키급 잠수함이 해협을 빠져나가 대양으로 나가기 전에 라폰함이 따라잡을 수 있다면, 이번 추적 및 음향정보수집 임무는 수월하게 할 수 있을 터였다. 왜냐하면 대양에서 잠수함을 찾는다는 것은 넓은 모래밭에서 바늘 찾기처럼 어렵기 때문이다.

### 라폰함, 전투 배치 후 정밀 탐색해 양키급 잠수함 추적 시작

라폰함이 위험을 무릅쓰고 잠망경심도로 올라와 관측할 때마다 승조원들도 양키급 잠수함을 찾기 위해 페르비즈의 화면상에 나타나는 희미한 불빛들을 뚫어지게 응시했다. 마침내 승조원들은 잠망경 영상 페르비즈를 통해 양키급 잠수함을 눈으로 확인했다.

라폰함이 덴마크 해협으로 항진하고 있을 때, 연합국 대잠초계기(P-3 오라이온Orion)가 양키급 잠수함의 침로를 확인해줬다. 다음날 라폰함은 해협에 도착해 아이슬란드 남서쪽에 해당하는 덴마크 해협의 최남단을 천천히 배회하고 있었다.

라폰함의 주임원사인 볼링Donnie Ray Bolling이 승조원 식당에 해도를 게시해놓았다. 승조원들이 라폰함의 위치를 확인할 수 있도록 주기적으로 표시하고, 양키급 잠수함을 접촉할 때도 위치를 표시하기 위해서였다.

### 라폰함의 탐지장비를 활용해 양키급 1,300미터까지 접근 성공

라폰함 함장 맥은 승조원들에게 전투 배치를 지시했다. 전투정보실 내 그가 서 있는 주변에는 관련된 승조원들로 인해 복잡했다. 이들은 해도 기점판, 컴퓨터, 무장통제용 화면전시기, 전화기, 게이지 및 표적 기점 도구들 사이에 서 있었다. 전투정보실 한가운데 2개의 잠망경이 바닥보다 높은 발판 위에 설치돼 있었으며, 잠망경 바로 앞에는 피라미드 형태로 잠항관과 2명의 타수가 자리해 있었다. 이들의 임무는 크게 두 가지였는데, 하나는 양키급 잠수함을 찾는 것이고, 다른 하나는 찾아낸 양키급 잠수함을 추적하는 것이었다.

이곳에서 긴장된 하루를 보낸 라폰함은 드디어 자신의 동쪽 방향을 지나가는 양키급 잠수함과 접촉했다. 그러나 양키급 잠수함의 소음은 근처의 트롤 어선과 해양 생물의 소음에 섞여 있어서 음탐사가 구별해 내기에는 너무 어려웠다. 이러한 악조건 속에서도 양키급 잠수함의 소음이 오실로스코프oscilloscope상에 희미하게 떨리면서 전시되기 시작했다. 그러나 전시된 화면 속에서 표적을 구별하는 일 또한 쉽지 않았다. 특히 그린란드로부터 발생되는 시끄러운 배경소음 때문에 1,300미터까지 접근했을 때 양키급 잠수함을 식별할 수 있었다.

## 양키급 잠수함 쫓는 미국 라폰함, "작은 숨소리마저 너무 소중…"

18시간 동안 양키급 잠수함 추적작전에 성공한 라폰함

라폰함 함장 맥은 추적을 위해 남동쪽으로 진로를 변경했다. 그는 '고속과 저속Sprint and Drift' 전술을 적용했다. 즉, 라폰함은 양키급 잠수함의 예상 위치를 향해 30분 정도 20노트로 고속질주한 다음 3~4노트로 감속해 양키급 잠수함의 소음을 청취했다. 이 추적 전술은 양키급 잠수함이 일정한 침로를 유지해야만 가능했다. 양키급 잠수함은 음파탐지기에 접촉됐다가 다시 소실(사라짐)되곤 했다. 소련 잠수함의 소음은 수면 위를 지나가고 있는 폭풍의 영향으로 사나워진 대서양의 파도 때문에 더욱 접촉하기 어려웠다. 맥은 소련 잠수함이 어느 정도 근접해 있는지조차 알 수 없다는 사실에 불안해하며 전투정보실(전정실)을 어슬렁거렸다.

라폰함은 며칠 동안 접촉 및 소실을 반복했다. 나흘째 되는 날, 양키급 잠수함이 다시 접촉됐다. 이번에는 1시간, 2시간, 이어서 3시간 연속해서 소나에 접촉됐다. 양키급 잠수함의 추진기 회전 소음이 지속적으로 음탐사의 헤드폰을 통해 전달됐다. 6시간, 12시간이 지나도 양키급 잠수함은 라폰함의 전방에서 일정한 침로를 유지했다. 그러나 18시간이 지나는 시점에 양키급 잠수함이 소나 화면에서 갑자기 사라졌다. 또다시 소실된 것이었다. 이로써 맥의 드라마틱한 추격전은 일단 끝이 났다.

소련의 북해함대 소속 잠수함들이 대서양과 태평양으로 진출하기 위해서는 반드시 GIUK 해협(Greenland-Iceland-United Kingdum Gap)을 통과해야 했다. 위 지도는 대표적인 잠수함 이동 길목으로 분류된 GIUK 해협.

## 추적작전이 시작되면 함장과 전정실 요원들은 거의 잠을 잘 수 없어

지금까지 장교들과 전정실의 부사관들은 며칠 동안 제대로 잠을 자지 못했다. 맥은 가끔 의자에서 꾸벅거리며 존 것이 전부였다. 대부분의 시간은 전정실에 서서 있었다. 양키급 잠수함을 소실하게 되자, 맥은 추격전이 실패했다는 상실감으로 지금까지 버텨왔던 아드레날린이 한꺼번에 빠져나감을 피부로 느끼면서 허탈감에 빠져들었다.

아무도 소실 원인을 명확하게 말하지 않았다. 또한 배경소음이 많은 이 지역에서 상당히 조용한 최신 소련 잠수함을 장시간 추적한다는 것이 불가능하다고 말하고 싶은 사람은 아무도 없었다. 이러한 임무를 포

잠수함은 수면 가까이 올라오지 않고도 초단파(VLF) 통신으로 물밑 20~30미터에서 육상 기지와 교신할 수 있으며, 더 깊은 심도에서 은밀히 통신을 하려면 부유식 케이블 안테나를 수면에 띄워 수상함, 항공기 등과 교신할 수 있다. 사진은 라폰함이 수면에 부유식 안테나를 띄워 항공기를 통해 초단파로 본국에 보고하는 개념도.

기하고 싶어하는 사람 역시 한 명도 없었다.

본국의 잠수함 상황실에 있던 브래들리 대령, 대서양 잠수함사령관 셰이드Arnold Schade 중장과 해군참모총장 무어러Thomas Hinman Moorer 대장에게 라폰함이 소련 양키급 잠수함 추적 중 양키급 잠수함을 소실했다는 안타까운 소식이 전해졌고, 이들은 매우 애석해했다. 이들은 같은 해역 상공을 정찰하고 있는 미국 항공기의 통신 중계를 통해 맥이 전해오는 초단파VHF, Very High Frepuency 전문으로 진척 상황을 보고받고 예의 주시하고 있었다.

따라서 해군은 닉슨Richard Nixon 대통령에게 새로운 내용을 계속해서 보고함으로써 닉슨은 추적의 전망을 실시간으로 알고 있었다.

### 양키급 잠수함 재접촉을 위해 예상 위치로 기동

제독들은 이 해역에 설치된 모든 수중음향감시장비에 양키급 잠수함의 소음을 집중적으로 감시하도록 지시했다. 대잠항공기 역시 같은 해역에 집중 투입돼 감시 임무를 수행했다. 하지만 이러한 노력에도 불구하고 어느 곳에서도 접촉 보고는 들어오지 않았다.

맥은 이러한 성과 없는 노력을 뒤로하고 거대한 도박을 통해 임무를 달성하려 했다. 그는 항해사와 장교들을 사관실에 집합시킨 후 그의 의도를 전달했다. 현재 탐색작전을 수행하고 있는 덴마크 해협에서는 더 이상 성과를 기대하기 힘들기 때문에 표적의 목적지를 예견한 후 그곳에 먼저 도착해서 접촉을 시도해야 한다는 것이었다. 함장의 의중을 간파한 부장 브릭켈Chales H. Brickell Jr., 기관장 틴들Ralph L. Tindal을 포함한 장교들은 "만약 내가 양키급 잠수함 함장이라면 어떻게 할 것인가", 즉 양키급 잠수함 함장의 입장에서 어디로 향할 것인가를 찾기 위해 해도를 주의 깊게 검토했다. 이러한 필사적인 노력을 통해 표적의 최종 목적지가 덴마크 해협으로부터 수백 마일 남쪽, 포르투갈의 아조레스 제도Azores Is. 근해일 것으로 결정했다.

라폰함은 서둘러 양키급 잠수함의 예상 위치로 이동해서 3일 동안 접촉을 시도했다. 그곳에 거의 도착했을 즈음 쇠와 쇠가 긁히는 소리와 함께 라폰함이 심하게 떨리기 시작했다. 맥이 놀라 조종실로 급히 뛰어들어가자 잠항관이 당황한 목소리로 라폰함의 심도 유지가 불가능하다고 보고했다.

### 잠수함에 어망은 제1의 적(?), 라폰함 트롤 어선 어망에 걸리다

4,800톤의 라폰함이 원양 트롤 어선의 어망에 걸린 것이다. 엎친 데 덮친 격으로 어망이 가라앉도록 하기 위해서 설치된 무게추가 함수 부분에 부딪쳐 소리를 내고 있었다. 소나는 이 소음으로 인해 제 기능을 발휘할 수 없었다. 어느 한순간에 양키급 잠수함이 지나갈지도 모르는 긴박한 상황 속에서 라폰함은 어쩔 수 없이 일요일 정오까지 어망에 매달려 있어야만 했다. 오래지 않아 어부들이 어망끌기를 포기하거나, 아니

면 어망을 끊을 것이다. 어찌 됐든 어부들은 그들의 생애에 두고두고 이야기할 경험담을 갖고 그곳을 떠날 것이다. 어망으로 끌어올릴 수 없는 대어를 잡았다 놓쳤다고……. 결국 어부들은 떠났지만, 어망 몇 가닥이 함수에 있는 소나에 걸려 있었다. 그래서 라폰함은 이 어망들이 선체와 부딪쳐 내는 소음 때문에 은밀한 추격작전을 수행할 수 없었다.

맥은 달리 선택할 방안이 없었다. 맥은 어둠이 내릴 때까지 기다린 다음 수상으로 부상했다. 맥은 양키급 잠수함이 최소한 이 순간만큼은 지나치지 않길 빌면서 볼트 제거용 절단기를 이용해 어망을 제거하기 위해 승조원을 외부 갑판 위로 내보냈다. 손에 땀을 쥐게 하는 어망 제거 도박이 시작됐다.

### 접촉 소실 12시간 만에 양키급 잠수함 재접촉

라폰함은 12시간 후 양키급 잠수함이 나타났을 때 어망 제거 작업을 종료할 수 있었고 추적 준비가 완료됐다. 맥은 이번만큼은 결코 놓치지 않겠다고 다짐했다. 이곳은 대서양 남쪽 해역에 위치해 있기 때문에 그린란드와 같이 배경소음이 높지 않았다. 과거의 소실 경험을 되씹으면서 맥은 새로운 전술 적용을 고려하고 있었다. 라폰함은 3,000미터 이내의 거리를 유지하면서 표적의 함미를 추적했다. 맥은 4,000미터로 거리를 벌릴 경우, 양키급 잠수함을 소실할 것으로 생각했기 때문에 이 거리를 철저히 유지했다.

하지만 이러한 맥의 새로운 전술은 위험한 요소가 많았다. 4,800톤의 라폰함이 거대한 양키급 잠수함의 함미에 위치해 동조 기동한다는 것은 상당히 위험했다. 보통 수상함조차도 충돌이 두려워 3,000미터 이상을 유지했다. 이러한 상황에서 맥은 양키급 잠수함이 기존 소련 잠수함에 장착된 성능이 좋지 않은 소나를 장착하고 있기만을 간절히 바랐다.

잠수함 간의 거리가 너무 가까웠기 때문에 누군가 실수로 재수 없는 시간에 물건을 떨어뜨리거나 수밀문을 세게 닫아 소리를 낼 경우에는 구식인 소련 소나라도 어렴풋이 미국 잠수함을 인지할 수 있었다. 바로 이 순간에 소련 잠수함의 음향 특성, 즉 속력을 증감했거나 변침했을 때 나는 조그마한 소음들을 녹음하고 있었다. 이 소음들은 정보의 가치가 대단히 높은 것이었다. 라폰함의 음탐사들은 양키급 잠수함의 기동과 이때 나는 소리, 즉 찰까닥거리는 소리 혹은 특정 주파수 소음을 일치시키기 위해 열중했으며, 이러한 순간에도 두 잠수함 사이에는 충돌의 위험이 상존해 있었다.

## 소련 양키급 잠수함 미행하던 라폰함, 숨소리 엿듣고 속내를 엿보다

### 라폰함에 설치된 신형 소나로 거의 모든 소음 녹취 성과

맥은 양키급 잠수함의 속력 증감과 선회 등 기동할 때 나는 소리가 어떤 소리인가를 정확히 이해하기 위해 양키급 잠수함의 좌우현 함미를 왔다 갔다 했다. 라폰함의 승조원들은 모든 정보를 수집할 수 있는 능력이 있었다. 마침내 라폰함의 음탐사들은 양키급 잠수함이 기동할 때마다 선체와 장비 등 구조적 결함에서 나는 이상한 소음을 듣기 시작했다. 이것은 또 다른 미국 잠수함이 양키급 잠수함을 추적할 때 양키급 잠수함이라고 단정 지을 수 있는 결정적 소음이었다.

일반 소나로는 양키급처럼 조용한 잠수함을 접촉하기가 쉽지 않다. 그래서 맥은 일반 소나에 의존하지 않고 시험용으로 설치한 신형 소나를 이용했다. 이 시험용 신형 소나는 상용 장비로 설계됐으며, 1967~1968년 사이에 미 해군 잠수함 레이USS Ray(SSN-653)함에 설치돼 지중해와 북대서양에서 소련의 노벰버November급 및 찰리급 공격 잠수함을 추적할 때 사용됐다.

### 양키급 잠수함은 병 입구에 입을 대고 불 때 나는 소음 발생

양키급 잠수함은 수중항해 시 병 입구에 입을 대고 불 때 나는 소리와 유사한 특정한 소음을 만들어냈다. 라폰함의 음탐사들은 수많은 시행착오를 거쳐 양키급 잠수함이 변침할 때 발생하는 특정 소음을 식별하게 됐다. 즉, 좌현으로 변침할 때 그 소음이 약간 높아지는 것을 알았다. 갑자기 소음의 크기가 바뀌었다면, 이것은 양키급 잠수함이 급격하게 변침했다는 것을 의미한다.

라폰함이 함미 추적을 하는 데 있어 가장 어려웠던 위치는 바로 양키급 잠수함의 정함미였다. 정함미에서는 소음을 들을 수 없었다. 다른 소련 잠수함들은 추진기로부터 추적하기 쉬운 소음을 발생시켰는 데 반해 양키급 잠수함의 함미는 추진기 소음이 적어 추적하기 힘들었다. 양키급 잠수함의 구조적 결함이 없었더라면 라폰함이 신형 소나를 장착하고 있었을지라도 양키급 잠수함이 멀어져가는 것을 알 수 없었을 것이다.

### 양키급 잠수함은 정함미가 아닌 좌우 함미 방향에서 소음이 크게 들려

라폰함은 양키급 잠수함의 좌현 함미에 위치했을 때 접촉을 가장 잘 유지할 수 있었다. 다른 위치에서보다 이 위치에서 기계적 소음이 가장 크게 들렸기 때문이다.

지금까지 맥은 이 기계적 소음을 따라 지속적으로 추적하고 있었다. 이 소음이 증가하면 양키급 잠수함은 왼쪽으로 변침한 것이고, 감소한다면 오른쪽으로 변침한 것이었다.

이러한 추적을 통해 맥은 양키급 잠수함을 추적하는 데 가장 효과적인 위치를 확인했는데, 표적함의 정함미에서 양쪽으로 약간 벗어난 위치가 가장 이상적이었다. 이 중에서도 좌현에 위치했을 때 좀 더 큰 소음을 들을 수 있었다. 이 위치에서 신형 소나에는 강한 소음 레벨이 기록됐고, 일반 소나에는 터빈으로부터 나오는 스팀 소음과 추진기 회전수를 셀 수 있는 소음을 들을 수 있었다. 음탐사들은 이 추진기 회전수를 계산해 양키급 잠수함의 속력을 추정했다.

### 라폰함, 4~5일 추적 후 양키급 잠수함의 거의 모든 소음 녹취

이러한 음향정보를 얻는 데 4~5일이 걸렸는데, 비교적 소음이 심한 소련의 호텔·에코Echo·노벰버급 잠수함들보다 훨씬 오래 걸렸다. 맥은 추적을 계속해서 양키급 잠수함에 설치된 장비들의 소음 특성도 수집했다. 이러한 정보는 보통 시행착오를 거쳐 수집했기 때문에 시간이 많이 소요됐다. 한 당직 직수에서 해결할 수 없었기 때문에 당직 교대 시 전임자는 후임자에게 접촉 상황을 철저하게 인계했다. 보통 이러한 당직은 12시간 간격으로 1일 2교대로 운영됐다.

추적 중 맥은 조종실에서 가끔 15분 정도 선잠에 빠져들기도 했지만, 숙면을 취하는 것은 완전히 포기했다.

### 양키급 잠수함 작전구역은 미국 해안에서 2,800~3,700킬로미터 떨어져

며칠이 지난 후에도 라폰함은 여전히 양키급 잠수함을 추적하고 있었다. 맥은 가장 중요한 정보 중의 하나인 양키급 잠수함의 작전구역을 기점하기 시작했다. 마침내 맥은 소련 잠수함이 미국 해안으로부터 약 2,800~3,700킬로미터 정도 벗어난 해역에서 약 40만 제곱킬로미터 정도의 일정한 작전구역을 유지하며 임무를 수행하고 있음을 알아냈다.

지금까지 미 해군은 양키급 잠수함이 미국 해안으로부터 약 1,300킬로미터 정도 벗어난 곳에서 임무를 수행하고 있는 것으로 확신하고 있었다.

북한은 1994년 소련의 골프급 SS-N-6 탄도미사일 탑재 디젤 잠수함을 고철로 수입·해체해 잠수함 발사 미사일 개발 기술을 습득했으며, 최근 공개한 무수단 미사일 개발 시에도 이 기술을 적용한 것으로 알려져 있다. 사진은 최근 북한이 열병식에서 공개한 무수단 미사일로 SS-N-6보다는 다소 크고 사정거리 2,500킬로미터 정도로 오키나와와 괌 등을 사정권에 두고 있다.

### 소련 신형 잠수함 발사 미사일 SS-N-6의 사정거리 분석

그러나 맥이 기점한 작전구역을 통해 양키급 잠수함에 탑재된 신형 SS-N-6 미사일의 실제 사정거리가 2,200~2,400킬로미터라는 것을 알게 됐다. 만약 라폰함이 양키급 잠수함을 멀리까지 추적하지 못했다면 양키급 잠수함의 윤곽이 잘 알려진 작전구역에 출현했다 할지라도 소련의 새로운 핵 위협을 지속적으로 추적하는 것은 대단히 어려웠을 것이다. 따라서 미국은 연안에 근접한 1,500킬로미터 이내의 해역에서만 경비 임무를 수행했을 것이다.

### 양키급 잠수함은 경비 시 6노트, 경비구역 이동 시 12~16노트로 기동함을 확인

이제 맥은 작전구역에서 임무를 수행하고 있는 양키급 잠수함의 정확한 침로를 작도했다. 양키급 잠수함은 한 구역에서 평균속력 약 6노트로 기동하다가 다른 구역으로 이동할 때는 12~16노트로 기동했으며 구역 도착 시 다시 속력을 6노트로 감속했다. 그리고 90분마다 침로를 거의 두 번씩 변경했으며 변경 침로는 60도에서 크게는 그 이상이었다.

또한 전보를 수신하기 위해 하루에 몇 번씩 통신할 수 있는 심도로 올라갔으며, 자정에는 환기를 위해 잠망경심도로 심도를 변경했다. 그리고 하루에 10~16번 정도 누가 추적하고 있는지를 확인하기 위해 주기적으로 함미 탐색baffle tracking(자함의 추진기 소음 때문에 자함의 소나 성능이 미치지 못하는 정함미 방향을 탐색하는 절차)을 실시했다. 라폰함도 양키급 잠수함이 변침하면 양키급 잠수함이 소나로 탐색할 수 없는 구역인 함미에 위치하기 위해 따라서 변침했다.

### 양키급 잠수함도 하루에 한두 번 추적 잠수함을 따돌리기 위해 고속기동

하루에 한 번 양키급 잠수함은 라폰함 승조원들이 '양키 두들Yankee Doodle'이라고 부르는 과감한 고속 변침을 했다. 이 기동은 결국 원침로에서 180도로 변침한 것으로 종료됐다. 자세히 살펴보면 먼저 좌현으로 180도를 변침했고, 어느 정도의 간격을 두고 다시 180도로 변침했다. 다음으로 90도를 변침한 후 다시 270도 변침, 마지막으로 90도로 두 번 더 변침함으로써 끝을 맺었다. 첫 번째 변침은 항해에 지장을 주는 근거리 표적이 있는지 확인하기 위해서, 두 번째 변침은 좀 더 먼 거리에서 따라오는 적 잠수함이 있는지를 확인하기 위해서였다. 이 기동은 통상 고속으로 실시했으며, 어떤 때는 연속해 두 번을 실시했다. 이러한 기동의 전 과정을 마치는 데 약 1시간 정도가 소요됐다.

만약 양키급 잠수함의 소나 성능이 좀 더 좋았더라면 이러한 기동으로 라폰함을 접촉할 수 있었을 것이다. 라폰함은 소련 잠수함이 접촉할 수 있는 거리보다 훨씬 먼 거리에서 소련 잠수함을 접촉할 수 있었다. 따라서 양키급 잠수함이 변침하면, 라폰함은 좀 더 먼 거리에서 이를 알아차리고 접촉 가능 거리 밖으로 회피했다.

## 라폰함, "난 양키급 잠수함의 47일간의 일을 알고 있다"

### 라폰함은 양키급 잠수함보다 탐지거리가 2배 정도 우수

이번 추적작전에서 나타난 라폰함의 음탐 접촉 능력은 소련 잠수함보다 2배 정도 앞섰다. 해양 환경이 좋은 상태에서 라폰함은 수상함을 약 20킬로미터에서 접촉할 수 있었지만, 소련 잠수함은 동일 표적에 대해 절반인 10킬로미터 정도에서 접촉했다.

라폰함의 추격전이 일상적인 업무로 돼가자, 맥은 지금까지 전투정보실에서 선잠을 자는 대신에 침실로 가서 잠을 청했다. 실제로 그의 취침 시간은 한 번에 90분을 넘지 않았다. 양키급 잠수함이 약 90분마다 함미 탐색을 했기 때문이다.

이때까지 라폰함은 당직사관을 3교대로 운영했는데, 이들은 양키급 잠수함 당직사관들의 조함 특징을 점차 알게 됐다. 즉, 당직사관들의 기동 형태가 약간씩 차이가 있었고, 이를 통해 누가 당직사관인지 어느 정도 알 수 있었던 것이다. 그리고 이를 바탕으로 당직사관들은 양키급 잠수함의 다음 침로를 예측하는 내기를 했다. 음탐사들도 양키급 잠수함의 내부로부터 나오는 소음들을 유머러스한 언어를 사용해 해석했다. 훈련하는 소음, 펌프 작동 소음, 그리고 다른 소음들을 원색적인 농담으로 표현했으며 이것은 대부분 화장실 농담과 관련된 것이었다. 빠르게 딸깍거리는 소리는 변기 뚜껑을 닫는 소리로, 힘찬 공기의 흐름 소리는 위생 탱크를 비우는 소리로 기록했다. 이러한 소음을 접촉하면 음탐 당직자는 다음과 같이 보고했다.

"함교, 여기는 음탐실. 똥 누는 소음 접촉."

이러한 유머러스한 분석에는 가장 어린 수병부터 모든 승조원이 참여했다.

수집된 모든 소음 정보는 거의 실시간으로 본국에 송신

맥은 양키급 잠수함의 예상 침로를 승조원 각자에게 해도에 수동으로 기점하도록 했다. 이것은 승조원 모두를 이러한 게임에 몰입하게 함으로써 장기간 추격에 의한 피로감이나 지루함을 달래기 위해서였다. 맥도 이러한 게임을 통해 양키급 잠수함 함장의 조함 스타일에 친숙하게 됐다. 이제 그는 언제 침로와 속도, 그리고 심도 등을 변경할 것인지를 예측할 수 있게 됐다. 맥은 소련 잠수함이 깊은 심도로 잠항할 때를 예견했으며, 이때를 놓치지 않고 잠망경심도로 올라가 양키급 잠수함의 작전구역 높은 상공에서 정찰하고 있는 P-3 오라이온(대잠초계기)에 수집된 정보를 송신했다.

양키급 잠수함은 물밑에서 라폰함이 추적하고 있는 사실은 까마득하게 몰라

이러한 정보 제공 과정은 P-3기 1대가 엉뚱한 짓을 하기 전까지는 순조롭게 진행됐다. 어느 날 P-3기가 소노부이를 이용해 직접 양키급 잠수함을 접촉하려고 시도했으나 실패했다. 조종사는 접촉을 위해 평상시보다 낮은 고도로 비행했고, 잠망경을 통해 이를 본 양키급 잠수함은 긴급잠항을 했다. 당황한 조종사는 속력을 높여 이탈했다. 라폰함은 이 드라마틱한 전 과정을 파악하고 있었으며, 그 자신은 피탐되지 않았다. 양키급 잠수함은 공중에서 미국의 대잠초계기가 그들을 탐색하고 있다는 것을 확인했지만, 실제로 누군가 워싱턴에서 어이없는 실수를 할 때까지 그들이 수중에서마저 추적당하고 있다는 사실은 까마득하게 모르고 있었다.

잠수함부대 내에서는 라폰함의 임무에 차질을 빚을 수 있는 정보를 신문에 누설한 장본인이 해군 항공대의 어느 제독이라는 소문이 돌았다. 이 기사에는 라폰함이 양키급 잠수함을 추척하고 있고, 이 탄도미사일 탑재 잠수함이 미국 해안으로부터 2,200~2,400킬로미터의 해역에

서 임무를 수행하고 있다는 것과 같은 구체적인 정보는 포함되지 않았다.

## 미국 언론을 통해 미 잠수함이 양키급 잠수함을 추적하고 있다는 정보 새어나가

그러나 1969년 10월 9일자 《뉴욕타임스》의 일면에 다음과 같은 제목의 기사가 실렸다.

"예상보다 훨씬 더 시끄러운 신형 소련 잠수함."

이 기사는 소련 해군과 양키급 잠수함의 함장에게 전해졌음이 분명했다. 기사가 실린 지 몇 시간 내에 양키급 잠수함은 야간 교신을 위해 잠망경심도로 진입했고, 이후 주기적으로 행해지던 모든 기동 형태가 변경됐다. 양키급 잠수함은 갑자기 20노트의 속력으로 180도 변침한 후 지나온 항적을 따라 라폰함 정면으로 으르렁거리면서 돌진해오기도 했다. 이러한 기동은 전에 보여준 기동과는 완전히 달랐다. 라폰함 당직사관들은 기존에 하던 행동과 전혀 다른 양키급 잠수함의 행동에 당황했다. 이러한 양키급 잠수함의 기동은 누군가가 자신을 추적하고 있지는 않은지 확인하기 위한 필사적인 행동이었다.

양키급 잠수함은 수중에서 빠르게 기동했다. 이러한 기동 양상은 조종실 스크린에 전시됐고, 고속기동으로 인해 생기는 끽끽거리는 소음은 라폰함의 음탐사 헤드셋으로 전달됐다. 음탐사들은 이 소리를 기관차가 터널을 지날 때 나는 소리와 유사하다고 생각했다.

"칙칙폭폭, 칙칙폭폭."

"놈이 오고 있다!"

전투정보실에서 누군가 소리를 질렀다. 승조원들은 양키급 잠수함이 100미터 정도 위에서 라폰함을 인지하지 못한 채 우현으로 빠르게 지나가고 있다는 것을 알고 있었는데도 불구하고 긴장했다. 어느 누구도 양키 급 잠수함의 아이러니컬한 기동을 놓치지 않았다. 즉, 함미 탐색을 통해 추적함의 유무를 확인하기 위해서는 무엇보다 조용한 가운데 실시해야 하는데, 지금의 양키급 잠수함은 큰 소음이 발생하는 과도한 속력을 내고 있었다. 양키급 잠수함은 몇 시간 동안 원을 그리며 탐색을 계속했다. 맥은 전투 배치를 하고 승조원들과 함께 드라마틱하게 회피기동을 하며 양키급 잠수함이 진정될 때까지 기다린 후 임무를 계속 수행했다.

### 양키급 잠수함이 임무 마치고 돌아갈 때까지 무려 47일 추적 기록 세워

추적을 시작한 지 한 달 가까이 돼가던 10월 13일에 라폰함은 셰이드 제독이 보낸 다음과 같은 내용의 일급비밀 전보를 받았다.

"무어러 참모총장님이 워싱턴에 있는 안보 관계자들과 함께 특별한 관심을 갖고 여러분의 임무를 지켜보고 있으며, 여러분의 훌륭한 임무 수행에 대해 큰 기쁨과 자부심을 느끼고 있음을 전함. 본인도 이러한 총장님의 생각에 전적으로 동의함."

라폰함은 양키급 잠수함이 임무를 마치고 돌아갈 때까지 추적을 계속했다. 양키급 잠수함은 GIUK 해협 항로를 따라 곧바로 귀항했으며, 라폰함도 11월 9일 양키급 잠수함을 보냈다. 라폰함은 놀랍게도 47일 동안이나 양키급 잠수함을 추적했다.

실제로 이번 작전은 단순한 회피와 스파이 작전 이상으로 위험한 게임인 장님들의 음모였다. 잠수함부대는 맥이 수집한 놀라운 정보를 바탕으로 새로운 임무를 시작하게 됐으며, 미국의 공격 잠수함들은 항해 중인 소련의 SLBM 탑재 핵 추진 잠수함 추적 임무에 초점을 맞추게 됐다.

몇 달 후 라폰함은 지금까지 잠수함에 주어지는 가장 높은 상인 대통령 부대표창을 받았다. 맥은 평시 해군에서 주어지는 가장 영예로운 공로 메달을 받았다.

라폰함의 성공적인 양키급 잠수함 추적작전은 당시까지 미국 잠수함

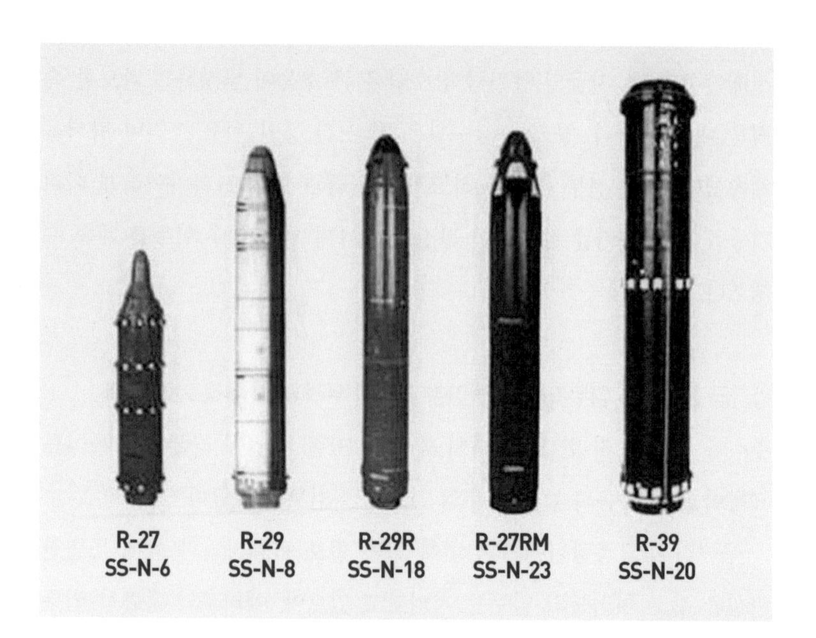


냉전 시대 미국 잠수함은 소련의 잠수함을 추적하면서 소련 잠수함이 해상에서 시험발사하는 미사일 정보를 수집했다. 사진은 소련이 개발한 잠수함 발사 탄도미사일로, 왼쪽은 초창기 SS-N-6이고 오른쪽은 타이푼급 잠수함에 탑재하는 사정거리 8,300킬로미터의 SS-N-20 미사일이다. R-27~R-39 명칭은 러시아 자체 개발 번호이고, SS-N-일련번호는 서방세계에서 명명한 이름이다.

러시아의 SS-N-20 탄도미사일은 미국의 트라이던트 II(D5) 탄도미사일에 대항하기 위해 개발된 가장 위력적인 최신 미사일이다. 사진은 부두에서 SS-N-20 탄도미사일을 적재하고 있는 러시아의 세계 최대 타이푼급 잠수함의 모습.

이 소련 잠수함에 비해 소음이 훨씬 적고 탐지거리도 월등히 앞서고 있다는 사실을 증명하기에 충분했다.

04

# 미국 핵 추진 잠수함의 소련 해저 케이블 도청작전

## 해저 케이블 속 비밀 이야기가 알고 싶어 소련 영해 속으로…

### 미국, 핵잠의 첩보수집 작전구역을 드디어 소련 영해까지 확대

1970년 말 미국 국방부 E건물 5층 해군정보국ONI, Office of Naval Intelligence 에서 수중전 국장으로 근무한 지 4년째 되는 브래들리는 기밀유지를 위해 3중 문으로 잠긴 은밀한 집무실에서 깊은 생각에 빠져 있었다.

그는 핼리벗USS Halibut(SSN-587)함에 부여할 새로운 임무에 대해 구상하고 있었다. 그가 구상하고 있는 흥미로운 임무는 한때 닉슨 대통령과 CIA(미 중앙정보국)를 감명시켰던 소련 골프급 잠수함 근접 추격전보다 더 획기적인 정보 획득 임무였다.

브래들리는 핼리벗함을 소련 영해 내로 보내길 원했다. 그곳은 실로 생동감 넘치는 정보들로 관심이 집중되는 해역이지만, 과거 어느 미국 정보부대도 이곳에서 정보수집에 성공을 거두지 못했다. 브래들리는 잠시 눈을 감고 생각한 후 주요 표적이 되는 것이 무엇인지 알아냈다. 그것은 기껏해야 5인치 정도의 해저 전화선 한 묶음이었다. 그러나

1960년 3월 25일, 항공모함 렉싱턴(USS Lexington) 옆에서 미 해군 최초의 순항미사일인 레귤러스 미사일을 발사하고 있는 최초의 유도미사일 발사 핵잠 핼리벗의 모습 〈Public Domain〉

어떤 묶음의 전화선인가? 브래들리는 이 케이블이 페트로파블로프스크Petropavlovsk에 있는 탄도미사일 잠수함 기지에서 오호츠크해를 지나 태평양함대 기지가 있는 블라디보스토크와 모스크바에 연결된 것으로 추측했다. 만약 핼리벗함의 카메라 장착 잠수정이 그 케이블을 찾을 수 있다면, 그리고 케이블을 도청할 수 있다면 미국은 소련 보안체계를 혼란시킬 수 있을 것이다. 이는 뛰어난 첩보원이나 크렘린Kremlin 상공의 최첨단 정찰위성보다 더 자세히 소련 지도자들의 계획과 의도를 알 수 있는 기회가 될 것이 아닌가?

### 잠수함의 영해 침투는 불법이지만 그래도 최고급 정보 얻을 수 있어

브래들리는 수중 통신 케이블 도청을 통해 소련 잠수함의 성능과 문제점을 파악할 수 있고, 미국 연근해에서 활동하고 있는 소련 SLBM 탑재 핵잠의 정찰 계획 등을 거의 알 수 있을 것으로 믿고 있었다. 만약 그의 이러한 생각들이 옳다면, 미국은 캄차카 반도와 북태평양에서 콧대가 한풀 꺾인 소련의 대륙간탄도미사일ICBM과 잠수함 발사 탄도미사일의 시험발사에 대한 소련의 자체 평가 결과도 얻을 수 있다고 생각했다. 즉, 이 통신 케이블이 소련 지도자들의 머릿속으로 들어갈 수 있는 출입문이 될 수도 있다고 생각했던 것이다.

그러나 만약 소련이 핼리벗함의 오호츠크해 잠입을 알아낼 경우 이를 해적행위로 평가할 것이고, 소련은 이를 화해의 물결에 역행하는 큰 사건이라고 하면서 핼리벗함을 나포하거나 파괴하려 들 것이 뻔했다.

### 수중 케이블을 통한 교신은 암호화하지 않은 정확한 정보

비록 상상 이상의 고급 정보를 얻을 수 있더라도 이러한 계획에 대해 백악관과 군부, 그리고 이러한 위험한 임무에 대해 최종 결정 권한이 있는 국무부 직원들을 어떻게 설득할 것인가? 단지 그의 육감에 따라 위치가 확실치도 않은 통신 케이블을 찾기 위해 핼리벗함을 한번 보내고 싶다는 계획을 어떤 식으로 보고할 수 있을 것인가? 이러한 일들을 고민하던 중 수년 동안 소련인들을 감시해온 경험을 통해 내린 결론은 소련의 국방부 관리들은 대부분 공중파를 이용해 교신할 때는 도청을 차단하기 위해 암호화하지만 수중 케이블을 통한 교신 시에는 암호화하지 않을 것이라는 생각이 들었다. 사실 소련의 최고위층은 관례적으로 수중의 통신 케이블을 이용해 의사소통할 때는 거의 평문으로 통화하는 경우가 있다고 전해지기도 했다.

소련 해저 케이블은 반드시 오호츠크해를 지나가게 설치됐을 것으로 판단

페트로파블로프스크는 베링해와 오호츠크해 사이의 캄차카 반도 동남쪽에 위치한 작고 황량한 항구로 주변에 변변한 도시조차 없는 그야말로 고립무원이었으며, 태고의 자작나무 원시림과 고대 화산으로 이뤄져 있었다. 브래들리는 본토와 페트로파블로프스크에 있는 잠수함 기지를 상호 연결하는 모든 통신 케이블이 오호츠크해의 수중을 통과해 부설돼 있을 것으로 판단했다. 오호츠크해는 거의 인적이 드물며, 단지 트롤 어선들이 조업하거나 때로는 탄도미사일 탑재 잠수함이 미사일 발사시험을 하는 정도였다.

소련은 이러한 오호츠크 해역의 안전을 보장하기 위해서는 쿠릴 열도를 반드시 통제해야만 했다. 오호츠크해는 미국 동부 해안의 메릴랜드 서쪽 연안과 버지니아주 동쪽 연안으로 둘러싸여 있는 체서피크 Chesapeake만처럼 캄차카 반도의 완만한 서쪽 연안과 쿠릴 열도, 사할린,

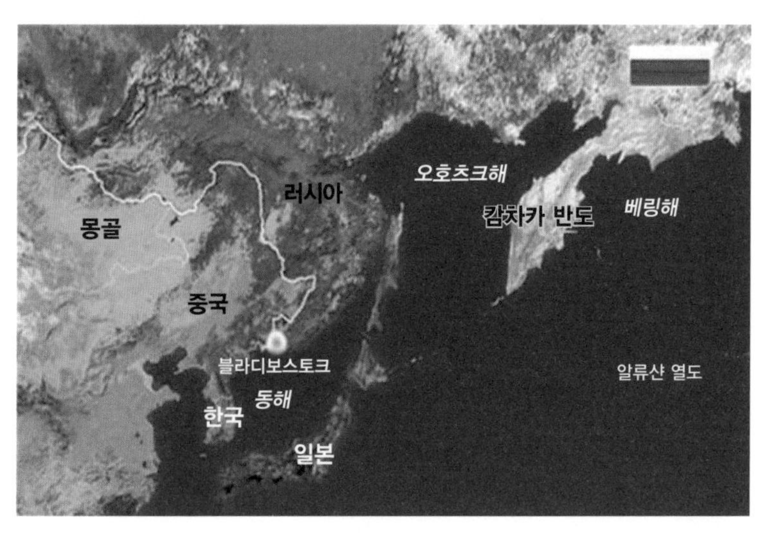


정숙성과 탐지 능력에서 소련 잠수함을 압도한 미국 잠수함은 소련 잠수함 추적작전에 성공했고, 이에 자신감을 얻게 되자 드디어 소련 영해 오호츠크해까지 침투해 소련이 설치한 해저 케이블을 도청한다. 위 지도는 미국 잠수함의 해저 케이블 도청작전의 주 무대가 된 오호츠크해와 캄차카 반도 근해.

## SeaCAT

현대 잠수함은 무인잠수정(UUV, Unmanned Underwater Vehicle)을 이용해 수중촬영, 기뢰탐색, 전방감시 등 잠수함의 능력 범위를 깊은 바다로부터 연안의 얕은 수심까지 확장하고있다. 위 사진은 독일의 무인잠수정 시캣(SeaCAT), 아래 사진은 미국의 무인잠수정 나이프피쉬(Knifefish).

## Knifefish

소련 연방의 동쪽 연안으로 둘러싸여 있었다. 미국의 잠수함이나 수상함이 오호츠크 해역으로 진입하기 위해서는 소련으로부터 통제되고 있는 쿠릴 열도의 좁고 얕은 수로를 반드시 통과해야만 했다. 이러한 수로들은 유사시 쉽게 차단될 수 있었다.

통신 케이블이 오호츠크해에 있다고 하더라도 그것이 어느 부근에 있을 것인가? 드넓은 해역에서 5인치 두께 정도에 불과한 케이블을 어떻게 찾을 수 있을 것인가?

## 유년 시절 미시시피강에서 봤던 수중 케이블을 연상해 케이블 도청 계획 착안

브래들리는 하던 일을 미룬 채 두 눈을 지그시 감고 가장 단순한 시대로의 생각여행을 시작했다. 그는 시간을 역으로 되돌려서 냉전 시기를 지나고, 제2차 세계대전을 지나 그의 유년기 시절의 강가에 도착했다.

1930년대 세인트루이스St. Louis에서의 소년 시절로 돌아가 여름의 무더위를 피하기 위해 미시시피강을 따라 배를 타고 그의 어머니와 여행을 했다. 미시시피강이 일리노이주의 올턴Alton 지역을 통과한 미주리강과 만나는 지점에서부터 배는 모래보다 곱고 진흙보다 거친 갈색 침적토沈積土와 뒤범벅된 흙탕물을 헤치며 항해했다. 하늘에는 독수리들이 원을 그리며 날고 있었고, 강기슭을 따라 두루미의 발자국이 남아 있었다. 이러한 풍경들은 선상 오케스트라, 사교 무대와 함께 어우러져 강을 따라 선상여행을 하는 대부분의 사람들 마음을 사로잡았다.

그러나 브래들리는 그 여행에서 잊지 못할 또 다른 추억이 있다. 그는 조타실에서 증기선 선장과 시간을 보냈으며, 그곳에서 강기슭을 따라 분명하게 위치해 있는 일련의 표지판들을 볼 수 있었다. 대부분의 표지판들은 거리와 위치가 표시돼 있었다. 그러나 그중에는 "케이블 횡단, 투묘 금지"라는 표지판도 간혹 있었다. 이 표지판들은 배를 타고 있는 멍청이들이 얕은 물속에 있는 통신 케이블을 잡거나 손상시키는 것을 막기 위해 설치돼 있었다.

브래들리는 미시시피강의 진리가 오호츠크해에서도 통할 수 있다는 사실을 깨달음과 동시에 번쩍 눈을 떴다. 이를 통해 그는 어떻게 케이블을 찾을 것인가를 생각하게 됐고, 이로부터 냉전시대에 수행한 가장 과감한 원거리 통신 도청작전 중의 하나를 착안하게 됐다. 핼리벗함은 이제 소련 영토 내 인적이 드문 해안 어딘가에 "주의, 케이블 매설"이라고 씌어 있는 표지판이 위치한 '정보의 채석장'을 향해 항해할 것이다.

## 정부 향한 달콤한 유혹, "소련 해저 케이블은 정보의 바다"

### 오호츠크해는 발틱해와 바렌츠해보다 도청작전에 지리적으로 유리

해저 케이블 도청작전은 워싱턴에서 수행하는 정보수집작전의 일반적인 형태는 아니었다. 브래들리의 상상력은 언제나 거대했으며, 가끔 너무 거대해 군 간부들을 경직되게 만들었다. 브래들리는 현재의 직책을 맡고 핼리벗함을 통제하던 순간부터 통신 케이블을 통한 도청이 가능하리라고 생각해왔다. 그와 그의 참모들은 핼리벗함과 가상의 통신 케이블 도청 가능성에 대해 많은 시간 토의를 했으며, 소련의 영해와 기지들이 표기된 지도와 해도를 면밀히 검토했다.

이러한 노력을 통해 그들은 소련의 해군기지가 수천 마일의 해역에 걸쳐 모스크바로부터 세 곳으로 분리돼 있다는 것을 알아냈다. 발틱해, 바렌츠해, 그리고 오호츠크해가 그 세 곳이었다. 이 세 군데 중 오호츠크해만이 황량하고 외진 지역이었다. 연중 아홉 달 동안 얼음으로 둘러싸여 있는 오호츠크해는 수세기 동안 부식돼온 건물들 사이에 은밀하게 숨겨진 핵 추진 잠수함과 탄도미사일 저장고들이 있는 페트로파블로프스크처럼 황량하고 추운 해역이었다.

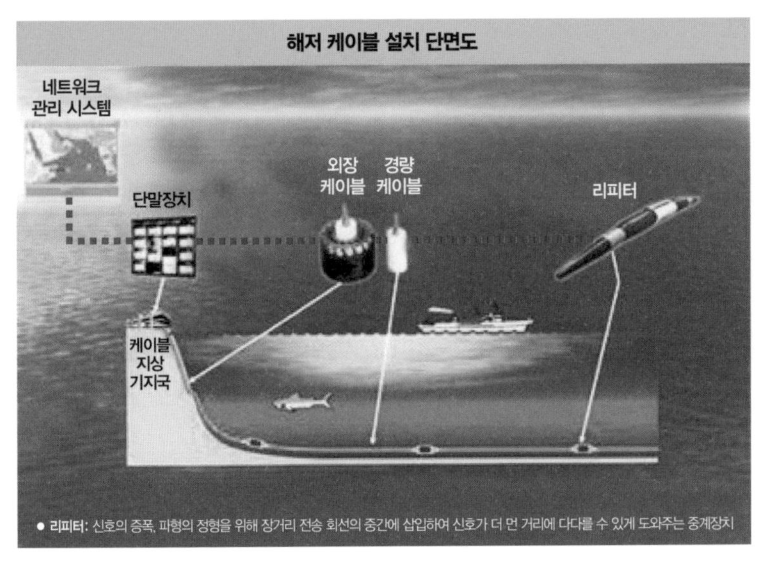


바다 밑에는 우리가 알 수 없는 수많은 해저 케이블이 설치돼 있고 미·소 냉전 시절에는 잠수함을 이용해 도청했으며, 지금도 해저 케이블은 세계 정보당국들의 주요 표적이 되고 있다.

### 잠수사들의 심해 작업 시 호흡 공기 유독성이 가장 위험

도청작전을 구상하고 핼리벗함에 유사한 임무를 부여한 지 거의 4년이 지났지만 수심 100~130미터에서 잠수사가 안전하게 잠수함 외부로 나가 통신 케이블을 도청할 방도가 없었다. 당연히 브래들리는 그의 계획을 뒷받침할 기술의 발전을 기다려야 했고, 마침내 그러한 시기가 도래했다고 판단했다.

해군이 예전에 스레셔USS Thresher함 조난사고 때 수중연구에 필요한 예산을 확보하면서 힘들었던 것과 마찬가지로 심해에서 잠수사들이 생존할 수 있도록 핼리벗함을 개조하는 데 필요한 예산을 획득하는 것도 많은 어려움이 있었다. 브래들리의 오랜 친구인 존 크레이븐John Craven이 해군에서 전역할 때까지 이러한 예산을 획득하고 잠수사들의 수중작업 능력을 개선시키는 일을 감독했다. 그 결과 심해에서 작업할 수 있는 잠수사들의 능력은 믿을 수 없을 만큼 발전됐다.

왼쪽 사진은 잠수사가 해저 케이블에 접근해 작업하고 있는 장면이고, 오른쪽 사진은 수중 작업 후 잠수함으로 귀환해 잠수함 선체를 두들겨 함내에 도착 신호를 보내고 있는 장면이다.

그러나 한 가지 문제점이 남아 있었다. 그것은 대기중에서 호흡하는 공기를 심해에서 그대로 사용한다면 심해에서 작업하는 잠수사들의 생명을 앗아갈 수 있다는 것이다. 수심 100미터에서 공기 실린더 안의 공기는 대기의 10배에 해당하는 산소와 질소로 압축되고, 이런 상태의 산소는 독성이 있으며, 질소는 마약과 같은(질소 마취) 효과를 갖게 돼 이로 인해 잠수사가 정신을 잃을 수 있다는 것이다.

특별히 양성된 해군 잠수사와 과학자들은 일정량의 산소와 모든 질소를 헬륨으로 대체한 수중호흡공기를 실험해왔다. 이 호흡공기는 잠수사들이 작업을 마치고 수면으로 올라올 때 천해 부근에서 다시 정상적으로 요구되는 산소 증가분을 충족시키기 위해 적정량의 산소가 공급될 수 있도록 돼 있었다. 동물을 대상으로 한 실험이 끝나자 인간을 대상으로 한 실험이 시랩SEALAB이라 불리는 해저 실험실에서 행해졌다. 캘리포니아 라호야La Jolla의 근해 수심 62미터에 위치한 해저 실험실에서의 생활은 위험하고 불편한 것이 많았다.

이러한 실험들은 1969년에 해저 실험실 중 하나가 누수돼 좌초될 때까지 계속해서 잘 진행됐다. 이 사고로 한 명의 잠수사가 수리하던 중

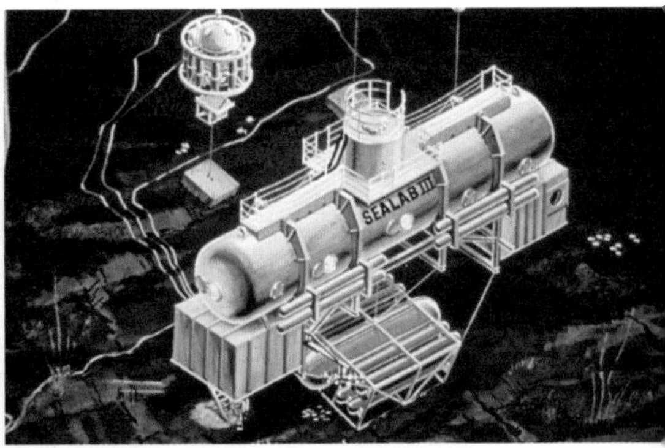


시랩은 미 해군의 해양 연구용 해저 거주 실험실이다. 왼쪽은 1965년 캘리포니아 라호야 근해 수심 62미터 해저에 설치된 시랩 II의 모습이고, 오른쪽은 그로부터 4년 뒤 1969년 캘리포니아 산클레멘테섬 해저 186미터에 설치된 시랩 III. 시랩 III 사고로 시랩 프로그램은 중단되었다. 〈Public Domain〉

죽었으나 공표되지 않았다. 해군은 스콜피온USS Scorpion함을 잃어버린 후 거의 1년 동안 벌인 수색활동도 공표하지 않았다. 해저 실험실 계획은 돌연 취소됐고, 외부인들이 볼 때 해군이 심해 작업에 대한 모든 노력을 포기한 것처럼 보였다. 그러나 발전은 조용하게 계속됐다. 브래들리와 크레이븐은 새로운 호흡공기를 이용한 수중에서의 작업 절차를 핼리벗함에 승조해 있는 잠수사들에게 숙달시켰다.

핼리벗함은 샌프란시스코 외곽 메어Mare섬 해군조선소에서 압력 체임버인 이동용 시랩을 장착하고 심해에서 잠수사들이 외부 압력에 적응할 수 있도록 훈련을 시키고 있었다.

### 수중작업 준비 후 함장들에게 임무 브리핑 및 고위급에 작전 필요성 설명

수중작업 가능성을 확인한 브래들리의 중요한 임무 중 하나는 핼리벗함이 오호츠크해에서 이러한 임무를 수행할 수 있도록 필요한 자금과 정치적 지원을 받아내는 것이었다.

그와 참모들은 국가안보국, 펜타곤과 백악관에 있는 상위 정책결정자들로부터 그들이 필요로 하는 정보수집 목록을 종합했다. 잠수함 추적,

잠수함에서 안전하게 수중작업 요원을 내보내고 귀환시키는 작업은 항상 초긴장 속에서 이뤄진다. 사진은 209급 잠수함 내부에서 외부 갑판의 심해구조 잠수정과 접합시키기 위해 준비하는 모습.

미사일 실험 감시, 전자파 수집과 같은 작전들을 계획하는 것은 브래들리의 몫이었다.

브래들리는 이러한 작전 구상을 한 후 잠수함 사용에 대한 결정권을 갖고 있는 함대사령관들에게 이들의 임무를 설득시켜야 했다. 브래들리는 또한 잠수함 함장들에게 임무를 브리핑하기 위해 진주만Pearl Harbor과 노퍽, 일본의 요코스카橫須賀를 이미 10여 차례 방문했고, 그들로부터 관심과 신뢰를 얻어냈다. 더욱이 수중 통신 케이블 도청과 같은 대담한 임무는 그들의 호기심을 자극해 설득하는 데 매우 효과적으로 작용했다.

워싱턴을 설득함에 있어서는 더 많은 기술이 요구됐다. 브래들리는 관심도 없으면서 때로는 관심이 많은 것처럼 여러 가지 정보를 요구하는 이곳의 지도자들을 설득시킬 방법을 잘 알고 있었다. 브래들리는 심해작전의 승인을 얻기 위해 이러한 사람들과 접촉하지 않을 수 없었고, 복잡하고 위험한 작전에 대해서는 큰 어려움이 없는 것처럼 일부 미화해 설득했다. 그는 마치 훌륭한 이야기꾼처럼 설득력 있게 브리핑을 했는데, 이 기술은 이것은 유년기 시절 10년 동안 그의 아버지로부터 포도주, 여자, 그리고 바다에 관한 경이로운 이야기를 들음으로써 터득한 것이었다.

케이블 도청작전의 잠재적 정보 가치에 대해 많은 사람이 고무됨

소련의 통신 케이블을 도청한다는 브래들리의 이야기를 듣고 많은 사람들이 케이블의 잠재적인 정보 가치를 깨닫고 신선한 충격을 받아 크게 고무됐다. 만약 실제로 케이블이 존재하고 케이블을 찾아내 도청만 한다면 그의 정보국은 그 어떠한 임무보다 더 높은 수행능력평가와 많은 지원자금을 받을 수 있을 것이었다. 브래들리는 이미 그의 성공을 예측했으며, 받게 될 상여금과 이로 인한 불평자가 누구인지를 추측했다.

브래들리에 대한 상여금은 대개 그 임무를 수행한 부대의 포상금에서 일부를 떼어줬다. 한 번은 그가 한 해군 조종사가 수행한 프로젝트에 대한 포상금의 약 10퍼센트를 받은 적이 있는데, 그 조종사는 격분해 펜타곤 안에서 브래들리에게 봉변을 주려고 벼르다가 통로에서 마주치자 "이 개새끼"라고 욕설을 퍼부으며 주먹을 휘두른 적이 있었다. 그러나 브래들리는 그를 조금도 비난하지 않았으며 사과 또한 하지 않았다.

## 첩보작전 샐까 '대통령에 직보' 역설

해군 지휘부 내 스파이 잠수함 지휘권에 대한 알력 다툼

잠수함 첩보작전을 지휘하고 있는 브래들리는 막대한 예산이 투입된 프로그램을 주관하고 있었기 때문에 다른 해군대령들이 행할 수 있는

그 어떤 것보다도 더 막강한 힘을 갖고 있었다. 그는 해군정보부장인 해군소장 헬핑거Fritz Harlfinger 제독에게 종종 대면보고를 했으며, 그를 통해 해군참모총장인 줌왈트Elmo R. Zumwalt Jr. 제독에게도 보고했다.

그러나 힘이 있든 없든 간에 브래들리는 제독으로 가득 찬 워싱턴에서 단지 한 명의 대령에 불과했고, 상급자들이 대통령에게 직접 보고하는 곳에서는 해군 정보부 소속 장교에 불과했다. 또 그곳에는 그의 제안에 거부감을 나타내는 제독도 많이 있었다. 특히 펜타곤에서 강력한 권한을 가진 한 제독은 브래들리가 스파이 잠수함을 보내기 전에 모든 작전에 대한 승인을 자기한테 먼저 받아야 한다고 주장했다. 이것은 브래들리가 따르기에 불가능한 지시였다. 언젠가 그 제독과 마주쳤을 때 브래들리는 "당신은 저에게 합법적이지 못한 명령을 내렸습니다. 이제부터 저는 당신을 위해 일하지 않겠습니다"라고 말했다.

제독은 브래들리를 오랫동안 노려봤다. 마침내 그는 다음과 같이 힘줘 말했다.

"좋아. 대령 당신은 이번 임무를 수행할 수는 있을걸세. 그러나 한 가지 말해주고 싶은 것은 브래들리 당신은 결코 제독이 될 수 없을 거야."

"그렇다면 좋습니다."

브래들리는 제자리에 서서 말하고 난 후, 여유 있는 미소를 지으며 행진하듯 과장된 몸짓으로 그곳을 떠났다.

### CIA는 잠수함 첩보작전 성과를 자신들의 공로로 포장

당시 브래들리는 CIA와 핼리벗함 통제와 관련해 더 많은 관심을 기울였다. CIA는 이미 침몰한 소련의 골프급 잠수함 주변에 대한 모든 구조작전 권한을 움켜쥐고 있었으며, 해저로부터 골프급 잠수함을 들어올릴 수 있는 구조정 건조가 완성되기만을 기다리고 있었다. 대부분의 작전은 1급 비밀기관인 국가수중정찰국National Underwater Reconnaissance Office이

감독했는데, 이 기관은 해군과 CIA 요원들로 구성됐으나 여전히 CIA가 주도권을 갖고 있었다. 그러나 그보다 더 안 좋은 것은 CIA가 모든 해군 잠수함 임무에 대해 대대적으로 뉴스에 보도케 함으로써 그 결과를 모두 자신들이 이룩한 공로로 인식하게 만들었다는 것이다.

이러한 임무들이 완전히 브래들리의 통제하에 있었을 때는 워싱턴에 있는 수명의 최고위급 간부들 외에는 소련이 잠수함을 소실했고 이것을 핼리벗함이 발견했다는 사실을 모르고 있었다. 그러나 지금 브래들리는 국가수중정찰국에 배치된 CIA 요원들이 할로윈데이에 철모르는 아이들에게 캔디를 나눠주는 것처럼 기자들에게 보도를 허가해주는 것을 봤다. 핼리벗함의 능력과 다른 잠수함의 스파이 임무는 빠르게 주요 흥밋거리가 됐으며, 성과보다는 선전이 더 큰 비중을 차지했고, 이러한 임무를 '1급 비밀'과 '관계자 외 열람 금지'로 분류시킴으로써 억누를 수 없는 호기심을 자아내게 했다.

### 잠수함 첩보수집작전에 관해 닉슨 대통령에게 직보하기를 원해

브래들리는 모든 브리핑 정보가 누설될 수 있는 잠재요소가 있다는 것을 파악하고 오직 그만이 키신저Henry Alfred Kissinge 또는 키신저의 보좌관인 헤이그Alexander Haig에게 직접 그 작전에 대해 보고하기를 원했다. 그는 키신저가 대외정책에 영향을 미치는 은밀한 작전과 관련된 모든 것을 통제하기를 원하는 관료주의적인 사람이라고 파악하고 이를 이용했다. 브래들리는 무엇보다도 키신저가 닉슨 대통령에게 보고할 핵심 사안을 찾기를 원하고 그것을 개인적으로 직접 보고받길 원한다는 사실을 알아냈다. 따라서 브래들리의 임무가 핵심 정보를 수집하는 것인 한 키신저와 헤이그에게 접근할 수 있는 문은 활짝 열려 있는 것이었다. 이러한 그의 생각은 핼리벗함의 임무 수행 계획을 키신저에게 보고하러 간 마지막 시기에 더 분명해졌다.

키신저는 30분 늦게 들어왔다. 키신저는 "10분을 주겠습니다. 자, 시작하세요"라고 말했다.

"키신저 박사님, 저는 이것을 10분 안에 말씀드릴 수 없습니다. 10분의 시간밖에 없다면 다음 기회에 말씀드리는 것이 좋을 것 같습니다. 왜냐하면 10분 동안의 보고는 시간만 낭비하는 것이 될 것이기 때문입니다."

브래들리는 위축되지 않고 잘 대답했다.

"브래들리, 시작하세요. 제가 그만하라고 할 때까지 말씀하세요."

45분이 지난 후에도 그들은 여전히 이야기를 나누고 있었다. 이것은 브래들리가 결정적인 승리를 거둔 것으로 보였다.

이 보고를 시작으로 헤이그와 키신저를 비롯한 의사결정권자에게 첩보작전 계획을 보고하고 설득하는 데 상당한 시간과 노력이 필요했다.

## 여러 기관 설득 후 핼리벗함에 수중 케이블 도청용 장비 설치

1971년 늦여름에 핼리벗함의 개조는 거의 완성되었다. 특수목적 잠수함으로 개조되었음을 인식할 수 있는 거대한 낙타 혹 모양의 뱃 케이브 Bat Cave 장비(무인수중카메라를 보관하고 운용하는 장비)가 갑판 위에 설치되었는데, 이것은 특수임무용 잠수함으로 개조되었음을 보여주는 것이었다. 또한 핼리벗함의 갑판 위에 매우 교묘하게 은폐시켜 설치한 혹같이 생긴 구조물은 외부에 알려지면 안 되는 장비인데도 불구하고 언론에서 보도함으로써 핼리벗함의 개조 사실이 널리 알려지게 되었다.

신문들은 핼리벗함이 해군의 첫 번째 DSRV(심해구조잠수정)의 모함이 될 것이라고 소개했다. 그러나 사실 이 혹같이 생긴 구조물은 DSRV를 위해 만들어진 것이 아니라 잠수사들의 감압과 해수의 침입을 차단해주는 체임버였다. 이 체임버는 잠수사들이 수중작업 시 혼합가스를 호흡할 수 있도록 준비하는 공간이었다. 핼리벗함이 임무 수행을 위해 출항하기 전 마지막 주에 브래들리의 팀원들은 신분을 밝히지 않은 채 마리섬을 수차례 방문했다. 대부분의 핼리벗함 장교들과 승조원들은 이들이 단지 워싱턴에서 잠수함을 방문한 평범한 사람들이라고 생각했다. 핼리벗함의 함장인 맥니시John E. McNish 중령은 이들의 신분을 누구한테도 알리지 않았다. 심지어 10월 오호츠크해로 출항하기 전날까지도 승조원들은 항해 목적지조차 알지 못했다. 승조원들은 단지 3개월간 집을 떠난다는 사실만을 알고 있었다.

장기 출동이 기다리고 있는 만큼 승조원들은 샌프란시스코 주변에 있는 잠수함 승조원 단골 술집에 모여 마음껏 술을 마셨다. 이들 중 일부는 고등학교를 졸업한 지 몇 달 되지 않은 신참이었고, 나머지는 디젤 잠수함의 찌든 기름 냄새와 소금 냄새가 옷에 밴 베테랑들이었지만, 핵 추진 잠수함에는 처음 근무하는 부사관들이었다. 출항 전날 밤 그들은 해변 술집에 모여 모두 함께 보냈으며, 거나하게 술들을 마셨고 여러 명이 같이 담배를 피워대며 우의를 다졌다.

## 승조원들은 케이블 도청 임무도 모른 채 오호츠크해로 이동

파티가 끝난 다음날 핼리벗함은 출항했다. 다른 핵 추진 잠수함이었다면 이동 기간이 2주가 채 걸리지 않았을 것이다. 하지만 핼리벗함은 1950년대 제작한 원자로로 추진력을 얻고 있어서 시속 24킬로미터 이상의 속력을 낼 수 없었고, 또한 후갑판에는 DSRV를 싣는 구조물로 위장한 체임버를 달고 있었기 때문에 더 낮은 속력인 시속 18킬로미터로 이동해야 했다. 알류산 열도를 향해 위로 올라간 뒤 베링 해협의 얼음 아래를 통과해 아래로 내려갔다. 이동 중 가끔 소련 수상함들을 지나치면서 마침내 오호츠크해에 도착했다.

핼리벗함 승조원들은 상당히 긴장하면서 오호츠크해로 진입했다. 승조원들은 쿠릴 열도의 최북단에 있는 얕은 해역을 지나가는 데 많은 시간을 소비했는데, 이 해역은 캄차카 반도로 들어가는 남쪽 입구 아래 부분에 위치해 있었다. 이곳에서 승조원들은 잠망경을 통해 활화산도 보았지만, 이보다는 햇빛을 더 두려워했다. 잠망경으로부터 반사된 하나의 반짝임으로도 주위의 대잠초계기와 대잠함들에게 발견될 수 있었기 때문이었다.

이제야 승조원들은 자신들이 어디에 있는지를 알았다. 맥니시 함장은 승조원들에게 잠수사가 임무 수행을 위해 함 외부로 나갈 것이라는 사실을 포함하여 여러 가지 것들을 설명해주었다. 하지만 소련의 통신 케이블 도청에 대해서는 언급하지 않았다. 대신에 핼리벗함의 임무가 소련의 신형 함대함미사일의 파편들을 찾는 것이라고 했다. 함장 및 장교들, 잠수사, 그리고 이번 임무를 위해 승조한 특수임무 팀원들 중 일부만이 핼리벗함이 잠망경을 올린 상태로 소련 해안가를 탐색하면서 해안선을 따라 항해하는 이유를 알고 있었다.

## 핼리벗함은 일주일 정도 탐색 후 소련의 해저 케이블 발견

핼리벗함은 자기를 추적하는 소련 잠수함이 있는지 확인하기 위해 3시간마다 S자 또는 8자를 위에서 아래로 자른 형태, 또는 지그재그 형태나 원형으로 기동하면서 수동 소나로 함미 방향을 탐색했다.

임무 구역에 도착하여 일주일 이상 잠망경으로 해안 쪽을 탐색했으나 아무것도 발견하지 못했다. 하지만 승조원들은 포기하지 않고 계속해서 탐색했다. 드디어 오호츠크해의 최북단 중간 지점부터 해안을 따라 박혀 있는 표지판 하나를 발견했다. 이 표지판에는 브래들리가 예측한 것처럼 "정박 금지, 케이블 부설"라고 러시아어로 쓰여 있었다.

맥니시는 함정에서 원격으로 조종할 수 있는 수중무인카메라를 뱃 케이브로부터 내보내도록 지시했다. 잠수함의 모니터로 들어오는 영상은 그리 선명하지는 않았지만, 침몰한 골프급 소련 잠수함을 탐색했을 때의 소나 화면 영상보다는 훨씬 선명하게 보였다. 영상을 통해 승조원들은 오호츠크해 대게와 사진에서나 보았던 작은 물고기, 발광 플랑크톤 떼, 다이아몬드처럼 춤을 추는 작은 해파리들의 움직임을 수중카메라의 불빛을 통해 희미하게 볼 수 있었다. 그러나 아무리 큰 물체라도 카메라와 불빛으로부터 단지 몇 피트 거리만 벗어나면 식별할 수 없었으며, 모니터상에는 진한 회색만이 전시되었다. 몇몇 승조원들만이 이러한 물체들을 식별할 수 있었다. 이 물체들은 금방 사라지곤 했으나 장비 조작사들 눈에는 한동안 잔상이 남아 있는 것처럼 보였다.

그때 해저 바닥의 모래가 약 1피트 정도 솟아 있는 것처럼 보이는 곳이 나타나기 시작했다. 이와 같이 솟아 있는 모래의 모양은 사라졌다가 다시 나타났으며, 나중에는 이러한 모양이 반복되어 나타났다가는 사라졌다. 처음에 승조원들은 카메라 주사선의 깨진 부분이 화면에 나타난 것으로 생각했지만, 이러한 모양이 모니터 화면의 다른 부분에도 나타났고, 또 반복되었기 때문에 무엇인가 가는 것이 모래 속에 파묻혀 있다고 생각했다.

핼리벗함은 이것을 따라가기 시작했다. 비디오 영상이 핼리벗함의 화면에서 깜박이는 순간, 카메라는 초당 24장의 사진을 찍었다. 이후 카메라는 잠수함으로 회수되어 필름을 재장전한 후 다시 내보내졌다. 통상 사진이 화면에 전시된 영상보다 더 선명하게 보이지만 사진 현상 시 발생하는 독성 가스를 환기시킬 수 있는 잠망경심도로 올라갈 때까지는 확인할 수 없었다. 사진 현상을 위해 함장은 핼리벗함을 한밤중에 잠망경심도로 은밀히 부상시켰다. 사진사는 특수임무팀 책임장교와 함께 수중 카메라에서 가져온 필름을 현상하기 시작했다. 비좁은 암실에서 두 사람은 인화지에 나타나기 시작한 영상을 주의 깊게 바라보았다. 이

컬러 사진에는 분명히 소련의 해저 케이블이 찍혀 있었다.

맥니시는 함수와 함미에 각각 하나씩 있는 버섯 모양의 잠수함 앵커를 내릴 수 있는 평평한 해저를 찾아야만 했다. 그는 국제적으로 인정되고 있는 영해 3마일 선 외곽에서 충분히 떨어진 위치를 찾으려고 주변을 샅샅이 뒤졌으나 적합한 묘박지가 없었다. 드디어 맥니시는 캄차카반도 서쪽으로 약 40마일 떨어진 오호츠크해의 북쪽 해역에 있는 장소를 선택했다. 당직사관은 능숙하게 그 지역에 있는 케이블 바로 위까지 핼리벗함을 이동시켰다. 그곳으로 이동하여 투묘하는 데 하루 정도가 걸렸다.

## 암흑의 바닷속에서 드디어 케이블에 도청장치 연결

잠수사들은 체임버 내에서 일정 시간 동안 헬륨과 산소로 혼합된 공기를 호흡하면서 그들의 몸이 잠수함 외부 수압에 적응할 때까지 기다렸다. 몸이 고압에 적응되자 잠수사들은 사전에 착용하기 쉽도록 느슨하게 조절해둔 잠수복을 신속하게 착용했는데 잠수복은 보온장치 설치를 위해 상당히 헐렁한 상태를 유지하고 있었다. 잠수사들이 체임버를 떠나면 잠수함에서는 즉시 펌프를 사용하여 잠수복 내의 튜브에 온수를 공급했는데, 그러면 잠수복은 탄력성 있는, 젖은 전기담요처럼 바뀌었다. 튜브에 뚫린 작은 구멍으로 따뜻한 온수가 공급되면 잠수복 내로 온기가 주입되어 11월 오호츠크해의 빙점에 가까운 냉기를 차단할 수 있었다.

또한 잠수사들은 혼합공기 흡입구가 차가운 해수에 노출될 경우 찬 공기를 호흡하면 몸을 따뜻하게 유지하기 곤란하므로 이를 방지하기 위해 흡입구를 단열재로 감쌌다. 그리고 약 2인치 두께의 호흡용 혼합가스 공급선과 온수 공급선, 통신·전력·조명을 위한 전기 연결선 등 잠수함과 연결된 각종 선의 상태와 연결 상태를 몇 번씩 확인했다. 특히 이 연결선들 이외에 또 다른 강한 와이어가 있었는데 이것은 호흡, 통신 혹은 조명과는 무관한 비상용 줄로, 잠수사들에게 어떤 돌발사고가 발생했을 때 이 줄을 당겨 신호를 보내는 잠수사 안전을 위한 수단이었다. 잠수사 안전을 위한 또 하나의 수단은 허리 벨트에 장착되어 있는 작은 실린더로, 이 안에는 약 3~4분간 호흡할 수 있는 비상용 공기가 채워져 있었다. 잠수사들은 이 실린더를 "귀환용 실린더"라고 불렀다.

마침내 잠수사들이 함 외부로 나갈 준비가 되었다. 맥니시는 통제실에서 잠수사들이 마치 우주에서 걷는 것과 같은 모습으로 걸어 나가는 것을 볼 수 있었다. 이들은 유일하게 손전등에서 나온 불빛에 의지해 흐릿한 해저를 뚫고 통신 케이블이 있는 곳으로 향했다. 그곳에 도착해서 잠수사들은 압축공기를 이용해 케이블 주위에 있는 모래 등을 불어냈다. 케이블이 깨끗하게 드러나자 잠수사들은 케이블에 도청장치를 부착했다. 이 도청장치는 약 1미터 길이의 커다란 원형 테이프가 내장되어 있어 여기에 도청 내용이 기록되며 외부에 리튬 건전지가 들어 있는 실린더가 설치되어 있었고, 통신 케이블에 연결된 단자들을 통해 전송되고 있는 각종 정보들을 뽑아냈다. 도청은 감응 방식에 의해 이루어졌는데 통신 케이블을 자른 후 연결하지 않고 케이블 외부에 단자를 연결한 후 그 케이블로부터 감응되는 내용을 기록하는 방법이었다. 통신 케이블을 절단하지 않았기 때문에 해수 유입으로 케이블이 단락되어 임무가 노출되는 일은 발생하지 않았다.

잠수함 내부에서 승조원들은 약 15분 간격으로 해류의 흐름을 측정했다. 잠수사들이 통신 케이블에 도청장치를 부착하는 동안 잠수함 조타수들은 잠수함 자세각을 평평하게 유지하기 위해 타를 사용했고, 이로 인해 앵커에 의해 고정된 핼리벗함이 약간씩 움직였다. 도청장치가 설치된 후 케이블을 통해 흐르고 있는 소련 사람들의 목소리와 통신하는 내용들을 수집하기 시작했다.

## 케이블 도청에 추가하여 해저의 미사일 잔해까지 확인

핼리벗함은 운 좋게도 원격으로 조종되는 카메라를 단 한 번 조작하여 소련의 통신 케이블을 발견했다. 이렇게 임무가 너무 순조롭게 진행되자 승조원들은 통신 케이블에 도청장치를 설치하는 임무는 부차적인 것으로 생각했다. 승조원들은 이번 출동의 주 임무는 소련 신형 미사일의 파편을 찾는 것으로 생각했다. 맥니시 함장은 어쩔 수 없이 승조원들에게 설명했던 그의 말을 지키기 위해 소련 미사일 시험장이 있는 해역으로 향했다. 미사일 시험장 부근의 수심은 케이블이 발견된 해역의 수심보다 깊었다. 이번에도 수중 카메라는 재빨리 해저에 깔려 있는 희끄무레한 물체들을 찾아냈다. 이 해저에는 여러 전자부품들과 미사일의 케이싱 파편 등이 흩어져 있어서 다른 곳에 비해 잿빛과 검은빛이 어울려 알록달록하게 보였다. 수중 카메라는 곧바로 소련 미사일들의 무덤을 발견한 것이다.

미국 잠수함에게는 이 임무 또한 중요한 것이었다. 왜냐하면 소련의 신형 순항미사일들은 미국 항공모함에 심각한 위협을 주었기 때문이다. 이 미사일들은 미 해군이 대항할 수 없는 새로운 적외선 유도체계를 장착하고 있었다. 브래들리는 이미 이 지역에 3척의 공격 잠수함을 보냈었다. 이 잠수함들은 신형 레이더 고도계 주파수뿐만 아니라 적외선 장비의 주파수에 대한 정보 획득 임무를 부여받았으며, 이를 위해 가능한 한 미사일 시험 장소에 근접해서 임무를 수행했다. 이 레이더 고도계는 미국의 재래식 요격미사일 요격거리 밖에서 미사일이 해면을 스칠 정도로 낮게 비행sea skimming할 수 있도록 해주었다. 이러한 정보 수집을 위해 미국 공격 잠수함의 잠망경에는 미사일에서 나오는 미세한 열과 반향되어 돌아오는 주파수를 탐지할 수 있는 부피가 큰 탐지센서가 장착되었다. 그러나 이 임무를 성공시키지 못함에 따라 미 해군은 소련 순항미사일 종류에 관계없이 이를 파악하는 데 혈안이 되어 있었다.

그래서 미 해군은 천해 해저에 있을 소련 미사일 잔해들을 찾기 위해 핼리벗함의 압력선체에 성능이 개량된 소나가 장착된 소드피시Swordfish(무인수중카메라와 소나가 달린 원격조종 해저탐색장비)를 탑재하여 이곳으로 보냈다.

핼리벗함에서 원격으로 조종할 수 있는 소드피시는 핼리벗함을 이탈하여 소나 성능이 가장 좋은 해저에서 약 8미터 이내 수심을 유지하면서 최대속력으로 탐색할 수 있었다. 그때까지 오직 핼리벗함만이 실제로 잠수사들을 함외로 내보내 미사일 잔해를 수거했다. 그들의 가장 큰 희망은 적외선 장비 또는 레이더 고도계의 파편을 찾는 것이었다. 잠수사들은 핼리벗함의 선체 하부에 연결되어 있는 바구니처럼 생긴 커다란 곤돌라에 파편들을 주워 담았다. 곤돌라가 수백 개의 미사일 조각들로 채워지자, 잠수사들은 DSRV 탑재 장비로 위장한 체임버로 복귀하여 또다시 함내로 들어오기 위해 잠수병에 걸리지 않도록 장시간 감압 과정을 거쳤다.

잠수사들은 마리섬으로 돌아올 때까지 많은 시간을 핼리벗함에서 보냈다. 핼리벗함은 오호츠크해에서 돌아온 후 약 한 달 동안 도크에 들어갔다.

## 잠수함은 인공위성, 정찰기보다 훨씬 고급정보 수집 수단임을 입증

승조원들이 육지에 도착하기도 전에 도청 내용이 담긴 테이프들은 메릴랜드주 포트 조지 G. 미드Fort George G. Meade에 있는 거대한 국가안보국 종합건물로 보내졌다. 이 종합건물은 워싱턴과 볼티모어의 중간 지점에 위치해 있으며, 국방부가 잠수함 또는 다른 첩보 수단을 이용해 수집한 대부분의 전자정보들에 대한 해독 및 분석을 하는 곳이다. 이 건물의 지하에 있는 1,200평 정도 면적의 컴퓨터실은 세 겹의 철조망과 울타리로 보호되어 있었는데, 한 겹은 전기가 통하고 있었다. 이곳에는 미국 내 최고의 수학자와 과학자들이 소련의 암호와 교신 내용을 해독하기 위해 수천 명의 러시아어 전공학자 및 분석가들과 함께 일하고 있었다. 그래서 이 거대한 건물은 '애너그램 인Anagram Inn'(글자 퍼즐 여관)으로 불렸고, 건물은 썬팅된 유리로 가려져 있었다. 이곳에서 핼리벗함이 보낸 테이프의 내용을 확인하기 위한 작업이 진행되고 있었다.

같은 시기에 미사일 파편들은 북서태평양에 비밀리에 설치된 동력자원부 실험실로 보내졌다. 이곳도 외부에 들어가는 표지판이 없는 비밀 건물이었다. 한 바구니의 미사일 조각들이 넓은 빈 방에 놓여 있었다. 기술자들은 바구니에 들어 있는 미사일 파편들을 아주 천천히 종류별로 기다란 보드 위에 정리하기 시작했다. 이러한 작업은 수개월에 걸쳐 진행되었으며, 결국 6미터 높이의 고철더미를 보드 위에 펼쳐놓을 수 있었다. 이러한 퍼즐게임 결과 길이 6미터에 직경 15센티미터 이상인 거의 완전한 미사일의 형태가 만들어졌다.

하지만 기술자들은 해군에서 고대하던 적외선 호밍 장치의 부품들은 발견하지는 못했다. 그것은 미사일이 마하 1~1.5의 속력으로 표적을 관통해 들어가면서 앞부분에 위치한 호밍장치가 박살이 났기 때문이었다. 그렇지만 레이더 고도계와 이와 관련된 중요한 부품들은 발견했다. 이를 바탕으로 미국 기술자들은 미사일 대항책을 연구했고, 결국 소련 순항미사일을 목표물에 도달하기 전 해상에서 피해 없이 요격할 수 있는 대항 수단을 개발했다.

그사이 국가안보국에서 도청된 테이프를 분석한 결과가 브래들리에게 전달되었다. 그의 예측은 정확했다. 통신 케이블을 통해 전달되는 내용은 군사자료들의 금맥이었다. 잠수함 기지와 고위층 해군 장교들 간의 대화, 그중에는 비화되지 않은 자료나 기초적인 음어를 사용한 내용들이 다수 들어 있었다.

통신 케이블 도청은 미국이 이용하고 있는 대부분의 통신 정보 획득 수단과 분리되어 운용되었다. 정찰위성, 정찰기, 감청 기지와 잠수함과 같은 정보망들은 소련 지상 부대의 움직임, 기지 건설, 함대 훈련 등에 관련된 정보를 획득하는 데 집중되었다. 1970년에 발사된 프로토타입prototype 라이올라이트Rhyolite 위성과 같은 가장 발전된 형태의 도청장치조차도 전화선을 통한 정보 획득은 하지 못했다. 미국이 보유한 소수의 도청 위성들은 모스크바와 소련의 북부 해안에만 초점이 맞춰졌을 뿐이었다.

그때까지 소련의 태평양 기지들이 오호츠크해를 관통한 통신 케이블에 의해 연결되어 있다는 것에 관심을 가지고 있는 사람은 아무도 없었다. 실제로 소련 정보기관은 가끔씩 소련 내부에 대해 불시점검을 실시했다. 흔히 드라마에서 나오는 것과 같이 정보기관원들이 모스크바 뒷거리에 있는 스파이들의 정보 은닉 장소를 심야에 급습하여 배달되지 않은 우편물들을 약탈함으로써 소련 군부 지도자들의 대화를 엿듣기 위한 지난 10여 년간의 미국의 노력은 별다른 성과를 거두지 못했다. 한 세트의 안테나가 모스크바의 미국 대사관 옥상에 설치되어 브레즈네프Leonid Brezhnev의 건강에 대한 염려와 다른 정치국 위원들의 소유 자동차와 그들의 성생활에 대한 이야기 등을 엿들을 수 있었다. 그러나 소련의 지도자 중 어느 누구도 카폰과 같이 취약한 수단을 이용해서 국가 기밀을 이야기하지는 않았다.

이제 수중 케이블 도청을 통해 미국은 소련 해군의 두려움과 좌절, 성공과 실패에 대한 평가와 소련의 의도를 처음으로 잘 파악할 수 있게 되었다. 오호츠크해 수중 케이블 도청작전의 가치는 무한한 것으로 평가되었다. 이번에 획득한 첫 번째 정보들은 단지 표본에 불과했다. 브래들리는 다음 단계가 무엇인지를 분명하게 인식하고 있었다. 이 작전을 계기로 잠수함을 이용한 수중첩보수집작전의 새로운 장場이 열리게 되었다.

SUBMARINE

CHAPTER 05

# 북한 SLBM 위협 대비해 우리도 핵 추진 잠수함 건조해야 한다

WORLD

●

디젤 잠수함으로 수상전투함을 공격하는 행위는
용맹성보다 공격 후 생존성 차원에서 고려돼야 한다.

●

어뢰 한 발 쏘고 피격을 당하는 잠수함 함장은
잠수함을 가장 치욕스럽게 만드는 함장이다.

●

01

# 천안함 폭침의 주범 북한 잠수함, 그 위협과 능력은?

## 평시에 기습공격, 전사에도 없는 비겁한 만행

2010년 3월 26일, 백령도 남서쪽 2.5킬로미터 지점에서 서해 경비 임무를 수행하던 천안함이 북한 잠수정의 기습적인 어뢰 공격을 받아 침몰하는 사건이 발생했다. 2016년 3월 26일 '천안함 피격사건 6주기'를 맞았다.

북한의 극악무도한 만행으로 대한민국의 소중한 아들 46명의 해군 장병들이 전사했다. 이 사건은 전시도 아닌 평시에 야간경비를 하고 있는 함정에 느닷없이 공격을 자행한 잠수함 전사戰史상 '가장 치밀하게 준비한 비겁한 잠수함 작전'으로 기록될 것이다.

북한의 잠수함 전력이 수적인 면에서는 분명히 우리를 앞서지만, 성능 면에서는 결코 그렇지 않다. 하지만 구식이고 조잡한 잠수함이라 할지라도 물속에만 들어가면 움직이는 기뢰로, 특수전용 땅굴로 변하기에 전·평시를 막론하고 매우 경계해야 하며, 그 위력은 천안함 사건을 계기로 만천하에 다시금 드러났다. 우리는 반드시 천안함의 원수를 갚을

2010년 4월 12일, 천안함 함미 부분 인양작업 모습. 천안함 피격사건은 전시도 아닌 평시에 야간경비를 하고 있는 함정에 느닷없이 공격을 자행한 잠수함 전사상 '가장 치밀하게 준비한 비겁한 잠수함 작전'으로 기록될 것이다. 〈CC BY-SA 2.0 / Republic of Korea Armed Forces〉

길을 생각하면서 북한 잠수함의 능력과 위협을 다시 한 번 조명해볼 필요가 있다.

## 북한은 잠수함(정) 84척을 보유한 세계 최다 보유국, 능력보다 수에서 더 위협

제2차 세계대전 개전 시 독일은 잠수함을 57척 보유하고 있었다. 이때 독일의 잠수함 크기는 250톤에서 740톤까지 다양했는데, 이 정도의 크기면 현재 북한이 보유하고 있는 300톤 정도의 상어급 잠수함 크기 수준 또는 그 이상이다. 북한은 상어급 잠수함과 이보다 큰 잠수함을 총 61척 보유하고 있으니, 제2차 세계대전 개전 시 영국에 가장 위협이 됐던 독일 잠수함의 위협을 능가한다고 말할 수 있다. 여기에 100톤 크기의 유고급 잠수정까지 합하면 무려 80척이 넘으니 그 수에 있어서는 단

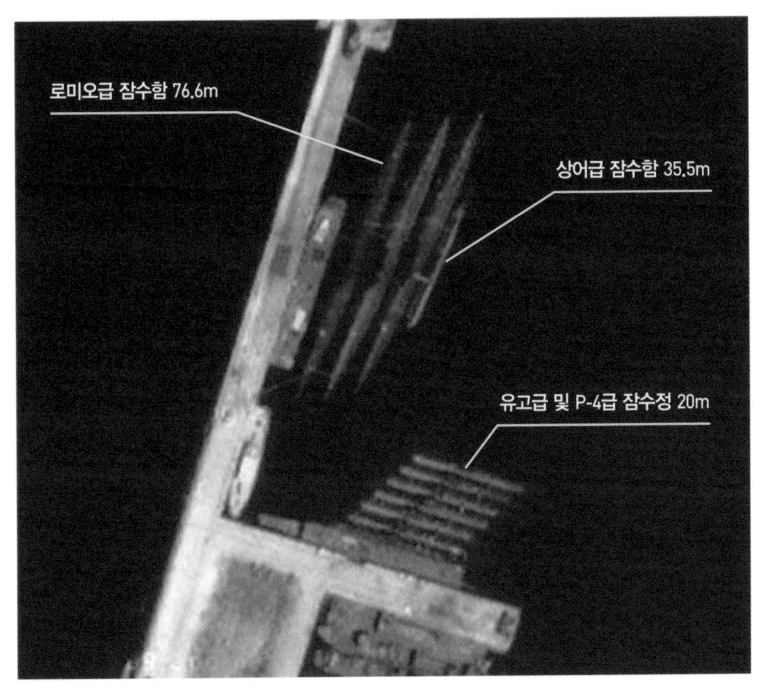


부두에 계류 중인 북한 보유 잠수함 및 잠수정 크기 비교

연 세계 1위다(현재 잠수함 보유수 면에서 미국 74척, 중국 65척, 러시아 62척보다 많은 1위 수준이지만, 이들 국가는 핵 추진 잠수함을 갖고 있어 능력에 있어서는 비교가 안 됨).

독일은 제1차 세계대전 패전국인데 왜 수상전투함에 비해 잠수함을 많이 보유하고 있었을까? 1935년에 체결한 영국과 독일 간 해군협정에 따라 독일 해군이 보유한 수상전투함은 영국 전투함 총톤수의 35%까지만 보유하도록 제한했지만, 잠수함은 이보다 많은 45%를 유지하도록 했다. 영국이 제1차 세계대전 시 독일 잠수함에 당하고서도 잠수함을 비신사적인 무기이고 그 위협도 그리 크지 않다고 무시하고 1938년에는 매우 여유를 부리며 잠수함만은 독일이 영국과 동일한 수준을 보유하도록 허락했기 때문이다.

### 북한은 왜 이렇게 많은 수의 잠수함 전력을 보유하고 있는가

북한의 해군 전력은 우리보다 수적으로는 압도적임을 신문지상을 통해 볼 수 있다. 그러나 자세히 들여다보면 쓸 만한 함정이 별로 없다. 필자는 1990년 통독 후 동독 해군 함정들이 고철로 일반 시장에 내다 팔리는 것을 목격한 적이 있는데, 북한 함정들도 이와 유사하지 않을까 생각된다. 특히 수상함정은 오래된 데다가 무기체계도 열세하며 이를 교육훈련시킬 만한 경제적 여유가 없기 때문에 우리의 고가 유도탄으로 공격하기에도 아까운 함정이 다수를 차지하고 있다.

그러나 잠수함 전력만은 무시할 수 없는 게 사실이다. 잠수함은 척수도 많을뿐더러 제2차 세계대전 시의 독일 잠수함보다 성능이 뛰어나기 때문이다. 물론 현대 기술 수준에서 보면 잠수함 전력도 성능이 뒤떨어지는 구식이지만, 그러한 형편없는 전력도 일단 물속에 들어가면 찾아내기 힘들고 방어하기 힘든 게릴라 세력으로 변하기 때문이다. 이는 1996년 강릉 안인진에 침투했던 상어급 잠수함 승조원 사살작전에서도 여실히 드러났다. 강릉 잠수함 침투사건 때 육상으로 도주한 13명을 사살하는 데 연인원 150만 명이 동원됐고, 아군 7명과 민간인 4명이 숨졌으며, 경제적으로도 2,000억 원 이상 손해를 봤다. 그 당시 승조원들이 아닌 중무장한 특수요원이었다고 가정한다면 그 피해는 상상을 초월했을 것이다. 이런 수준의 잠수함을 80척 이상 보유하고 있으니 이들 전력을 동시 다발적으로 우리의 후방에 침투시킨다면 그 피해는 예측하기 힘들 것이다.

북한은 우리보다 30년 먼저인 1963년에 소련으로부터 잠수함을 도입했다. 6·25전쟁 후 김일성이 가장 후회한 것 중 하나가 연합국의 군수지원 통로인 부산 동남 해역을 장악하지 못한 것이었다. 그는 이때 북한이 잠수함을 보유했더라면 부산 동남 해역을 전략적으로 봉쇄해 미군의 원조를 차단함은 물론 인천상륙작전도 허용치 않았을 것이라는

강릉 잠수함 침투사건은 1996년 9월 북한 상어급 잠수함이 강릉시 부근에서 좌초된 후 잠수함에 탑승한 인민무력부 정찰국 소속 특수부대원 26명이 강릉 일대로 침투한 사건이다. 북한은 1995년부터 300톤급 상어급 잠수함을 독자적으로 설계·건조해 현재는 단일함형으로는 가장 많은 38척을 보유하고 있다. 사진은 1996년 강릉 안인진에 공작원을 침투시키다 해안에 좌초된 북한 상어급 잠수함으로, 현재는 강릉 통일공원에 전시돼 있다. 〈Public Domain〉

전쟁 교훈을 얻었다고 한다. 그래서 우리보다 먼저 잠수함을 갖기 시작했고, 전시도 아닌 평시에 천안함을 폭침시킴으로써 전 세계에 그 위력을 과시했다.

## 천안함 도발은 독일 U-47처럼 잠수함을 정치적으로 활용하기 위한 쇼

### 독일 U-47의 영국 항구 침투작전은 잠수함 추가 건조 위한 히틀러 설득용 작전

제2차 세계대전 중 독일 해군의 되니츠 제독은 군 지휘부에 잠수함 300척만 건조해주면 영국을 굴복시킬 수 있다고 주장했지만 받아들여지지 않았다. 이에 되니츠 제독은 어쩔 수 없이 은밀한 쇼를 기획하게 됐다. 히틀러가 쇼를 좋아한다는 것을 알고 잠수함의 가치를 인정할 만한 거대한 쇼를 성공시켜 잠수함을 더 만들어주도록 설득하는 수단으로 활용하기 위해서였다.

되니츠는 쇼를 성공시키고 자신이 의도한 대로 그 효과를 충분히 얻기 위해서는 적어도 제1차 세계대전 당시 잠수함 역할에 버금가는 전과를 거둬야 한다고 생각했다. 그가 선택한 것은 독일 잠수함을 영국 해군의 스캐퍼 플로Scapa Flow 해군기지에 침투시켜 정박 중인 전함을 격침시키는 작전 계획이었다. 스캐퍼 플로 해군기지는 제1차 세계대전 직후 패전한 독일의 잠수함과 수상전투함 79척이 무장해제당한 채 7개월이나 억류돼 있다가 항복을 거부하고 스스로 침몰을 선택한 독일인의 한이 서린 역사적인 장소이기도 했다.

1939년 10월 8일 독일 잠수함 U-47은 독일의 킬Kiel 항을 출발해 10월 13일 새벽 영국의 스캐퍼 플로 외항에 도착했다. 영국 해군도 제1차 세계대전 시 독일 U-보트에 당한 쓰라린 경험과 교훈을 통해 항구 입구에 폐선을 침몰시켜 수로를 좁게 만들어놓고 잠수함 침투를 방지하기 위한 그물망을 설치함은 물론 구축함 등으로 항구 외곽을 철통같이 방호하고 있었다.

하지만 U-47 함장은 항구에 대해 철저히 연구 후 잠수함을 몰고 절묘하게 침투에 성공, 총 3발의 어뢰를 쏴서 정박 중인 영국 전함을 공격했다. 그러나 놀랍게도 단 1발의 어뢰 폭발음만 들렸을 뿐, 여전히 자신들이 표적으로 삼았던 전함 로열 오크HMS Royal Oak는 손상 없이 버티고 있었다. 어뢰 불량이었던 것이다. U-47의 함장 귄터 프린Günther Prien 소령은 순간적으로 작전을 포기할까 망설였으나, 다시 이를 악물고 어뢰 3발을 발사했다. 드디어 영국의 전함 로열 오크가 천천히 침몰하는 모습이 관측됐다. 그리고 또 1발의 어뢰가 수상항공기 모함을 대파한 전과를 확인하고 U-47은 신속하게 항구를 탈출했다. 되니츠가 계획한 쇼는 대성공을 거뒀다. 이러한 성과에 힘입어 되니츠 제독은 잠수함 추가 건조 계획을 적극적으로 추진할 수 있게 됐다.

**천안함 도발은 연이은 북한 잠수함 작전 실패와 NLL 근해 수상전투함의 전투 능력 열세를 위장하려는 충성 경쟁용 작전**

천안함 피격사건은 연이은 북한 잠수함의 작전 실패와 NLL 근해 도발 시 수상전투함마저 우리 해군에 밀리자 이러한 열세한 상황을 극복하려는 수단으로 자행됐다. 북한 잠수함 작전의 첫 번째 실패는 1985년 동해에서 항해 중 1,700톤급 잠수함이 침몰해 승조원 전원이 사망한 것이며, 두 번째는 1996년 강릉 안인진에 침투한 300톤급(상어급) 잠수함이 기관 고장으로 좌초돼 우리 해군에 의해 인양된 것이고, 세 번째는 1998년 속초 근해에서 100톤급(유고급) 잠수정이 어망에 걸려 우리 해군에 의해 인양된 사건이다.

상어급 잠수함의 좌초와 유고급 잠수정이 어망에 걸린 사건은 잠수함 세계에서는 그야말로 최하급 잠수함 운용술을 그대로 보여준 사건으로, 세계의 조롱거리가 될 수밖에 없었다. 우리가 잠수함을 보유하고 있지 않았을 때 북한은 잠수함으로 남한에 공작원을 침투시키기 위해 우리 해역을 제 집 드나들 듯했다고 한다. 이렇듯 숙달된 작전 항로에서 좌초되고 어망에 걸려 우리 해군에 인양됨으로써 결국 북한은 잠수함 2척을 우리에게 자동 헌납(?)하게 됐고, 이는 북한 잠수함 역사에 참으로 부끄러운 사건으로 기록될 것이다.

이러한 부끄러움을 만회하기 위해 북한은 근 10년이 넘게 절치부심해왔다. 그 결과가 바로 잠수함을 이용한 천안함 피격사건이고 이 사건을 계기로 그동안 NLL 근해에서 북한 수상전투함들의 전투 능력 열세마저도 일시에 만회하려 했다. 잠수함의 가장 큰 강점인 은밀성을 정치적으로 이용한 케이스다.

평시에 야간경비 중인 우리 함정에 북한 잠수함이 공격하리라고는 아무도 생각하지 못했다. 천안함 피격사건은 잠수함 전사에서 가장 비겁한 공격으로 기록되고 있지만, 6년이 지난 지금까지 북한은 자신들의

천안함을 공격한 북한 CHT-02D 어뢰의 추진체 〈CC BY-SA 3.0 / Mztourist〉

소행이 아니라고 발뺌하고 있고 이를 믿는 사람이 의외로 많다. 이것이 잠수함 작전의 가장 큰 장점이고 효과다. 북한은 잠수함을 이용해 평시에 우리 해역에 침투해 천안함을 격침시킴으로써 독일이 전시에 영국 항구에 침투해 전함을 격침시킨 것보다 더 큰 정치적 목적을 달성했다.

02

# 북한의 SLBM 개발 위협, 그 진단과 대책은?

## SLBM은 현존 무기 중 가장 은밀하고 파괴력이 큰 무기

"세계를 움직이는 3명의 최고 실권자는 미합중국 대통령, 러시아 대통령, 그리고 미 핵미사일 탑재 잠수함 함장이다.(The Three Most Powerful Men In The World: The President Of The United States, The President Of The Russian Republic, and The Captain, a U. S. Nuclear Missile Submarine.)"

이 말은 잠수함 발사 핵탄도미사일에 의한 3차 대전 가능성을 다룬 잠수함 영화 〈크림슨 타이드Crimson Tide〉 자막에 나오는 유명한 대사로 SLBMSubmarine Launched Ballistic Missile(잠수함 발사 탄도미사일)의 위력을 가장 짧고 실감나게 표현한 말이기도 하다. 영화를 보면서 우리도 저렇게 SLBM을 탑재한 잠수함을 가질 수 있을까 하고 부러워한 적이 있었는데, 북한이 먼저 SLBM을 개발하여 우리를 위협하려 하고 있다.

북한은 2015년 5월부터 SLBM 해상 사출시험 장면을 노출시키면서 세계의 이목을 집중시켰다. 2016년 들어서는 수소폭탄 실험 직전에 또

2015년 5월 9일 첫 시험 발사된 북한의 잠수함 발사 탄도미사일(SLBM) 북극성 1호 〈노동신문〉

한 차례 SLBM 수중 사출시험을 진행했고, 2월 7일에는 장거리 미사일을 발사했다. 국제사회의 제재에도 아랑곳하지 않고 그들은 핵, 장거리 미사일 그리고 SLBM까지 그들의 계획대로 신속하게 진행시킴으로써 우리 국민들의 안보 불안을 가중시켰다. 북한이 핵실험 시기에 맞추어 SLBM 사출시험을 단행한 것은 핵무기 소형화도 막바지 단계가 되었음을 보여준 것이다. 북한은 드디어 4월 23일에 SLBM을 30킬로미터까지 쏘아올렸고, 8월 24일에는 500킬로미터 비행시킴으로써 SLBM 개발은 사실상 성공한 것으로 평가된다.

SLBM 수중 사출시험은 잠수함에 설치된 수직발사관에서 미사일을 발사하기 위한 발사체계를 점검하는 마지막 과정이다. SLBM을 전력화하기 위해서는 통상 4단계(이 단계는 관점에 따라 약간씩 다름)를 거친다. 1단계는 지상에서 시험용 발사관을 만들어 시험하며, 2단계는 이를 실제 잠수함에 맞게 탑재용을 만들어 정박해 있는 잠수함에서 시험한다. 3단계는 잠수함을 몰고 바다로 나가 미사일을 수중에서 물위로 밀어내는 시험과 미사일 자체 추진 엔진 점화시험을 실시하며(이 단계에서 잠수함을 몰고 바다에 나가는 대신 해상 바지선에 수직발사대를 설치하고 시험할 경우도 있음), 4단계는 실제 미사일을 목표물까지 날려 보내는 시험을 하게 된다. 여기서 성공하면 전력화가 완성되는데, 이 절차의 반복 횟수가 증가함에 따라 정확도와 신뢰도가 향상된다.

### 북한, 세계 일곱 번째 SLBM 보유국 반열에 오르다

현재 성능이 검증된 SLBM 보유 국가는 미국, 러시아, 영국, 프랑스, 중국과 인도 등 6개국이며 북한이 일곱 번째 SLBM 보유국이 되면서 군사 강국의 반열에 뛰어들었다고 할 수 있다.

**국가별 SLBM 탑재 잠수함 보유 현황**

| 국가(척수) | 함형(척수) | 수중톤수(톤) | 함 길이/폭(m) | SLBM(탑재수량) | 사정거리(km) |
|---|---|---|---|---|---|
| 미국(14) | 오하이오급(14) | 9,000 | 170.7/12.8 | 트라이던트 II(24) | 12,000 |
| 러시아(13) | 타이픈급(1)<br>델타-IV(6)<br>델타-III(3)<br>보레이(3) | 26,925<br>13,711<br>13,463<br>19,711 | 171.5/24.6<br>166/12<br>160/12<br>170/13.5 | SS-N-20(20)<br>SS-N-23(16)<br>SS-N-18(16)<br>SS-N-30(16) | 8,300<br>8,300<br>6,500<br>8300 |
| 영국(4) | 뱅가드(4) | 15,980 | 149.9/12.8 | 트라이던트 II(16) | 12,000 |
| 프랑스(4) | 트리옹팡(4) | 14,335 | 138/12.5 | M-45(16) | 6,000 |
| 중국(5) | 진급(4)<br>시아급(1) | 8,000<br>6,500 | 137/11.8<br>120/10.0 | JL-2(12)<br>JL-1(12) | 8,000<br>2,150 |
| 인도(1) | 아리한트(1) | 7,000 | 120/14.0 | 사가리카(12) | 750 |

출처: *Jane's Fighting Ship 2014–2015*

| 북한(1)/추정 | 신포급(1) | 2,000 | 67/6.6 | 개량형 SS-N-6(1) | 2,500~3,000 |
|---|---|---|---|---|---|

## 북한은 대형 잠수함을 만들어 SLBM 여러 발 탑재 시도

핵무기를 보유하는 모든 국가의 최종목표는 SLBM에 핵탄두를 장착하여 물속 잠수함에 숨김으로써 핵무기의 생존성을 높이고 보복 능력을 갖추는 것이다. 핵무기 운반 수단은 크게 세 가지다. 전략폭격기, ICBM(대륙간탄도미사일), SLBM(잠수함 발사 탄도미사일)이 그것이다. SLBM이 맨 늦게 개발되면서 전략폭격기와 ICBM은 상대적으로 위협도가 낮아지고 있다. 왜냐하면 전략폭격기와 ICBM은 비행 중 장시간 위치가 노출되어 중간에 요격되기 쉬운 반면, SLBM은 잠수함의 위치가 노출되지 않아 언제 어디서 발사될지 모르며 적의 핵무기에 의해 우리의 영토를 공격받은 후에도 물속에서 보복공격이 가능하기 때문이다.

북한이 현재 미국이나 러시아 등 강대국처럼 거대한 핵 추진 잠수함에서 SLBM을 발사할 수 있는 능력을 보유한 것은 아니다. 하지만 그들이 개발하고 있는 2,000톤 신포급 잠수함에 핵탄두를 장착한 SLBM을 1발만 탑재하여 물속으로 들어가도 이는 우리에게 치명적인 위협이 된다. 북한은 1963년 소련에서 위스키Whiskey급(1,700톤) 잠수함을 도입하여 건조 기술을 발전시켰으며, 이를 바탕으로 1976년부터 로미오급(1,800톤) 잠수함을 독자 건조했다. 이제 곧 지난 40년간 축적된 건조 기술로 대형 잠수함을 건조하여 핵탄두를 장착한 SLBM을 여러 발 탑재하려 할 것이다. 북한이 핵탄두를 장착한 SLBM을 실전 배치하는 것은 시간문제다. 이제는 북한의 SLBM 위협을 기정사실로 받아들이고 SLBM 탑재 잠수함이 출항하기 전부터 물속에서 작전할 때까지 전 과정을 면밀히 감시하고 추적하는 능동적이고 실질적인 대응방안을 마련해야 한다. 그러한 대응방안은 어떤 것들이 있을까?

북한의 신포급 잠수함은 소련의 3,000톤 골프급 잠수함과 매우 유사하다. 골프급 잠수함은 소련의 최초 SLBM 탑재 디젤 잠수함(SSB)으로 함 중앙의 함교탑 부근에 SLBM 3발을 탑재했다. 북한은 1994년 일본의 고철 거래상으로부터 러시아의 퇴역 골프급 잠수함을 구입하여 수직발사관과 미사일을 연구해 왔다. 신포급 잠수함은 함교탑 부근에 SLBM 1발을 탑재하는 것으로 추측된다. 사진은 SLBM 탑재 골프 II 잠수함의 모습. 〈Public Domain〉

소련 최초의 SLBM R-13(왼쪽)과 북한이 골프급 잠수함에 탑재된 R-27(SS-N-6)을 기반으로 만든 무수단 미사일(오른쪽)

## 북한의 SLBM 위협 대비 수중·수상 킬체인 구축 시급

단기적으로는 한·미 연합 수중 킬체인, 장기적으로는 한국 단독 킬체인 구축

북한의 SLBM 위협은 한·미 연합 수중·수상 킬체인을 구축하여 대응해야 한다. 먼저 SLBM 탑재 잠수함이 잠수함 기지에 있을 때는 기존 킬체인의 타격 대상에 포함시켜 감시하고 유사시 선제타격을 한다. 그러나 항구를 출항하여 물속에 들어간 SLBM 탑재 잠수함에 대해서는 미국이나 러시아 잠수함들처럼 출항 정보를 사전에 획득하여 출항과 동시에 수중에서 추적·감시해야 한다. 냉전 시에 들키지 않고 3주 이상 소련 잠수함을 추적한 미국 잠수함 함장은 대통령 표창을 받았다고 한다.

수중추적작전을 위해서는 북한 잠수함의 속력보다 최소 1.5배 이상의 속력을 24시간 낼 수 있는 핵 추진 잠수함이 필요하지만 우리는 지금 핵 추진 잠수함이 없기 때문에 확보 시까지 미군과의 연합작전이 불가피 하다. 북한 잠수함을 수중에서 추적·감시하여 SLBM 발사를 억제해야 하고, SLBM 발사 억제 실패 시는 수상의 이지스함 SM-3로 요격해야 한다.

이러한 작전의 성공을 위해서는 보다 긴밀한 한·미 해군 간 연합작전 체제를 구축해야 한다. 과거와 같이 한·미 잠수함 간의 수중환경정보, 해상 장애물 정보 등 저급의 정보 공유는 무의미하다. 한국의 AIP탑재 잠수함과 미국의 핵 추진 잠수함이 수중작전구역을 분리하여 추적·감시하거나 중요 길목에서는 교호로 추적·감시작전을 담당하는 등 나토 해군 수준의 연합작전을 해야 한다. 이를 위해 그동안 묵시적으로 수행해왔던 한·미 간 수중구역관리WSM, Water Space Management협정을 정식으로 체결하고 상호간섭방지PMI, Prevention of Mutual Interference 차원에서 작전 정보를 공유해야 한다. 미국이 동의하지 않으면 우리를 대신하여 북한의 SLBM 탑재 잠수함을 추적·감시하고 우리 지휘계통을 통해 보고하도

록 강력히 요구해야 한다. 합참도 한·미 연합 잠수함, 이지스함을 효과적으로 지휘할 새로운 연합지휘체계를 구축해야 한다. 잠수함 출항 전에는 인공위성, 정찰기 등 한·미 연합 정찰 및 감시 자산으로 SLBM 탑재 잠수함의 위치 정보를 상세히 파악하여 우군 경계수단에 전파함으로써 SLBM의 위협에 단계별 대비태세를 갖추며 여기에는 반드시 해상초계기, 이지스함, 잠수함 등 한·미 작전세력이 참여해야 한다. 미국의 핵 추진 잠수함 또는 제한된 능력이지만 한국의 214급 AIP체계 탑재 잠수함, 한국의 이지스함과 미국의 이지스함은 상호 간섭 없이 추적·감시작전에 참여할 수 있도록 연합작전 매뉴얼을 하루빨리 만들어야 한다.

장기적인 대응책으로는 한국 단독 수중·수상 킬체인을 구축하는 것이다. 수중 킬체인의 핵심은 당연히 한국의 핵 추진 잠수함이며, 완벽한 협동작전을 위해 P-8 등 장시간 작전이 가능한 해상 초계기를 확보하고 이지스함에도 SM-3 미사일을 탑재해야 한다.

03

# 우리도 핵 추진 잠수함 만들어야 한다

## 북한은 궁극적으로 핵 추진 잠수함을 개발하여 SLBM을 탑재

북한은 2016년 8월 24일에는 SLBM을 발사하여 500킬로미터까지 비행시킴으로써 SLBM 개발 성공을 자축했다. 이제 남은 것은 실제 핵탄두를 장착하여 폭발시키는 것인데, 이 시험은 현실적으로 진행하기 어려우며 이미 러시아의 SS-N-6(R-27)에서 성능을 검증받았다고 보는 것이 옳을 듯하다.

미국과 러시아의 SLBM 탑재 잠수함은 핵탄두 장착 탄도미사일 1발이면 강대국의 대도시 하나를 간단히 날려버릴 정도의 위력을 갖고 있다. 그래서 SLBM 탑재 잠수함이 물속에 들어가면 상대국 핵 추진 잠수함의 추적과 감시작전이 시작된다.

북한이 핵탄두를 장착한 SLBM으로 우리를 위협하는 것은 시간문제다. 이제는 잠수함의 크기를 키워 SLBM을 여러 발 탑재할 것이고, 궁극적으로 핵 추진 잠수함을 개발하여 SLBM을 탑재할 것이다. 그들의 계획을 미리 예측하고 SLBM의 실질적인 위협을 직시하면서 대비책을 세워야 한다.

## 북한의 SLBM 개발, 한·미 연합방위체계 흔들 수도

북한의 SLBM 개발의 궁극적인 목표는 핵탄두를 탑재하는 것이기 때문에 우리의 전략 및 작전적 대응은 지상의 핵무기와 더불어 물속에 감춰진 핵무기에도 초점을 맞춰야 한다.

전략 및 작전적 차원에서 볼 때 북한이 SLBM을 개발하면 그동안 우리 군과 한·미 연합 전력이 공동으로 추진해온 북핵 대응전력 K2(Kill Chain and KAMD)체계의 실효성이 약화되고 4D(Detect, Disrupt, Destroy, and Defend)작전 수행에 어려움을 겪게 될 것이다. 즉, 북한이 SLBM을 개발하면 우리 군의 지상용 K2체계와 4D작전 개념이 무력화된다는 것이다.

또한 북한의 SLBM 개발은 그동안 공고히 해왔던 한·미 연합방위체계와 한미동맹의 근간을 흔들 수 있다. 북한이 국지전·전면전 도발 과정에서 SLBM을 이용해 미국 본토를 실제로 위협한다면 미국 국내 여론이 급격히 악화되고, 한반도에 대한 증원 전력 전개가 심각하게 제한될 수 있다.

이와 같이 SLBM으로 인해 강요받는 전시와 평시의 심리적 압박은 엄청난 것이며, 더욱 무서운 점은 북한 김정은 정권이 이러한 심리적 효과를 정확히 파악하고 있다는 것이다. 아울러 북한의 SLBM은 미 증원 전력 투입 제한뿐 아니라 근본적인 한·미동맹 관계에 큰 문제를 야기할 수 있다.

동맹국 미국의 핵확장억제extended deterrence의 신뢰성과 효과성에 대한 우리 국민들의 불신이 커진다는 것이다. 궁극적으로는 동맹 와해를 의미하는 디커플링decoupling 현상을 동반할 가능성도 있다. 냉전 시 영국과 프랑스의 독자적 핵개발 단초는 미 핵확산억제에 대한 불신과 독자적인 보복 능력을 보유하지 못한 불안에서 시작됐다.

북한의 SLBM 개발은 한·미동맹의 효과적인 전쟁 수행을 위한 전략·작전·전술적 수준의 모든 차원에서 큰 파급효과를 가져오게 될 것이다. 그렇다면 북한이 SLBM 개발에 성공한 현시점에서 우리는 무엇을 어떻게 준비해야 하는가?

## 핵 추진 잠수함 개발 및 이지스함에 SM-3 탄도미사일 요격미사일 도입 시급

현재 우리 군의 K2 체계는 지상 및 공군력 위주의 전력 운용 개념으로 구성돼 있다. 그렇지만 북한 SLBM에 대한 효과적 대응을 위해서는 '수중 킬체인 체계underwater Kill-Chain system'를 마련해야 한다.

수중 킬체인의 핵심은 당연히 핵 추진 잠수함이다. 지금 이 시간에도 미국과 러시아가 상대의 SLBM 탑재 잠수함의 행동을 추적하고 감시하고 있다는 것은 공공연히 알려진 비밀이다.

북한의 SLBM 대응을 위해 우리 해군도 반드시 핵 추진 잠수함(SSN)을 확보해야 한다. 육상에 있는 핵무기는 감시장비로 추적 감시하며 킬체인을 이용해 선제공격하는 것을 계획하면서 핵무기를 잠수함에 실어 물속에 감추면 감시하지 않는다는 것은 논리적으로도 맞지 않는다.

수중 킬체인의 핵심은 당연히 핵 추진 잠수함이다. SLBM을 탑재한 북한 잠수함을 기지에서부터 효과적으로 봉쇄하고 또한 봉쇄에 실패할 경우 은밀하게 추적·격침시키기 위해서는 장기간 은밀한 작전이 가능한 핵 추진 잠수함을 보유해야 한다. 사진은 영국의 핵 추진 공격 잠수함 앰부시(HMS Ambush)의 모습. 〈Open Government Licence v1.0 / CPOA(Phot) Thomas McDonald〉

1959년 소련과의 결별을 앞두고 중국의 마오쩌둥毛澤東은 "1만년이 걸려서라도 핵 추진 잠수함을 개발하라"고 지시했다고 한다. 국가 생존의 위기에서 최고지도자가 내린 결정이었다.

우리 해군의 핵 추진 잠수함 보유의 당위성은 명약관화하다. SLBM을 탑재한 북한 잠수함을 기지에서부터 효과적으로 봉쇄하고 또한 봉쇄에 실패할 경우 은밀하게 추적·격침시키기 위해서는 장기간 은밀한 작전이 가능한 핵 추진 잠수함을 보유해야 한다.

북한의 SLBM 탑재 잠수함이 출항할 때부터 핵 추진 잠수함으로 추적·감시하다가 SLBM 발사 징후를 포착하면 현장에서 격침시켜야 한다. 만약 감시를 피해 SLBM을 발사하면 2차적으로 이지스 구축함을 이용해 SLBM을 해상에서 요격해야 한다. 이를 위해 이지스 구축함의 요격체계인 SM-3 탄도미사일 요격미사일 도입을 적극 추진해야만 한다.

SM-3는 탄도미사일 요격에 가장 효과적이고 우수한 무기체계임에도 불구하고, 미국 MD체제 편입에 대한 중국의 반발 우려, 고가의 무기체계 도입과 관련된 일부 군내의 이기주의, 과거 결정된 하층방어정책 변경에 대한 부담감과 책임회피 등의 문제로 인해 이지스 구축함을 보유하고 있는데도 SM-3 미사일 도입이 제한되고 있다.

북한 김정은 정권의 핵무기 보유는 한국에는 국가 생존이 걸린 문제다. 국가 생존의 문제를 놓고 언제까지 주변국의 눈치만 볼 수는 없다. SM-3 비용과 관련해서는 북한의 핵폭탄이 단 한 발이라도 수도권 지역에 떨어졌을 경우 발생할 인명과 재산 피해를 생각해봐야 한다. 특정 무기체계의 가치는 다른 무기체계와의 단순한 성능이나 가격 비교가 아닌 해당 무기체계의 보유로 지킬 수 있는 국민의 생명과 재산 가치로 평가돼야 한다.

어쩌면 김정은은 SM-3 도입을 서두르지 않는 우리의 현실을 비웃으면서 속으로는 안도의 한숨을 쉬고 있는지도 모른다. 이지스 구축함에 장착되는 SM-3는 북한 김정은 정권에 심리적 강압을 안겨줄 수 있는

북한의 SLBM 탑재 잠수함이 출항할 때부터 핵 추진 잠수함으로 추적·감시하다가 탄도미사일 발사 징후를 포착하면 현장에서 격침시켜야 한다. 만약 감시를 피해 SLBM을 발사하면 2차적으로 이지스 구축함을 이용해 SLBM을 해상에서 요격해야 한다. 이를 위해 이지스 구축함의 요격체계인 SM-3 탄도미사일 요격미사일 도입을 추진해야만 한다. 사진은 이지스 구축함 레이크 이리(USS Lake Erie, CG 70)가 SM-3 탄도미사일 요격미사일을 발사하는 장면. 〈Public Domain〉

가장 유용한 수단이다. 북한 지도부는 SLBM을 이용한 초기 기습공격에 충분한 효과를 얻지 못할 경우 막강한 한·미 연합 전력에 의해 북한 주요 지역이 초토화될 것임을 잘 알고 있다.

따라서 유사시 북한의 초기 SLBM 공격을 효과적으로 요격·방어할 수 있는 SM-3를 적정 수량만 보유하더라도 전쟁 억제 차원에서 매우 큰 효과가 있다. 궁극적으로 우리 해군이 보유한 이지스체계와 결합되는 SM-3 요격체계는 SLBM을 포함한 북한의 핵미사일 공격 능력을 무력화시킬 수 있는 가장 유용한 억제 전력이다.

## 핵 추진 잠수함 건조, 국가적 의지가 가장 중요

핵 추진 잠수함을 건조하기 위해 극복해야 할 장애요인은 크게 세 가지로 볼 수 있다. 첫째는 기술 수준이고, 둘째는 핵연료의 안정적 확보이며, 셋째는 가장 중요한 요인인 국가적 의지다.

미국이 핵 추진 잠수함을 건조한 1954년의 기술 수준과 비교해볼 때 우리의 기술 수준이 훨씬 앞서 있으므로 별 문제가 안 된다. 우리는 현재 세계 5위의 원자력 기술 강국이며, UAE, 요르단, 사우디아라비아에 원자로를 수출할 정도로 원자력 기술 자립을 달성했다. 3,000톤급 잠수함 독자 설계도 마쳤고 건조 중이며 2018년 진수 예정이므로, 정책만 결정되면 기술적인 문제는 쉽게 극복하리라 여겨진다.

문제는 핵연료의 안정적인 확보를 위해서는 우라늄의 군사적 전용을 금지하는 IAEA(국제원자력기구)와 한·미원자력협정의 명시적 규정에 위배되지 않는 방법으로 추진해야 한다는 것이다. 미국 등 강대국이 핵 추진 잠수함에 원자로를 탑재할 때 주장했던 것처럼 원자력을 함정의 추진체에만 사용하는 것은 평화적 이용에 해당함을 강조해야 한다.

그리고 프랑스의 루비급 잠수함과 같이 20% 미만으로 농축한 우라늄을 사용하면 된다. 농축도 20% 미만의 우라늄은 국제 시장에서 상용으로 거래되며, 사용 후 IAEA에 용처를 보고하면 된다. 농축도 20% 미만의 우라늄은 사용 후 재처리를 하지 않으면 핵무기를 만들 수 없기 때문에 핵무기 제조에 대한 오해도 불식시킬 수 있다. 우리는 농축 및 재처리 시설을 보유하지 않고 있기 때문에 핵무기를 만들 정도인 농축도 95% 이상의 우라늄을 확보할 수도 없다. 농축도 20% 미만의 우라늄을 군함의 추진체에만 사용하겠다고 IAEA에 당당히 보고하고, IAEA 요구 시 핵사찰을 받겠다고 하면 된다. 지난해 한·미원자력협정에서는 상호 협의에 의해 농축도 20% 미만의 우라늄을 농축할 수 있도록 개정했지만 이는 미국산 우라늄과 장비를 사용할 때 해당되는 것이므로 제3국에서 20% 미만의 우라늄 메탈을 구입하면 미국과 협의할 필요가 없다. 결론적으로 우리가 추진하는 방법이 국제법에 위배되지 않으므로 강력하게 추진하면 된다.

마지막으로 중요한 것이 국가적 의지인데, 이를 실현하지 못하는 가장 큰 장애물은 국가 위상에 걸맞은 목소리를 내지 못하는 것이다. NPT 회원국으로서 핵무기 개발은 포기하되 최소한 북한의 SLBM 탑재 잠수함을 추적하고 감시할 수 있는 능력을 갖춘 핵 추진 잠수함 건조에 대한 타당성을 적극 주장해야 한다.

북한은 핵무기를 소형화해 잠수함에 탑재하는 단계에 와 있는데, 우리는 핵무기 개발은 고사하고 이를 추적·감시할 수 있는 핵 추진 잠수함을 개발도 못 한다는 것은 자주국방을 포기하는 것이며 안보 무책임이다. 언제까지 미국의 핵 추진 잠수함이 우리를 대신해 북한의 SLBM 탑재 잠수함을 추적하고 감시해주기를 바랄 것인가? 우리 힘으로 북한의 SLBM 탑재 잠수함을 24시간 추적·감시할 수 있는 핵 추진 잠수함을 건조해야 한다. 그렇지 않으면 자주국방을 외면한 채 거꾸로 간다는 비난을 면치 못할 것이다. 이제 핵 추진 잠수함 개발을 위한 국가적 의

지를 발동해야 한다.

## 핵 추진 잠수함 건조를 위해 국가적 역량을 총결집

핵 추진 잠수함은 디젤 잠수함보다 월등한 은밀성과 기동성을 갖추고 보이지 않는 곳에서 적에게 비수를 들이대며 선제공격을 받았을 때도 살아남아 보복공격을 할 수 있는 유일한 무기체계다. 축전지 충전을 위해 하루에 두 번 이상 물위에 올라옴으로써 위치를 노출해 은밀성과 기동성이 떨어지는 디젤 잠수함으로는 상상도 할 수 없는 효과다.

이런 차원에서 핵 추진 잠수함 보유는 북한은 물론 주변국을 강력히 견제할 수 있는 안전장치다. 양병만 되었다면 일본의 한반도 침략을 차단할 수도 있었던 조선시대 율곡 이이의 '10만 양병설' 이상의 억제효과를 발휘할 수 있을 것이다. 왜 미국, 영국, 프랑스가 제2차 세계대전 시 해전의 영웅이었던 디젤 잠수함을 모두 폐기하고 가격이 비싼 핵 추진 잠수함만을 운용하고 있겠는가? 핵 추진 잠수함의 전략적인 효과가 그만큼 크기 때문이다.

북한이 SLBM으로 우리를 위협하고 있는 지금 핵 추진 잠수함 건조를 앞당겨야 한다. 그동안 우리의 전력 대응은 북한의 비대칭 전력이 실전 배치된 후 뒤늦게 허겁지겁 따라잡는 식이었다. 이제 더 이상 뒷북만 쳐서는 안 된다. 이제부터는 북한의 행동을 예측하고 그에 대비해 한 단계 앞선 대응전력 개발과 전력 구비가 요구된다.

그런 의미에서 핵 추진 잠수함은 우리에게 미래 주요 전장인 수중 전장의 우세를 선점하는 진정한 역비대칭 전력이고 도약적 우위전력이라고 할 수 있다. 국가 생존이 달린 순간에, 우리 모두가 핵 추진 잠수함의 필요성을 공감하고 핵 추진 잠수함 건조를 위해 국가적 역량을 총결집할 때다.

SUBMARINE

## APPENDIX 1

# 부록 1

- 세계 각국의 잠수함 보유 현황
- 과거 잠수함전 전과 및 손실
- 주변국 잠수함 주요 제원
- 세계 각국의 잠수함 탑재 어뢰 현황
- 세계 각국의 잠수함 탑재 SLBM 현황

WORLD

## 세계 각국의 잠수함 보유 현황

(단위: 척)

| 국가명 | SSBN | SS(G)N | SS | 계 | 국가명 | SSBN | SS(G)N | SS | 계 |
|---|---|---|---|---|---|---|---|---|---|
| 그리스 | | | 11 | 11 | 영국 | 4 | 8 | | 12 |
| 남아공 | | | 3 | 3 | 이란 | | | 3 | 3 |
| 네덜란드 | | | 4 | 4 | 이스라엘 | | | 5 | 5 |
| 노르웨이 | | | 6 | 6 | 이집트 | | | 4 | 4 |
| 대만 | | | 4 | 4 | 이탈리아 | | | 7 | 7 |
| 독일 | | | 6 | 6 | 인도 | 1 | 1 | 14 | 16 |
| 러시아 | 13 | 27 | 22 | 62 | 인도네시아 | | | 2 | 2 |
| 리비아 | | | 2 | 2 | 일본 | | | 19 | 19 |
| 말레이시아 | | | 2 | 2 | 중국 | 5 | 6 | 54 | 65 |
| 미국 | 14 | 60 | | 74 | 칠레 | | | 4 | 4 |
| 베네수엘라 | | | 2 | 2 | 캐나다 | | | 4 | 4 |
| 북한 | | | 64 | 64 | 컬럼비아 | | | 2 | 2 |
| 에콰도르 | | | 2 | 2 | 터키 | | | 14 | 14 |
| 브라질 | | | 5 | 5 | 파키스탄 | | | 5 | 5 |
| 스웨덴 | | | 5 | 5 | 페루 | | | 6 | 6 |
| 스페인 | | | 3 | 3 | 포르투갈 | | | 2 | 2 |
| 싱가포르 | | | 5 | 5 | 폴란드 | | | 5 | 5 |
| 아르헨티나 | | | 3 | 3 | 프랑스 | 4 | 6 | | 10 |
| 알제리 | | | 4 | 4 | 한국 | | | 14 | 14 |
| 호주 | | | 6 | 6 | | | | | |
| 잠수함 운용 국가: 39개국 | | | | | | | 474 | | |
| 핵 추진 잠수함 운용 국가: 6개국(미국, 영국, 프랑스, 러시아, 중국, 인도) (SSBN: 41척 / SS(G)N: 108척) | | | | | | | 149 | | |
| 디젤 잠수함 운용 국가: 36개국 | | | | | | | 325 | | |

* 출처: *IHS Jane's Fighting Ships 2014-2015*
* 잠수정(Midget Submarine) 및 실험용·보조 잠수함 제외

## 과거 잠수함전 전과 및 손실

### 1. 제1차 세계대전 U-보트 전과 및 손실

| 연도 | 전과(천톤) | U-보트(척) | 비고 |
|---|---|---|---|
| 1914 | 681 | 5 | ■ 연합군 군함 24척 격침<br>– 전함: 7척<br>– 장갑순양함: 14척<br>– 순양함: 3척<br>■ 종전 시 연합국에서 U-보트 170척 나포 |
| 1915 | 1,723 | 20 | |
| 1916 | 2,797 | 25 | |
| 1917 | 6,623 | 72 | |
| 1918 | 3,181 | 80 | |
| 계 | 15,005(5,234척) | 202(372척 보유) | 교환비 1:25.9척 |

### 2. 제2차 세계대전 U-보트 전과 및 손실

| 연도 | 전과(천톤) | U-보트(척) | 비고 |
|---|---|---|---|
| 1939 | 810 | 9 | ■ 연합군 군함 148척 격침(항모 6척) 및 45척 손상<br>■ 종전 시 연합국에서 U-보트 156척 나포 |
| 1940 | 4,407 | 22 | |
| 1941 | 4,398 | 35 | |
| 1942 | 8,245 | 85 | |
| 1943 | 3,611 | 247 | |
| 1944 | 1,422 | 241 | |
| 1945 | 458 | 153 | |
| 계 | 22,251<br>(2,775척 보유) | 782<br>(938척 보유) | 교환비 1:3.5척 |
| ■ 잠수함 1척당 연합군 동원 전투력: 대잠함 25척, 항공기 100대 | | | |

## 3. 제2차 세계대전 후 잠수함전

| 구분 | 내용 |
|---|---|
| 인도-파키스탄 전쟁(1971. 12) | ■ 해군력이 절대적으로 열세한 파키스탄 잠수함 한고르 함이 인도 구축함 쿠크리 격침(승조원 191명 전사)<br>■ 잠수함은 약소국 해군이 강대국 해군에 필적할 수 있는 유일한 전력 |
| 포클랜드 전쟁(1982. 4) | ■ 1982년 5월 2일, 영국 핵 추진 잠수함 콩커러함이 아르헨티나 순양함 제너럴 벨그라노(3,645톤) 격침 / 368명 사망, 800명 구조<br>- 영국 핵 추진 잠수함에 대한 공포로 아르헨티나 해군은 항구 대기<br>- 아르헨티나 포클랜드 주둔 추가 병력 및 보급 지원 실패<br>■ 아르헨티나 잠수함 산 루이스(209급) 1척이 34일 동안 영국 해군 2개 기동함대(15척)의 지속적인 방어적 대잠전 강요<br>■ 잠수함의 전략적 및 전술적 가치 입증 |

* 출처: 독일 해군사 연구(2002. 7) / 해본지 4-10-3, 세계해전사(1999. 3) / 해군대학

# 주변국 잠수함 주요 제원

## 1. 미국(핵 추진 잠수함)

| 함형 | SSBN | SSN | | | SSGN |
|---|---|---|---|---|---|
| 함급 | OHIO | VIRGINIA | SEAWOLF | LOS ANGELES | OHIO 개조 |
| 수중배수량 | 19,000톤 | 7,925톤 | 9,285톤 / 12,353톤 | 7,124톤 | 19,000톤 |
| 길이×<br>함폭×흘수<br>(m) | 170.7×<br>12.8×11.1 | 114.9×<br>10.4×9.3 | 107.6× / 138.1×<br>12.9×10.9 | 109.7×<br>10.1×9.9 | 170.7×<br>12.8×11.1 |
| 수중<br>최대속도 | 24노트 | 34노트 | 39노트 | 33노트 | 25+노트 |
| 승무원<br>(장교) | 155(15)명 | 132(14)명 | 140(14)명 | 143(13)명 | 159(15)명 |
| 무장 | 트라이던트 II<br>(SLBM) 24발<br>Mk 48<br>Mod 5/6/7<br>어뢰발사관 4문<br>VLS 24문 | 토마호크 블록 IV<br>Mk 48<br>Mod 5/6/7 38발<br>교호 탑재<br>(무인잠수정 포함)<br>어뢰발사관 4문<br>VLS 12문 | 토마호크 블록 III<br>및 블록 IV<br>Mk 48<br>Mod 5/6/7 50발<br>교호 탑재<br>어뢰발사관 8문 | 토마호크<br>블록 III 및<br>블록 IV<br>Mk 48<br>Mod 5/6/7 26발<br>어뢰발사관 4문<br>VLS 12문 | 토마호크<br>블록 III 및<br>블록 IV<br>최대 154발<br>Mk 48<br>Mod 5/6/7<br>어뢰발사관 4문<br>VLS 22문 |
| 작전심도<br>(m) | 244 | 488 | 594 | 450 | 244 |
| 척수 | 14척 | 12척 | 3척 | 41척 | 4척 |

* 출처: *IHS Jane's Fighting Ships 2014-2015*

## 2. 일본(디젤 잠수함)

| 함형 | SSK | | |
|---|---|---|---|
| 함급 | 소류 | 하루시오 | 오야시오 |
| 수중배수량 | 4,100톤 | 3,759톤 | 3,556톤 |
| 길이×함폭×흘수(m) | 84×9.1×10.3 | 77.87×10×7.7 | 81.7×8.9×7.4 |
| 수중최대속도 | 20노트 | 20노트 | 20노트 |
| 승무원(장교) | 70(N/A)명 | 70(10)명 | 70명(10) |
| 무장 | 서브 하푼<br>Type 80/89 20발<br>어뢰발사관 6문 | 서브 하푼<br>Type 80/89 20발<br>어뢰발사관 6문 | 서브 하푼<br>Type 80/89 20발<br>어뢰발사관 6문 |
| 작전심도(m) | N/A | 550 | 650 |
| 척수 | 6척 | 2척 | 11척 |

* 출처: *IHS Jane's Fighting Ships 2014-2015*

### 3. 중국(핵 추진·디젤 잠수함)

| 함형 | SSBN | | SSB | SSN | |
|---|---|---|---|---|---|
| 함급 | XIA | JIN | GOLF | SHANG | HAN |
| 수중배수량 | 6,604톤 | 8,000톤 | 2,950톤 | 6,096톤 | 5,639톤 |
| 길이×함폭×흘수(m) | 120×10×8 | 137×11×7.5 | 97.5×8.6×6.6 | 107×11×7.5 | 101×10×7.4 |
| 수중최대속도 | 22노트 | N/A | 13노트 | 30노트 | 25노트 |
| 승무원(장교) | 140(N/A)명 | 140(N/A)명 | 86(12)명 | 100(N/A)명 | 75(N/A)명 |
| 무장 | JL-1 12발 / 2,150km<br>어뢰발사관 6문<br>VLS 12문 | JL-2 12발 / 8,000km<br>어뢰발사관 6문 | JL-2 1발<br>SAET-60 12발<br>어뢰발사관 10문 | Yu3(SET-65E)/<br>Yu-4(SAET-50)<br>Yu-6 탑재 가능<br>어뢰발사관 6문 | Yu-3(SET-65E)/<br>Yu-4(SAET-50)<br>20발 교호 탑재<br>YJ-82(SSM) N/A<br>어뢰발사관 6문 |
| 작전심도(m) | N/A | | | | |
| 척수 | 1척 | 4척 | 1척 | 3척 | 3척 |

| 함형 | SS | SSG | | SSK |
|---|---|---|---|---|
| 함급 | MING | SONG | YUAN | KILO |
| 수중배수량 | 2,147톤 | 2,286톤 | 2,900톤 | 3,125톤 |
| 길이×함폭×흘수(m) | 76×7.6×5.1 | 74.9×7.5×5.3 | 72×8.4×N/A | 72.6×9.9×6.6 |
| 수중최대속도 | 18노트 | 22노트 | N/A | 17노트 |
| 승무원(장교) | 57(10)명 | 60(10)명 | N/A | 52(13)명 |
| 무장 | Yu-4(SAET-50)/<br>Yu-1(53-51) 16발<br>어뢰발사관 8문 | Yu-4(SAET-50)/<br>Yu-3(SET-65E)<br>Yu-6 탑재 가능<br>YJ-82(SSM)<br>어뢰발사관 6문 | Yu-4(SAET-50)/<br>Yu-3(SET-65E)<br>Yu-6 탑재 가능<br>YJ-82(SSM)<br>어뢰발사관 6문 | SS-N-27 TEST71/<br>96 & 53-65 20발<br>교호 탑재<br>어뢰발사관 6문 |
| 척수 | 16척 | 13척 | 12척 | 12척 |

* 출처: *IHS Jane's Fighting Ships 2014-2015*

### 4. 러시아(원자력·디젤 잠수함)

| 함형 | SSBN | | | |
|---|---|---|---|---|
| 함급 | TYPHOON | DELTA IV | DELTA III | BOREI |
| 수중배수량 | 26,925톤 | 13,711톤 | 13,463톤 | 19,711톤 |
| 길이×함폭×흘수(m) | 171.5×24.6×13 | 166×12×8.7 | 160×12×8.7 | 170×13.5×9 |
| 수중최대속도 | 25노트 | 24노트 | 24노트 | 25노트 |
| 승무원(장교) | 175(55)명 | 130(40)명 | 130(20)명 | 107(N/A)명 |
| 무장 | SS-N-20 Sturgeon / SS-N-15 Starfish / SA-N-8 SAM 20발 어뢰 16발 어뢰발사관 6문 VLS 20문 | SS-N-23 Skiff / SS-N-15 Starfish 16발 어뢰 18발 어뢰발사관 4문 VLS 16문 | SS-N-18 Stingray 16발 어뢰 16발 어뢰발사관 4문 VLS 16문 | Bulava 30 16발 3M-54 Klub-S 탑재 가능 어뢰발사관 6문 |
| 작전심도(m) | 300 | 400 | 320 | 450 |
| 척수 | 1척 | 6척 | 3척 | 3척 |

| 함형 | SSN | | | |
|---|---|---|---|---|
| 함급 | SIERRA I | SIERRA II | VICTOR III | AKULA |
| 수중배수량 | 8,230톤 | 9,246 | 6,401톤 | 9,246톤 |
| 길이×함폭×흘수(m) | 107×12.5×8.8 | 111×14.2×8.8 | 107×10.6×7.4 | 110×14×10.4 |
| 수중최대속도 | 34노트 | 32노트 | 30노트 | 28노트 |
| 승무원(장교) | 61(31)명 | 61(N/A)명 | 98(17)명 | 62(31)명 |
| 무장 | SS-N-21 Sampson / SS-N-15 Starfish / SS-N-16 Stallion / Type 40 어뢰 40발 교호 탑재 어뢰발사관 8문 | SS-N-21 Sampson SA-N-5 / 8 Strela SS-N-15 Starfish Type 40 어뢰 40발 교호 탑재 어뢰발사관 8문 | SS-N-21 Sampson / SS-N-15 Starfish / SS-N-16 Stallion / Type 40 어뢰 24발 교호 탑재 어뢰발사관 6문 | SS-N-21 Sampson / Alfa SS-N-27 / SA-N-5 / 8 Strela 18발 교호 탑재 SS-N-15 Starfish / SS-N-16 Stallion / Type 40 어뢰 40발 교호 탑재 어뢰발사관 8문 |
| 작전심도(m) | 750 | 750 | 400 | 450 |
| 척수 | 2척 | 2척 | 4척 | 11척 |

| 함형 | SSGN | SS(K) | |
|---|---|---|---|
| 함급 | OSCAR II / YASEN | LADA | KILO |
| 수중배수량 | 18,594톤 /11,800톤 | 2,693톤 | 3,125톤 |
| 길이×함폭×흘수(m) | 154×18.2×9 / 133×11.5×8.4 | 66.8×7.2×4.4 | 73.8×9.9×6.6 |
| 수중최대속도 | 28노트 / 28노트 | 21노트 / AIP | 17노트 |
| 승무원(장교) | 107(N/A)명/90(30) | 37(N/A)명 | 52(13)명 |
| 무장 | SS-N-19 Shipwreck / Alfa SS-N-7 / SS-N-15 Starfish / SS-N-16 Stallion / Type 40 어뢰 24발 교호 탑재 Type 65 / DT / DST 92 28발 교호 탑재 어뢰발사관 6문 VLS 24문 | 3M-54 anti-ship / 3M-14 landㅍattack / SS-N-27 Sizzler / SS-N-15 Starfish N/A USGT 18발 어뢰발사관 6문 | SA-N-5/8 6~8발 TEST 71ME / 53-65KE / SET-53M / SAET-60M / SET-65 18발 교호 탑재 어뢰발사관 6문 |
| 작전심도(m) | 600/N/A | 250 | 240 |
| 척수 | 6척/2척 | 2척 | 20척 |

* 출처: *IHS Jane's Fighting Ships 2014-2015*

## 5. 북한(디젤 잠수함, 잠수정)

| 구 분 | 로미오급 | 상어-1급 | 상어-2급 | 연어급(P-4) | 유고급 |
|---|---|---|---|---|---|
| 수중 톤수 | 1,830 | 277 | 320 | 123 | 112 |
| 크기(m) | 76.6×6.7×5.2 | 35.5×3.8×3.7 | 39×3.8×3.7 | 29×2.75×2.5 | 20×3.1×4.6 |
| 수중속력(kts) | 13 | 8.8 | 13 | 7 | 8 |
| 항속거리(nm/kts) | 9,000/9(수상) | 2,700/7(수상) | 2700/7(수상) | 50/4(수중) | 50/4(수중) |
| 무 장 | 533mm 어뢰발사관 8문 (함수6, 함미2), 어뢰 대신 기뢰 28발 | 533mm 2 혹은 4 어뢰발사관 16발 기뢰 벨트 | 533mm 2 혹은 4 어뢰발사관 16발 기뢰벨트 | 533mm 어뢰발사관 2 내·외측 | 533mm 어뢰발사관 2 내·외측 |
| 소 나 | 선체부착 능동, 수동소나 | 수동, 능동 소나 | 수동, 능동 소나 | - | - |
| 기 관 | 2 디젤발전기, 2 모터, 2 저속모터 | 1 디젤발전기 | 1 디젤발전기 | - | - |
| 추진축 | 2축 | 1축, shrouded 추진기 | 1축, shrouded 추진기 | 1축, 유압추진기 | 1축, 유압추진기 |
| 기 타 | 잠항심도 250m | 잠항심도 150m, VLF수신기, SA-7견착식 미사일 발사기, 수영자 6 | 잠항심도 150m, VLF수신기, SA-7견착식 미사일 발사기, 수영자 6 | (수영자 6-7명 ) | (수영자6-7명 ) |
| 척 수 | 20 | 38 | 6 | 12 | 11(+10) |

❖**2,000톤 신포급 전력화 대기 중**

* 출처: *IHS Jane's Fighting Ships 2014-2015*

## 세계 각국의 잠수함 탑재 어뢰 현황

| 제작국 | 어뢰명 | 용도 | 유도방식 | 무게 (kg) | 폭약 (kg) | 최대 사거리 (NM) | 최대 속력 (kts) | 최대 심도 (m) | 운용국가 |
|---|---|---|---|---|---|---|---|---|---|
| 미국 | Mk 37/1-2 | ASW | wire-active/ passive | 645 | 150 | 11.5 | 24 | 270 | 아르헨티나, 이집트, 터키, 페루 |
| | Mk 46 | ASW | active/passive | 231 | 45 | 11 | 40 | 370 | 미국, 한국, 중국, 일본, 독일, 프랑스 등 27개국 |
| | Mk 48 ADCAP | Dual | wire-active/ passiv | 1,678 | 295 | 38/50 | 40/55 | 800 | 미국, 호주 등 6개국 |
| | Mk 50 | AS | active/passive | 363 | 45 | 12 | 〉55 | 1,100 | 미국 |
| | Mk 54 | ASW | active/passive | 276 | 44.6 | 10.75 | 36/45 | - | 미국, 터키 |
| | NT37 | Dual | wire-active/ passive | 868 | 150 | 15 | - | - | 캐나다, 이집트, 페루 등 6개국 |
| | Seahuntor | Dual | active/passive | 650 | - | - | - | - | - |
| 러시아 | APR-2E | ASW | active/passive | 575 | 100 | 2 | 62 | 1,000 | 러시아, 폴란드, 인도 등 6개국 |
| | AT-2 | ASW | active/passive | - | 150 | 8 | 40 | 400 | 러시아, 우크라이나 |
| | SAET-40 | Dual | active/passive | - | 100 | 5.4 | 30 | - | 러시아, 불가리아 등  4개국 |
| | SAET-60 | ASV | passive | - | 400 | 8.1 | 40 | - | 러시아, 중국, 북한 등 8개국 |
| | SET 53 | - | active/passive | - | 400 | 8.1 | 45 | - | 폴란드 |
| | SET-65E | ASW | active/passive | - | 205 | 8.1 | 40 | - | 러시아, 중국 등 5개국 |
| | SET-72 | ASW | active/passive | - | 100 | 4.5 | 30 | 300 | - |
| | SET-92K | ASW | active/passive | - | - | - | - | - | 러시아 |
| | Shkval | ASW | - | - | - | 5 | 50/200 | - | 러시아, 중국 |
| | Test-71 | ASW | wire-active/ passive | 1,804 | 205 | - | 24 | 400 | 러시아, 중국, 인도 등 9개국 |
| | Test-96 | Dual | wire/wake active/passive | 1,800 | 250 | - | - | - | 러시아 |
| | Type E45 | ASW | active/passive | 100 | 8.1 | 30 | - | - | 러시아, 우크라이나, 불가리아, 쿠바 |
| | Type 53-65 | ASW | passive wake | 2,100 | 305 | 13 | 55 | 2-14 | 러시아, 중국, 인도, 이란 등 7개국 |
| | Type 65 | ASW | wire-passive wake | 4,500 | 450 | 54 | 50 | - | 러시아 |
| | UGST | ASW/ ASV | wire-active/ passive | 2,200 | 300 | 11/13.5 | 30/50 | 300 | 러시아 |
| | UMGT-1 | ASW | active/passive | 950 | 60 | 8 | 41 | 15-400 | 러시아 |
| | USET-95 | ASW/ ASV | active/passive | 650 | 80 | 10 | 50 | 200 | 리비아 |
| | VVT-1 | ASW | active/passive | - | 90 | 8.1 | 30 | 300 | 러시아 |

| 제작국 | 어뢰명 | 용도 | 유도방식 | 무게 (kg) | 폭약 (kg) | 최대 사거리 (NM) | 최대 속력 (kts) | 최대 심도 (m) | 운용국가 |
|---|---|---|---|---|---|---|---|---|---|
| 영국 | Spearfish | Dual | wire-active/passive | 1,850 | 300 | 34.8 | 65 | - | 영국 |
| | Sting Ray | ASW | active | 265 | 45 | 6 | 45 | 750 | 영국, 노르웨이, 타이, 이집트 |
| | Tigerfish | Dual | wire-active/passive | 1,550 | 135 | 7/15.7 | 35/24 | - | 브라질, 터키 |
| 독일 | DM 2 A4 | Dual | wire-active/passive | 1,370 | - | 13/28 | 18/35 | - | 독일, 이스라엘, 노르웨이, 튀니지 |
| | SST 4 | ASV | wire-active/passive | 1,263 | 260 | 12 | 35 | - | 그리스, 아르헨티나, 터키 등 6개국 |
| | SUT | Dual | wire-active/passive | 1,414 | 260 | 21.5 | 35 | - | 한국, 칠레, 그리스, 인도, 인도네시아, 대만 |
| 프랑스 | E14 | ASV | active | 927 | 200 | 3 | 25 | 300 | 파키스탄, 포르투갈 |
| | E15 | Dual | passive | 1,387 | - | 6.5 | 31 | - | 파키스탄, 포르투갈 |
| | F17 Mod2 | Dual | wire-active/passive | 1,410 | 250 | 15.3/10 | 35 | - | 프랑스, 파키스탄, 스페인, 사우디아라비아 |
| | L3 | ASW | active | 910 | 200 | 3 | 25 | 300 | 파키스탄, 포르투갈, 우루과이 |
| | L5 | Dual | active/passive | 1,300 | 200 | 7.7 | 35 | 550 | 프랑스, 스페인, 터키, 불가리아 |
| 한국 | White Shark | Dual | active/passive | 1,100 | 370 | 30 | 35 | 6 | 한국 |
| 일본 | Type 89 | - | wire-active/passive | - | 267 | 27/21 | 40/55 | 900 | 일본 |
| 이탈리아 | A 184 | Dual | wire-active/passive | 1,315 | 240 | 13.5/8 | 24/37 | 6 | 이탈리아 |
| | Black Shark | Dual | wire-active/passive | - | - | - | - | - | 이탈리아, 칠레, 싱가폴, 포르투갈, 말레이시아 |
| 스웨덴 | Tp 45 | ASW | wire-active/passive | 310/330 | 45 | 10.7 | 15 | - | 스웨덴, 파키스탄 |
| | Tp 613 | ASV | wire-passive | - | 250 | 8.2 | 45 | 0 | 스웨덴 |
| | Tp 617 | ASV | wire-active/passive | 1,860 | 250 | 16 | 60 | - | 스웨덴, 노르웨이, 폴란드 |
| | Tp 62 | Dual | wire-active/passive | 1,450 | 299 | 27 | 45 | 5.99 | 스웨덴, 브라질 |
| 중 국 | YU-4A/4B | ASW | active/passive | 1,775/1,628 | 309 | - | 30/40 | - | - |
| | YU-3 | ASW | active | 1,340 | 205 | 15.1 | 35 | 400 | - |
| | YU-5 | - | active/passive | - | 400 | 13.4/16.1 | 42/28 | 5-300 | - |
| | YU-7 | ASW | - | 235 | 34 | 5.4 | 42 | 400 | - |
| | ET-34 | - | wire-guided | - | - | 8/8.6 | 25 | 5-300 | - |

* 출처: *Operational torpedoes, Jane's Underwater Warfare System (2014- 2015)*

## 세계 각국의 잠수함 탑재 SLBM 현황

| 국가<br>(척수) | 함형<br>(척수) | 수중톤수<br>(톤) | 함 길이 / 폭<br>(m) | SLBM<br>(탑재수량) | 사정거리<br>(km) |
|---|---|---|---|---|---|
| 미국(14) | 오하이오급(14) | 19,000 | 170.7 / 12.8 | Trident-II<br>D5(24) | 12,000 |
| 러시아(13) | 타이푼급(1)<br>델타-IV(6)<br>델타-III(3)<br>보레이(3) | 26,925<br>13,711<br>13,463<br>19,711 | 171.5 / 24.6<br>166 / 12<br>160 / 12<br>170 /13.5 | SS-N-20(20)<br>SS-N-23(16)<br>SS-N-18(16)<br>SS-N-30(16) | 8,300<br>8,300<br>6,500<br>8300 |
| 영국(4) | 뱅가드(4) | 15,980 | 149.9 / 12.8 | Trident-II<br>D5(16) | 12,000 |
| 프랑스(4) | 트리옹팡(4) | 14,335 | 138 /12.5 | M-45(16) | 6,000 |
| 중국(5) | 진급(4)<br>시아급(1) | 8,000 6,500 | 137 / 11.8<br>120 /10.0 | JL-2(12)<br>JL-1(12) | 8,000<br>2,150 |
| 인도(1) | 아리한트(1) | 7,000 | 120 / 14.0 | Sagarika(12) | 750 |
| 북한(1)/추정 | 신포급(1) | 2,000 | 67/6.6 | 개량형<br>SS-N-6(1) | 2,500~3,000 |

* 출처: *IHS Jane's Fighting Ships 2014-2015*

# APPENDIX 2

# 부록 2

● 잠수함 관련 저자 칼럼 및 인터뷰 기사 모음

<유용원의 군사세계> 2016년 5월 1일

# 44조 호주 잠수함 사업, 일본이 탈락하고 프랑스가 선정된 진짜 이유는?

호주 대형 잠수함 수주사업, 누가 웃고 누가 울었나?

지난 4월 26일 세계 잠수함 수출 역사상 최대 사업이었던 500억 호주 달러(한화 44조) 규모의 사업 경쟁에서 최종적으로 프랑스가 웃으며 종지부를 찍었다. 지난 2년여간 일본, 독일, 프랑스 등 3개국이 뛰어들어 치열한 수주경쟁을 벌였으나 마지막으로 경쟁에 뛰어든 프랑스가 웃으리라고 예측한 사람은 거의 없다. 맨 먼저 총리 및 경제 수장들이 대거 참여하여 총력전을 벌이고도 수주전쟁에서 패한 일본은 맨붕 지경이 되었으며, 지난 50여 년간 디젤 잠수함 판매왕으로 군림해오던 독일도 신음소리를 내기는 마찬가지다. 금번 호주 잠수함 수주전은 한마디로 국가 총력전이었으며 앞으로의 전쟁은 경제 전쟁이라는 것을 확실히 보여주었다.

일본은 2014년 4월, 47년 만에 '무기수출 3원칙'을 '방위장비 이전 3원칙'으로 바꿔 무기 수출을 가능하게 했고 이어 6월 프랑스와 무인잠수정을, 독일과 전차를 공동 개발하기로 협상을 시작했으며 호주와도 수십 억 달러 규모 잠수함 기술 이전 계약을 추진했다. 당시에는 잠수함 기술 이전이라는 명목으로 호주와 접근했지만 사실은 12척 규모의 잠수함 수출을 염두에 두고 교두보를 마련하기 위한 것이었다. 당연히 아베 총리와 정치권도 바빠졌다. 일본은 정치인 및 경제수장들을 총동원하여 잠수함 수주사업 지원에 뛰어들었으며 정부 주도로 2개의 잠수함 건조 조선소(가와사키와 미쓰비시)가 컨소시엄을 구성하여 입찰에 참여했지만 수주에서 탈락했으니 참으로 통곡할 일이다. 일본은 우리보다 78년 먼저 잠수함을 건조·운용해온 기술 강국이다. 이번에 일본이 호주 잠수함 수출에 성공했다면 잠수함 한 품목만으로 우리가 40년 만에 이룬 한 해 방산수출액 전체를 한 번 수출로 능가할 만한 거래를 성사시키면서 세계 방산시장에 지각변동을 일으킬 수 있었다. 일본은 수주경쟁 초반에 아베 총리와 호주 토니 애벗 총리 간 허니문 기간이라 할 정도로 친밀하게 협조해왔으며 일본의 선진화된 잠수함 건조 기술에 호주도 상당히 매료돼 있었다. 그러나 정권이 바뀌고 시간이 흐르면서 어긋나기 시작했다. 그 이유는 호주가 요구한 호주 현지 건조 조건에 대하여 일본이 동의하지 않았기 때문이라는 분석이다. 일본도 나중에 1척은 호주에서 건조하고 리튬전지 기술, 내압선체 용접 기술 등을 기술이전하기로 양보했지만 호주의 요구를 충족시키지는 못한 것 같다. 일각에서는 중국 정치권의 일본 잠수함 수출에 대한 반대 입김이 작용했다는 설도 있다.

독일은 어떤가? 독일 TKMS 조선소는 1983년에 Type 2000 변형 모델을 들고 호주의 잠수함 사업 수주경쟁에도 참여했으나 스웨덴의 콜린스급 잠수함에 무릎을 꿇었으며, 이번에는 Type 216을 들고 수주에 참여했으나 프랑스의 바라쿠다급 잠수함에 무릎을 꿇었다. 독일은 콜린스급 입찰 당시에도 기술력 부분에서는 최고로 인정받아 수주가 확실시되다가 마지막에서 패배했는데 금번에도 현지 생산에 대하여 호주의 요구를 적극 수용함으로써 수주 가능성이 커졌지만 결과는 패배했다. 독일은 제1·2차 세계대전을 치르면서 잠수함을 1,700척 이상 건조한 경험이 있고 1964년 이후 19개 국가에 1,200톤 209급 잠수함을 비롯하여 140여 척을 수출한 기술 강국이다. 독일은 잠수함 수출에 관한 한 정부지원이나 간섭이 거의 없다. 현지 건조도 수용했고 기술 점수는 당연 최고 수준인데 무엇이 약점으로 작용했을까? 아무래도 절충교역에서 기술 이전 등 정부지원 분야가 뒤지지 않았을까 추측된다. 우리가 2012년 잠수함 강국 독일 HDW 조선소와 인도네시아 잠수함 3척 수주경쟁에서 이긴 결정적 요인은 수출금융조건 등 정부지원 부분이었다. 독일은 그동안 140여 척을 수출하면서 잠수함 시장을 다져놓았기 때문에 정부지원 없이도 경쟁력이 월등했다. 그러나 세계경제의 불황으로 방산기업들이 하루아침에 도산하거나 인수 합병되는 불안한 시장에서 수입국들이 수출국의 정부보증 부분을 많이 요구하고 있는 추세다. 조선소에 거의 모든 걸 맡기면서 핵심 기술 유출 시만 승인하고 통제하는 독일의 정부 정책은 이제 잠수함 수출시장에서 효력을 잃어가고 있는 듯하다.

프랑스는 어떤가? 프랑스는 국영 조선소인 DCNS사가 그동안 브라질, 파키스탄 등 친프랑스 국가 6개국에 30여 척의 잠수함을 수출함으로써 독일 다음으로 잠수함 수출을 많이 했다. 가장 최근에는 2008년 브라질에 디젤 잠수함 4척과 핵 추진 잠수함 1척을 건조하는 대형 잠수함 사업을 따냈고, 이번에는 일본, 호주를 누르고 승리했다. 필자가 알기로는 독일이 잠수함 시장에서 세일즈 네트워크 구축 능력, 가격, 그리고 기술력 부분에서는 다소 앞서고 있는데 프랑스가 승리한 요소는 브라질에 계약했던 것처럼 호주 현지 생산은 물론 훗날 핵 추진 잠수함 건조 지원 가능성에 무게가 실리지 않았나 생각된다. 호주는 콜린스급 잠수함 건조 시부터 인도양, 태평양 등의 해역에서 원양작전이 무난한 대형 디젤 잠수함의 성능을 줄기차게 요구해왔고 콜린스급 잠수함 개발 실패 시에는 핵 추진 잠수함 도입 필요성까지 주장하곤 했다. 2000년에 한국이 214급 잠수함 도입 시 독일의 214급 잠수함과 프랑스의 스콜피온 잠수함 중 독일의 214급 잠수함을 채택한 이유는 가격과 성능(소음) 면에서 프랑스의 스콜피온 잠수함을 능가했기 때문임을 주목할 필요가 있다.

그런데 이렇게 큰 대형 잠수함 수주경쟁에서 한국은 왜 빠졌을까? 한마디로 호주가 우리의 잠수함 건조 실력에 대해 후한 점수를 주지 않았기 때문이다. 한국은 독일 원자재를 도입하여 209급 잠수함 9척, 214급 잠수함 5척(2018년까지 4척 추가 생산 예정)을 조립생산하고 정기 수리하면서 습득한 노하우를 기반으로 잠수함 도입 20년 만에 독자 건조를 시작하여 지금 한참 건조 중이다. 게다가 독일과 경쟁하여 인도네시아에 1,400톤급 3척을 수출하는 성과를 냈지만 아직 건조 중으로 그 결과가 검증되지 않았기에 우리의 건조 제안 자체를 수용하지 않았던 것으로 알려졌다. 사실 호주는 1914년부터 잠수함을 운용하여 우리보다 운용 경험이 80여 년 앞서 있으며 비록 그들이 건조한 콜린스급 잠수함이 '폐물 잠수함'이라는 비난을 받고 있지만 10년 먼저 잠수함을 건조한 경험이 있기에 한국에 맡길 만큼 자존심이 허락하진 않았을 것이다.

금번 호주 잠수함 수주경쟁에서 가장 눈여겨보아야 할 것은 일본의 2개 잠수함 건조 전문 조선소가 컨소시엄을 구성하여 입찰에 참여했다는 것이다. 그럼에도 불구하고 수주에 실패한 것은 호주가 요구한 기술이전 조건을 수용하지 않은 국가의 정책 때문이지만 해외 잠수함 수주사업에 최고의 기술력을 갖춘 두 회사가 출혈경쟁 없이 컨소시엄을 구성하여 참여했다는 것은 본받아야 할 만한 사례다. 필자가 예전에 기고문에서 한국도 H사와 D사가 일본처럼 국내 수주는 물량 배분하고 해외 수주는 컨소시엄을 구성해서 나아가는 방향이 조선소가 살 길이라고 지적한 바 있다. 그러나 그러한 시장 변동 추이를 알면서도 능동적으로 대처하지 않은 H사와 D사는 작년 태국 잠수함 수주경쟁에서 중국에 밀리고 금번 호주 잠수함 수주경쟁에서는 초대도 받지 못했다.

그동안 한국 조선 기술은 세계 1등이라고 자부해왔는데 그 허상이 드러나고 있다. 다품종 소량 생산이 특징인 방위산업에서 국내 수주 물량만으로는 생산 인력과 시설을 유지할 수 없는 게 현실이다. 수출로 드라이브를 걸지 않으면 방위산업은 도산하기 마련이다. 엎친 데 덮친 격으로 방위사업 비리 수사가 장기간 계속되자 내수고 수출이고 모두 팽개치고 복지부동하고 있다. 수사를 받고 있는 기관과 기업들과는 계약할 이유가 없다는 것이 시장의 평가다. 특히 공무원들의 보신주의로 시험평가 과정에서 일체의 융통성이 발휘되지 않고 있다. 함정의 주 성능에 영향을 미치지 않는 사소한 결함에도 불구하고 수천 억대의 함정들이 인도 기일을 못 지켜 천 억대에 달하는 지체상금을 물어야 하니 방위산업 종사자들은 자리 보전하기에 급급하다.

세계 1등 조선소와 TOP 10에 들어가는 국방력을 가진 한국의 위상을 고려하여 부실한 기업은 신속하게 구조조정 등 자구책 마련이 절실하다. 그동안 자주국방을 위하여 국방 R&D에 투자된 국민의 혈세가 얼마나 많던가? 이제 그동안 개발한 무기체계를 수출로 과감히 드라이브를 걸어주는 정부의 능동적인 정책 전환이 필요하다. 자주국방을 위하여 말없이 세금을 내준 국민들의 돈을 이제 수출로 벌어들여 돌려주어야 할 때가 됐다.

문근식 한국국방안보포럼(KODEF) 대외협력국장

《조선일보》 2016년 4월 26일

# 防産 비리 수사, 확실히 벌주되 오래 끌면 안 돼

우리 국방부는 국방 창조경제의 일환으로 그간 방산 수출 진흥에 진력했다. 덕분에 우리는 방산 수출 40년 만인 2013년 34억 달러, 2014년 36억 달러 수출을 달성했다. 그런데 잇달아 불거진 방산 비리라는 장애물을 만나 수출이 퇴보하고 있다. 1년 넘게 이어진 방산 비리 수사는 청렴도 제고에 크게 기여했지만 방산 수출에 커다란 걸림돌이 되고 있는 것도 사실이다. 분명 잘못한 사람은 벌을 받아야 한다. 하지만 국익에 실失이 되지 않도록 하려면 수사가 너무 길어서는 안 된다.

세계 경제가 어려운 상황에서도 무기 수출 시장은 꾸준히 성장하고 있다. 그런데 우리 국내 문제 때문에 어렵게 쌓아온 방산수출탑이 무너지고 있다. 그사이 우리의 경쟁자들은 콧노래를 부르고 있다. 일본은 무기 수출 금지 47년 역사를 깨고 법 개정 후 방산 시장에 뛰어들었고 중국은 정부 주도로 방산 기업에 힘을 실어주면서 무기 수출 시장을 잠식하고 있다. 일본은 프랑스, 영국 등과 이미 '방위장비 기술 이전에 관한 협정'에 서명했고 호주와는 10척 규모 잠수함 수출을 위해 치열한 수주 경쟁을 벌이고 있다. 무기 시장에서 경제 전쟁이 벌어지고 있는데 우리는 '비리 척결'의 긴 터널을 빠져나오지 못하고 있다. 하루속히 이 터널을 빠져나와 방산 수출 시장에서 승리하기를 기원하며 제안한다.

청와대에 방산 수출 컨트롤 타워 조직을 갖춰 수출 시장의 트렌드를 분석하고 민·관·군 수출 협력 업무를 진두지휘해야 한다. 방산기업들이 하루아침에 합병되거나 도산하는 무기 시장에서 수입국들은 수출국 정부 보증을 요구하는 경우가 늘고 있다. 특히 현금이 부족한 개도국에서는 절충교역, 수출금융 조건 등 정부가 지원해줄 수 있는 분야를 많이 요구하고 있다. 인도네시아 잠수함 수출, T-50 항공기 수출 성공 등은 우리 정부의 지원 노력이 거둔 결실이다. 둘째, 방사청 방산진흥국의 조직을 방산수출지원본부로 확대 개편하고 국내 개발 무기의 수출 전환을 능동적으로 도와야 한다. 본부장도 관료 출신이 아닌 정년퇴직한 대기업의 수출 사령탑 등을 재기용해 그들의 수출 노하우를 방산 수출에 접목할 필요가 있다. 방산 수출 조직과 제도를 재정비해 하루속히 방산 수출 재도약의 발판을 마련하기를 기대한다.

문근식 한국국방안보포럼(KODEF) 대외협력국장

《조선일보》 2016년 1월 14일

# 北 SLBM 위협 대비, 일본만큼은 해야

북한은 지난달 SLBM(잠수함 발사 탄도미사일) 해상 사출시험 장면을 공개하면서 세계를 놀라게 했다. 현재 SLBM을 발사할 수 있는 국가는 미국, 러시아, 영국, 프랑스, 중국, 인도 등 6개국이며, 북한이 성공할 경우 일곱 번째 보유국이 되면서 군사강국의 반열에 든다.

SLBM을 보유하는 최종 목표는 미사일에 핵탄두를 장착하는 것이다. 핵무기 운반 수단은 전략폭격기, ICBM(대륙간탄도탄), SLBM 등 세 가지다. 전략폭격기와 ICBM은 비행 중 장시간 위치가 노출돼 목표에 도달하기 전에 요격되기 쉽다. 반면 SLBM은 위치가 노출되지 않아 어디서 발사될지 모르며 적의 전략폭격기나 ICBM에 의해 지상을 공격받은 후에도 물속에서 보복공격이 가능하다. 미국의 1만 9,000톤 오하이오급 핵 추진 잠수함 한 척에 탑재된 핵탄두의 위력이 일본 히로시마에 투하된 원자폭탄 1,600발의 위력과 맞먹는 수준이다. 북한이 개발하고 있는 2,000톤 신포급 잠수함에 핵탄두를 한 발만 탑재해 물속으로 들어가도 우리에게 최고의 위협이 된다.

우리가 할 수 있는 실질적인 대비책은 첫째, SLBM 탑재 잠수함을 물속에서 추적·감시할 수 있는 핵 추진 잠수함을 하루빨리 보유하는 것이다. 둘째, 우리도 핵탄두를 실어 날려 보낼 수 있는 미사일과 잠수함 발사 기초기술을 갖춰야 한다. 이 같은 기술을 완벽하게 준비하고 채택 시기만 기다리는 일본 사례를 연구할 필요가 있다. 일본은 1963년부터 함정용 원자로 개발 시험에 착수해 30년 만에 성공했다. 그 기술로 심해탐사잠수정에 소형 원자로를 탑재해 운용하고 있다. 세계 최고 수준의 잠수함 건조 기술을 보유하고 있는 일본은 정치적 결단만 있으면 1년 내 잠수함에 원자로를 탑재할 수 있다.

우리도 2020년 잠수함 독자 개발 성공 시기에 맞춰 함정용 원자로 개발 기술, 원자로 탑재를 위한 함정 설계 기술 등을 갖춰야 하며 SLBM과 발사 기술도 완비해야 한다. 세간에 알려지지는 않았지만 필자가 알기로는 국내에서 잠수함 발사 순항미사일 개발에는 L사가 앞서 있고, 탄도미사일 개발에는 H사가 앞서 있다. 다품종 소량 생산의 방산 여건에서 지나친 경쟁을 피하고, 잘하는 쪽으로 특화된 기술을 키워주는 정부의 노력이 필요하다. 우리도 정치적 결단만 있으면 당장 적용할 수 있는 일본 수준의 기술을 갖춰야 한다.

문근식 한국국방안보포럼(KODEF) 대외협력국장

《조선일보》 2014년 8월 7일

# 防産 수출, 일본 추격 경계하라

전쟁은 인류 역사에서 끊임없이 반복돼왔고 지금도 진행 중이다. 그런 전쟁 때문에 세계 무기 시장도 꾸준히 성장해왔다. 지금 세계 무기 시장은 주로 미국, 독일, 영국, 프랑스, 러시아 등 전쟁을 치러본 강대국이 장악하고 있으며 이 국가들이 방산 시장의 90% 이상을 차지하고 있다.

한국은 6·25전쟁, 월남 파병, 이라크전 참전 등을 겪었지만 방산 시장에서 존재감은 아직 크지 않다. 1975년 필리핀에 M-1 소총 탄약 수출을 시작한 이래 약 40년이 지난 2013년 34억 달러(약 3조 5,700억 원)의 방산 수출을 달성해 세계의 주목을 받기 시작했다. 한국은 이명박(MB) 정부 때 범국가적 차원에서 무기 수출을 지원했고 항공기, 잠수함에 이르기까지 수출 영역을 확대하게 됐다.

박근혜 정부 들어 무기 수출 지원에 더욱 박차를 가해 창조경제의 한 축으로 방산 수출을 장려하고 있다. 그러나 예기치 못한 복병을 만났다. 최근 일본도 방위산업을 국가 전략사업으로 키우려 하고 있기 때문이다. 지난 4월 47년 만에 '무기수출 3원칙'을 '방위장비 이전 3원칙'으로 바꿔 무기 수출을 가능하게 했고 7월부터 미국에 미사일 탑재 고성능 센서를 수출하게 된다.

이것은 단지 시작일 뿐이다. 일본이 그동안 무기를 수출하지 않아 방산 수출 분야에서 우리가 앞섰지만 이젠 상황이 달라졌다. 일본의 방산 능력은 세계 최고 수준이다. 우리가 수출을 궁극적 목표로 개발하고 있는 잠수함을 예로 들면 일본은 우리보다 78년 먼저 잠수함을 건조·운용해온 기술 강국이다. 일본은 지난 6월 프랑스와 무인잠수정을, 독일과 전차를 공동 개발하기로 협상을 시작했고, 호주와도 수십억 달러 규모 잠수함 기술 이전 계약을 추진하고 있다.

잠수함 한 품목만으로 우리 방산 수출액 전체를 능가할 만한 거래를 성사시키는 일본을 보고만 있을 수 없다. 그동안 아시아, 중동 등 우리의 순탄했던 무기 시장에 강적이 나타났음을 인지하고 경계해야 한다. 민·관·군이 똘똘 뭉쳐 방위산업에서라도 일본보다 우위를 유지하고 그들의 추격을 따돌리는 지혜를 모아야 한다. 이를 위해 국방부(방위사업청)는 군, 연구소, 업체가 참여하는 방산 수출 촉진 상설기구를 만들고 현대판 '방산 보부상단'을 만들어 세계시장을 누벼야 한다. 방위산업, 이제 자주국방을 넘어 후손의 먹을거리를 창출하는 성장 동력으로 키워야 한다.

문근식 한국국방안보포럼(KODEF) 대외협력국장

《조선일보》 2014년 3월 6일

# 防産 핵심 기술 유출 통제 강화하라

2007년 방위사업청에 근무할 당시 독일 HDW 조선소(지금은 TKMS 조선소)와 잠수함 6척 원자재 구매에 관한 협상을 벌인 적이 있다. 협상 당시 가장 비중을 많이 뒀던 분야가 잠수함 설계 및 건조 핵심 기술을 얼마나 많이 이전받느냐 하는 것이었는데 기대했던 수준만큼 이전받지 못해 아쉬웠다.

잠수함에서 핵심 기술인 '잠수함 선체 앞부분과 어뢰발사관 설계 및 제작 기술'을 이전받으려 노력했으나 독일 조선소 계약 담당자들은 자국 정부가 불허해 우리가 원하는 수준의 기술 이전을 할 수 없다고 했다. 이런 이유로 우리는 아직도 이 분야 개발에 시간과 돈을 더 투자하지 않을 수 없다. 독일 TKMS 조선소는 재정 악화로 2002년 미국 뱅크원BANK ONE사에 매각됐다. 뱅크 원은 세계적 잠수함 건조 회사를 인수해 자신의 이름으로 해외에 잠수함을 수출할 희망에 들떴다. 하지만 독일 정부가 국내 법을 근거로 핵심 부품 수출에 동의하지 않자 어쩔 수 없이 2004년 독일 티센 크루프Thyssen Krupp사로 되팔게 됐다.

독일 정부는 이후에도 계속 잠수함 설계·건조 핵심 기술 해외 유출을 적극 통제해 지금도 잠수함 구매국에 큰소리치며 판매하고 있다. 우리

현실은 어떤가? 방사청은 최근 방산기술통제관실을 신설해 방산 기술 보호에 노력하고 있지만 조선소 등 업체 주관 개발 사업에 대해서는 통제가 미약하다. 업체 주관 개발 사업도 결국 국민 세금으로 이뤄진 것이기에 정부 통제가 필요하다. 2012년 한국 DSME사가 인도네시아에 잠수함 수출 계약을 한 이후로 아시아·중동 국가에서 한국 잠수함을 구매하려는 국가가 늘고 있다. 우리도 방사청에서 계약 단계부터 관여해 핵심 기술이 새어나가지 않도록 통제해 장기간 수출 롱런 가도를 달려야 한다.

독일 TKMS 조선소는 1964년부터 전 세계 18개국에 잠수함 130여 척을 수출한 세계 1등 잠수함 수출 조선소다. 이것은 핵심 기술이 새어나가지 않도록 정부와 조선소가 잘 협력했기 때문이다. 최근 방산 수출을 창조경제의 한 축으로 육성하겠다는 정부 방침에 따라 방사청·국방과학연구소 조직을 개편하고 있다. 앞으로 이러한 역할을 잘 감당할 수 있도록 방사청의 기능을 더욱 강화해 잠수함뿐 아니라 모든 무기 수출 계약 시점부터 핵심 기술 유출을 방지할 수 있도록 제도화해야 한다.

문근식 한국국방안보포럼(KODEF) 대외협력국장

《조선일보》 2013년 11월 7일

# 방위산업도 이제 규제 개혁이 필요하다

최근 국정감사 등을 통해 국산 무기체계에 대한 지적이 이어지고 있다. 우리의 안보 현실을 고려하면 이런 문제 제기는 당연하다. 그러나 지적의 이면을 보면 우리 사회가 여전히 국산 무기 개발의 중요성과 특수성, 그리고 이와 관련한 제도적 문제점에 대해 정확한 이해가 부족한 면도 있다.

우리는 1970년대 총 한 자루 제대로 못 만들어내는 상황에서 자주국방을 목표로 국산 무기 개발에 매진해 이제는 각종 첨단 무기를 생산하는 '방산 국가'가 됐다. 무기 수출 선진국인 미국이나 독일 등과 비교하면 짧은 기간에 고속성장을 함으로써 세계의 주목을 받고 있지만 국산 무기 개발과 관련한 제도의 현실을 보면 답답할 때가 많다.

가장 대표적인 예가 바로 시험평가제도의 문제다. 프랑스의 미스트랄 미사일은 55발에 이르는 시험발사를 실시해 신뢰도를 확보했다고 한다. 반면 우리는 예산 부족을 이유로 최첨단 정밀유도무기마저 한 자릿수에 불과한 시험평가를 거쳐 성공 여부를 판가름한다. 이스라엘은 국방 예산의 9% 이상을 R&D에 배정, 업체 기술 개발 비용의 50%를 보조하는 등 정책적 지원을 아끼지 않고 있다. 그럼에도 불구하고 여전히

60%의 개발 실패율을 보이지만, 오히려 실패에서 교훈을 찾는 정책을 추진하고 있다.

세계에서 가장 많이 팔린 독일의 잠수함 어뢰 SUT는 제1·2차 세계대전 때부터 수백 발을 시험평가했고 수만 발을 실제 발사한 전쟁 경험을 거쳐 탄생됐다. 100미터까지 적함에 접근해 어뢰로 공격했지만 어뢰가 발화되지 않아 오히려 격침을 당한 U-보트 함장들의 가장 큰 고민도 어뢰가 발화할 것인지였다. 이러한 오랜 기간의 시행착오가 있었기에 오늘날 독일의 명품 어뢰가 탄생할 수 있었다. 조급함에 신뢰할 수 없는 시험평가를 거쳐서는 결코 명품 무기를 만들 수 없다. 개발에 성공한 무기체계는 궁극적으로 수출로 이어진다. 과연 한 자릿수로 시험평가를 마친 무기를 어느 국가에서 구매하겠는가?

박근혜 정부는 창조경제의 한 축으로 방위산업을 육성하겠다고 했다. 이와 함께 경제를 살리기 위한 규제 개혁이 화두가 되고 있다. 방위산업 분야도 지금까지 발목을 잡아온 규제를 반드시 개선해야 한다.

문근식 한국국방안보포럼(KODEF) 대외협력국장

《조선일보》 2013년 4월 29일

# 잠수함 독자 개발 성공, 사업단 구성이 시급하다

2007년 5월 국방부 방위사업추진위원회는 3,000톤급 잠수함 독자 개발 계획을 의결했다. 언론은 잠수함 도입 15년 만의 쾌거를 대서특필했다. 그러나 4년 후 "3,000톤급 잠수함 독자 개발에 문제가 많다"는 지적이 나왔다. 방사청은 문제점을 보완한 후 사업을 다시 추진하고 있다. 당초 국가 기술력 총결집 차원에서 대우조선해양과 현대중공업이 컨소시엄을 구성해 기본 설계를 했으나, 절차상 폐단이 발견되어 지금은 대우조선해양이 단독으로 상세 설계 및 함 건조를 추진하고 있다.

방사청은 조선소만 믿고 방관하면 안 된다. 잠수함 선진국인 호주도 지난 20년간 콜린스급 잠수함을 독자 개발한 후 "폐물 잠수함", "시끄러운 록음악 공연" 등의 악평에 시달렸다. 호주에서 내놓은 사업평가보고서The Collins Class Submarine Story는 ▲사업 주체들 간의 불협화음 ▲리더십 부족 ▲이상에 가까운 성능 요구 ▲불합리한 확정 단가 계약 방식 ▲설계 변경에 따른 예비비 미확보 등 다섯 가지를 문제점으로 지적했다. 우리도 이런 점에 주목해야 한다. 보고서는 이미 잠수함 건조 경험이 있는 나라들도 새로운 모델을 개발할 때 평균 26개월 이상 지연됐음을 언급하며 납기 지연을 피할 수 없었다고 강조했다.

그러면 1946년 원자로 개발에 착수한 미국은 어떻게 8년 만에 전혀 경험이 없는 핵 추진 잠수함을 성공적으로 개발했을까? 이는 바로 사업단을 만들어 국책으로 사업을 추진하고 범정부적으로 인력, 시설, 기술, 예산 등을 지원했기 때문이다.

박근혜 대통령은 지난 1일 국방부 업무보고에서 헬기 사업단의 수리온 독자 개발 성공을 높이 치하하며 방산 수출에 크게 기여할 것을 기대했다. 잠수함 사업은 헬기 사업보다 규모가 훨씬 크면서도 사업단을 구성하지 않았다. 잠수함은 함정 기술의 꽃이다. 기술 면에서는 우주선에 가깝다. 성공하면 창조경제의 중심에서 방산 시장을 이끌 효자 품목이 될 수 있다.

이러한 거대 국가적 사업을 수행하기 위해선 조선소, 국과연, 기품원 및 수많은 개발 업체의 협력 체계를 구축하고 이를 효과적으로 조정·통제할 수 있는 사업단 구성이 절실하다. 방사청은 지금이라도 조직을 정비하여 국책 사업 성격으로 추진, 국내 기술력을 총결집하고 납기 및 성능 충족, 그리고 추가 개발비 발생 시 보전 방법 등 사업 성공을 위한 각별한 리더십을 보여주어야 한다.

문근식 한국국방안보포럼(KODEF) 대외협력국장

《조선일보》 2013년 1월 7일

# 잠수함 수출, 汎국가적 성원 필요해

2011년 12월 20일 독일 북부 잠수함의 메카 도시인 킬Kiel 시민들은 한숨을 내쉬어야 했다. 인도네시아 잠수함 수주경쟁에서 패배함으로써 잠수함 수출 챔피언 자리를 위협받게 되었기 때문이다. 이들을 허탈하게 한 주인공이 누구일까? 20년 전 그들이 잠수함 건조 기술을 가르쳐주었던 한국의 대우조선해양이었다. 당시 필자는 킬에 3년간 파견 근무 중이어서 킬 시민들의 한숨을 가장 가까이에서 볼 수 있었다.

TKMS 조선소(옛 HDW 조선소)는 1964년부터 잠수함 123척을 수출한 세계적인 잠수함 전문 조선소다. 우리 해군이 잠수함을 도입한 1992년부터 지금까지 약 20년간 11개국에 66척을 수출했다. 이를 단순 계산해볼 때 20조 원(1척당 평균 2억 5,000만 달러×66척) 정도다. 잠수함으로 매년 1조 원가량의 매출을 올린 셈이다. 조선소 직원 2,300명에 연 1조 원의 매출을 올렸으니 잠수함 수출은 고부가가치 상품이라 할 수 있겠다.

우리나라가 세계에서 아홉 번째로 잠수함 수출 대열에 끼어든 것은 온 국민이 함께 기뻐할 일이다. 하지만 1회성 수출에 그치지 않고 활성화하기 위해선 범국가적·범국민적 성원이 필수적이다.

그러면 그 성원은 어떻게 이뤄져야 할까? 우선 국방부(방사청)는 방산 수출 지원 기능을 더 강화해야 한다. 해군, 조선소와 더불어 잠수함 해외 세일즈 이벤트에 동참하고 우리 정부의 지원 의사를 적극 밝혀야 한다. 지금 한국으로부터 잠수함을 사겠다는 나라가 줄잡아 10여 개국이나 된다고 하니 얼마나 좋은 기회인가? 독일 잠수함 조선소 세일즈맨들은 1년에 230일 이상을 해외에서 보낸다고 한다.

둘째, 해군은 앞으로 한국에 잠수함을 사러 오는 사람들에게 자부심을 갖도록 교육훈련을 지원해주어야 한다. 이미 잘 구축된 우리의 교육훈련 인프라를 이용해 한국에서 교육받으면 세계 최고의 잠수함 운용기술을 배울 수 있다는 자부심이 들 수 있도록 지원해야 한다. 그들을 통해 전 세계에 소문도 내야 한다.

셋째, 조선소는 이러한 관官과 군軍의 성원에 명품 잠수함을 만들어 보답해야 한다. 아무리 서비스가 뛰어나도 잠수함이 정상적으로 성능을 발휘하지 못하면 흔한 말로 '꽝'이다. 지금까지 세계의 바다를 누비는 독일제 잠수함들은 모두 신뢰성에서 최고의 평가를 받아왔다. 이제 세계의 바다를 한국제 잠수함이 누빌 차례다.

문근식 한남대 국방전략대학원 객원교수

《문화일보》 2015년 6월 10일

# 北 SLBM 탑재 잠수함 추적·감시 가능한 핵잠… 우리 안보의 필수품
## 핵잠 개발 왜 서둘러야 하나

문근식 한국국방안보포럼(KODEF) 대외협력국장은 문화일보와의 인터뷰에서 핵 추진 잠수함(핵잠)의 필요성을 역설하는 데 공을 많이 들였다.

북한의 잠수함 전력을 억제하기 위한 군사전략 상의 이유는 기본이다. 그동안 제기돼왔던 여러 난관도 최근 극복됐다는 게 그의 설명이다. 기술적 문제는 이미 해소했으며 최대 걸림돌이었던 국제법적 문제도 해소됐다는 의미다. 실제 박근혜 대통령과 버락 오바마 미국 대통령의 서명을 앞두고 있는 한·미원자력협정 개정안에 따르면 한국은 20%까지 우라늄 농축권한을 확보한 상태다. 문 국장도 "핵잠 원자로 개발에는 국회 동의가 필수적으로 비밀리에 진행하는 것은 불가능하므로 국민 공감대가 중요하다"고 강조했다.

문 국장은 "조만간 실전 배치될 북한의 잠수함 발사 탄도미사일SLBM 위협을 억제하기 위해 핵잠 개발은 필수적"이라며 "핵잠은 강대국의 전유물이 아니고 우리 안보의 필수품으로 지금부터 공론화 과정이 필요하다"고 제안했다. 문 국장은 "북한 SLBM 탑재 잠수함의 추적 및 감시를 위한 핵잠 개발은 우리 국민의 생존이 걸린 중차대한 안보 현안"이라고 말했다.

방법론도 구체적으로 제시했다. 문 국장은 "우선 우리는 핵무기 보유 의도가 없음을 대내외에 거듭 선포하고 2020년을 목표로 쇄빙선 등 선박용 원자로 제작을 추진해 일본 수준의 원자로 제작 기술을 확보하겠다는 국가적 의지를 천명할 필요가 있다"고 말했다. 그는 "향후 개발할 핵잠 원자로는 농축도 20% 미만의 핵연료를 사용하는 프랑스형 루비급 핵잠(2,640톤급)이 모델이 될 수 있다"고 밝혔다. 핵잠 임차론도 주장했다. 문 국장은 "인도가 러시아 핵잠을 임차해 2012년 여섯 번째 핵잠 보유국 대열에 합류했고, 브라질은 2025년 확보를 목표로 건조를 추진 중이며, 북한 SLBM 억제를 위한 한·미동맹 차원에서 미국에서 퇴역 중인 로스앤젤레스급 핵잠 임차를 추진해야 한다"고 제안했다.

문 국장은 디젤 잠수함이 대안이 될 수 없는 이유에 대해 "핵잠이 KTX라면 디젤 잠수함은 완행열차"라고 비유했다. 그는 "대통령이 직접 지휘할 정도로 극비리에 다루는 전략무기인 핵잠의 전략적 가치는 디젤 잠수함의 10배 이상"이라고 강조했다. 그는 "과거의 해전은 전함이 주도했고, 오늘날에는 항공모함이 주도하고 있지만 미래의 해전은 핵잠이 주도하게 될 것"이라고 말했다.

정충신 기자 csjung@munhwa.com

《문화일보》 2015년 6월 10일

# "北 SLBM 잠수함 발사관은 1개뿐… 일격필살의 전술"

국내 잠수함 최고 전문가인 문근식 국장이 10일 문화일보와의 인터뷰에서 미국 로스앤젤레스급 원자력 추진 잠수함을 가리키며 핵잠 조기개발 및 임차 필요성을 강조하고 있다. 김호웅 기자 diverkim@munhwa.com

"북한이 최근 잠수함 발사 탄도미사일(SLBM) 수중 사출시험 사진과 영상을 잇달아 공개한 것은 김정은의 지시로 잠수함에 핵무기를 싣겠다는 의지를 확실히 보여준 것으로 판단됩니다."

자타가 인정하는 국내 잠수함 최고 전문가인 문근식(57) 한국국방안보포럼(KODEF) 대외협력국장은 10일 문화일보와의 인터뷰에서 "북한의 핵무기 소형화가 거의 완성 단계에 왔다"며 이같이 경고했다. 문 국장은 "핵무기를 가진 나라의 최종 목표는 안전성을 보장하기 위해 핵무기를 탐지·감시가 어려운 물속에 집어넣는 것"이라며 "우리 뒤통수에 비수를 들이대는 것이나 마찬가지"라고 평가했다. 방위산업체인 솔트웍스 부사장을 겸하고 있는 문 국장은 북한의 위협에 대응하기 위해서라도 정책적으로 핵 추진 잠수함(핵잠)을 도입할 필요성을 강력하게 주장했다. 일부 전문가의 조작 가능성 의혹 제기에도 불구하고 국방부가 북한의 SLBM 시험을 성공적으로 평가하는 상황에서 군 당국의 대응책을 집중 점검했다.

문 국장은 북한의 SLBM 잠수함 능력과 관련, "기술적으로 1~2년 내 완성될 단계에 와 있다"고 강조했다. 문 국장은 "현재 건조 중인 2,000톤급 신형 신포급 잠수함 SLBM을 탑재할 함교탑 부분의 수직발사관VLS 1문을 약간 경사지게 설계해 완성하는 데 그리 오랜 시간이 걸리지 않을 것"이라고 전망했다.

**– 북한의 SLBM 개발 의도는 무엇입니까?**

"요즘 SLBM이 생기고 나서 핵무기 운반수단 중 인공위성에 노출되는 대륙간탄도미사일ICBM이나 전략폭격기 얘기를 꺼내는 사람이 누가 있나요. 북한은 한·미연합 군사훈련인 을지프리덤가디언UFG 연습 때 미국 항공모함이 뜨면 핵미사일 발사 기지가 그대로 노출되자 이동식 발사차량TEL을 수백 대 만들고도 안심이 안 돼 핵탄두 탑재 SLBM을 깊은 바닷속 잠수함에 숨겨 위협적인 전략무기로 활용하겠다는 의도를 드러낸 것입니다."

**– 북한의 잠수함 기술 수준을 평가한다면.**

"신형, 구형 여부와 규모를 가리지 않으면 북한은 세계에서 가장 많은 잠수함을 보유하고 있습니다. 2010년 3월 26일 천안함을 공격한 잠수정이 100톤급이죠. 잠수정을 포함하면 84척으로 최다 보유국입니다.

북한이 보유한 것은 제2차 세계대전 말 독일에서 마지막으로 개발한 잠수함 설계도를 기초로 건조한 구형 잠수함이 대부분이죠. 조잡하지만 북한이 마음만 먹으면 신형 신포급 잠수함을 포함해 붕어빵 찍어내듯 할 능력이 있습니다. 1,800톤 로미오급 잠수함 기술을 베이스로, 돈과 시간을 줄이기 위해 설계 형상을 별로 바꾸지 않고 빨리 만드는 재주가 뛰어납니다."

**– SLBM 개발에는 보다 차원 높은 능력이 요구되지 않나요?**

"북한의 SLBM 개발은 앞으로 1~2년이면 충분합니다. SLBM에 필요한 기술적인 문제는 거의 해결됐다고 보면 됩니다. 수중 발사 시험 목적은 두 가지가 있는데 연동시험, 즉 발사명령에 따라 단추를 눌러 전투체계에 맞춰 탄이 함 밖으로 나가게 하는 것과 함 밖으로 나가 수중으로 올라가서 수면에 가서 정확하게 추진연료에 의해 부스터(점화)해서 공중으로 날아가는 시험이 그것입니다. 북한이 이번에 이런 시험을 성공한 것입니다. 또 이번에 선보인 SLBM 신포급 잠수함은 김정은 지시로 함교탑에 1문의 수직발사관만 들어가도록 한, 세계 잠수함 역사에서 전무후무한 일격필살一擊必殺 전술의 일환입니다. 3,000톤급 이상 잠수함 1척을 만드는 데는 1조 원 정도의 돈이 들고 시간도 걸리기 때문에 미국과 한국을 최단시간 내에 최대한 압박하기 위한 기상천외한 발상을 공개한 셈입니다."

**– 김정은의 지시로 북한이 핵 추진 잠수함을 건조 중이라는 탈북자들의 주장이 있습니다.**

"디젤 잠수함으로 SLBM을 운용하는 데는 어려움이 많기 때문에 어느 나라든 핵무기 보유 후 핵잠을 만드는 것은 필연적 수순입니다. 우리가 SLBM 잠수함 한 척을 추적할 것에 대비해 또 다른 신형 잠수함을 건조

할 것입니다. SLBM을 만들 정도 되면 3,000톤급 잠수함 건조 기술은 보유하고 있다고 봐야 합니다. 핵잠 역시 시간이 걸리겠지만 이미 설계, 제작에 들어간 것으로 판단됩니다."

문 국장은 "디젤 잠수함은 핵잠의 표적 감시 대상이 되면 한 방에 물속에 꼬르륵 잠기는 운명이 된다"면서 "핵무기를 싣고 다니면서 적의 공격에서 생존하기 위한 기동성을 갖추려면 핵잠밖에 없다"고 강조했다. 북한의 이 같은 위협에 맞서기 위해서는 우리 역시 핵잠 도입 및 개발밖에 없다는 게 문 국장의 주장이다. 문 국장이 핵잠 전도사가 된 배경이다. 문 국장은 인터뷰에서 2020년을 목표로 국산 개발 중인 3,000톤급 장보고 Ⅲ 모형을 보여주며 최초의 국산 잠수함이 핵 추진 잠수함 개발로 반드시 이어지도록 해야 한다고 강조했다. 공론화 과정을 거쳐 국가 지도자와 군 수뇌부의 의지, 국민 여론을 모으자는 얘기다.

"핵무기를 싣고 바다에 숨는 것은 우리 뒤통수에 비수를 들이대는 것인데, 비수를 감히 꺼내지 못하게 하려면 끊임없이 따라다니며 밀착 감시하는 수밖에 없습니다. 비수를 꺼내는 순간 그 자리에서 격침시켜야 하는데, 디젤 잠수함으로는 불가능합니다. 최소한 디젤 잠수함의 1.5~2배의 속력을 낼 수 있는 '진짜 잠수함'인 핵잠이 있어야 가능하지요."

**– 북한과 비교해 한국의 잠수함 기술 수준과 운용 능력은 어느 수준입니까?**

"2002년 나대용함을 몰고 126일간 미국 하와이 림팩 훈련에 참가했습니다. 대한민국 해군 잠수함 승조원의 수준은 강평회에서 '스몰 벗 베스트Small but Best'란 말을 들을 정도로 높은 평가를 받고 있습니다. 하지만 디젤 잠수함의 태생적 한계로 핵잠처럼 유리한 위치로 이동해 공격하는 것과 상대에게 발각됐을 때 빠른 속도로 현장을 이탈하는 능력은 꿈도 꾸지 못해 결국 디젤잠수함의 성과는 메이저리그가 아닌 마이너리그의 전과戰果임을 뼈저리게 느꼈습니다."

문 국장은 해군에 복무하며 대한민국에서 잠수함을 가장 많이 운용했다. 잠수함을 가장 잘 아는, 그야말로 잠수함에 미친 예비역 해군 대령으로 평가받는다. 군 생활 32년 중 22년을 잠수함과 부대끼며 살았다. 노무현 정부 시절 원자력잠수함사업(362사업)단장을 지낸 문 국장의 평생 소원은 "진짜 잠수함인 핵잠을 우리 국산 기술로 건조하는 것"이라고 말할 정도다. 1981년 해군 소위로 임관한 문 국장은 한국 잠수함 분야의 선구자이기도 하다. 그만큼 잠수함의 장단점을 누구보다 잘 알고 있다. 미국에서 대잠수함전 훈련을 받고 대한민국 해군 최초로 네덜란드 잠수함 함장 과정을 유학했다.

정충신 기자 csjung@munhwa.com

《아시아경제》 2016년 5월 3일

# 방산조선업계 변해야만 산다

방위사업은 소량생산의 특징으로 인해 내수분만 생산할 경우 수익성을 충족하기 어렵다. 세계 19개국에 잠수함 140여 척을 수출해온 독일 TKMS 조선소 임원의 말을 빌리면 하나의 잠수함 모델을 개발하여 수익을 내려면 적어도 15척 정도는 생산해야 한다고 한다. 이 말은 수출을 하지 않으면 수익을 내기 어렵다는 의미로 해석된다.

우리의 현실은 어떤가? 잠수함 도입 20년 만에 수출을 시작했으니 우리에게는 아직 해당되는 말이 아니다. 다행히도 그동안은 주력사업인 상선, 플랜트 등에서의 호황으로 군함에서의 영업 부실을 보완해왔지만 요즘은 상선, 플랜트 등에서도 불황으로 방위사업은 생산 라인마저 유지하기도 어려워지고 있다. 게다가 방위사업 비리 수사가 장기간 계속되자 겁먹은 공무원들은 시험평가 과정에서 일체의 융통성을 허용하지 않고 있다.

때문에 함정의 주 성능에 영향을 미치지 않는 사소한 결함에도 불구하고 조건부 인도마저 거부해 수천억대의 지체상금을 물어야 하는 '배보다 배꼽이 커지는 사태'가 속출하고 있다.

불과 수년 전인 2012년 대우조선소가 영국에 군수 지원함을 수출하고 인도네시아에 잠수함을 수출하면서 이렇게 가면 곧 세계 군함 수출 시장을 석권하겠다고 기대했었는데 요즘 방산조선 종사자들은 월급도 반납해야 할 실정이다.

호주는 지난 4월 44조 원 규모의 잠수함 건조사업을 맡을 회사로 프랑스 국영조선소인 DCNS사를 선정했다. 한국은 호주보다 건조 경험 부족으로 잠수함 건조사업 경쟁에 초대도 받지 못했지만 이번 수주경쟁의 특징은 사실상 정부주도 경쟁이었다는 것이다.

경쟁에 가장 먼저 뛰어든 일본은 47년 만에 '무기수출 3원칙'을 '방위장비 이전 3원칙'으로 바꿔 무기 수출을 가능하게 했고 일본 정부는 2개의 잠수함 건조 조선소(가와사키와 미쓰비시)가 컨소시엄을 구성해 입찰에 참여하게 했다.

결과적으로 제일 늦게 입찰에 참여한 프랑스에 졌지만 일본 최초의 방산수출에서 정부가 주도적으로 총력전을 펼치는 저력을 보여줌으로써 수주 확률이 높아졌다. 수주 초기 일본과 각축전을 벌이던 독일은 디젤 잠수함 수출 왕답게 호주가 요구하는 현지 건조 방법도 수용했고 기술 점수는 당연 최고 수준이었지만 결국 지고 말았다. 독일은 조선소가 주관이 되어 협상함으로써 정부가 보증할 수 있는 절충교역과 기술 이전 분야에서 프랑스에 뒤지지 않았을까 추측이 된다.

세계경제의 불황으로 방산기업들이 하루아침에 도산하거나 인수합병되는 불안한 시장에서 수입국들이 수출국의 정부보증 부분을 많이 요구하고 있는 추세이나 독일은 이를 간과한 듯하다.

프랑스는 국영조선소인 DCNS사를 앞세워 그동안 브라질, 파키스탄 등 친프랑스 국가 6개국에 30여 척의 잠수함을 수출함으로써 독일 다음으로 잠수함 수출을 많이 했다. 가장 최근에는 2008년 브라질에 디젤 잠수함 4척과 핵 추진 잠수함 1척을 건조하는 대형 잠수함 사업을 따냈고 이번에는 호주 잠수함 수주경쟁에서 일본, 독일을 누르고 승리했다. 일본이 유리할 거라고 예측한 결과를 뒤집고 프랑스가 승리한 요인으로는 브라질에 계약 했던 것처럼 호주 현지 생산은 물론 훗날 핵 추진 잠수함 건조 지원 가능성에 큰 점수를 준 덕분이 아닌가 생각된다.

금번 프랑스가 제시한 바라쿠다급 디젤 잠수함은 수중 5,300톤급으로 필요시 핵 추진으로 설계 변경이 가장 용이한 점 등 정부 간 요구사항이 잘 맞아떨어진 듯하다.

그러나 금번 호주 잠수함 수주경쟁에서 우리가 벤치마킹해야 하는 국가는 일본으로 여겨진다. 일본은 1959년 이래 국내 수주는 가와사키 조선소와 미쓰비시 조선소에 매년 물량 배분을 하면서 생산 인력과 시설을 안정적으로 유지하도록 정책을 펼쳐왔고 해외 수주는 금번 사례에서 보듯이 정부가 주도하여 양사 컨소시엄으로 도전했다. 호주 현지 건조 요구 대한 일본 정부의 반대로 수주는 실패했지만 금번 일본이 보여준 해외 수주전략은 사정이 비슷한 우리 조선소에 귀감이 되는 사례다.

금번 호주 잠수함 수주 결과를 볼 때 일본, 프랑스와 같이 정부 개입 및 지원이 큰 가점으로 작용하는 추세다.

군함 수출시장이 막히고 국내적으로는 지체상금으로 몸살을 앓고 있는 우리의 방산조선소에 일대 수술이 필요하다. 구조조정, 컨소시엄 구성 등을 통해 건강한 방위산업 인력과 시설을 유지해야 한다. 수출시장이 절망적인 상황에서 우리끼리 경쟁하며 변화 시기를 놓치면 모두가 도산을 면하기 어렵다.

문근식 한국국방안보포럼(KODEF) 대외협력국장

《뉴데일리》 2013년 9월 1일

# 방사청 내 잠수함 사업단 구성하라!
# 1조 7,000억 원 잠수함 개발사업, 이대로는 위험!
# 잠수함 독자 개발, 자신감만으로 성공할 수 없다

지난 4월 29일자 《조선일보》에 "잠수함 독자 개발 성공, 조직정비가 시급하다"를 기고, 방위사업청에 '잠수함사업단'을 구성해야 한다고 주장했다. 공감한다는 독자들 전화를 많이 받았다.

5월 7일 국회 도서관에서 김성찬 새누리당 의원(경남 진해) 주관으로 열린 해군 함정 관련 세미나에서는 방위사업청 한국형 헬기 수리온 사업단장을 역임한 육군 예비역 이 모 장군도 잠수함사업단이 꼭 필요하다고 발표했다.

방사청에서 수리온을 독자 개발하는 데 들였던 예산은 1조 3,000억 원, 사업 관리요원 60여 명이었다.

지금 추진하고 있는 잠수함 독자 개발에는 2척을 만드는 데 1조 7,000억 원의 예산을 투입할 것이라고 한다. 반면 사업관리 요원은 고작 20여 명에 불과하다.

조직 개편에는 법을 바꾸는 노력과 시간이 필요하다는 것을 모르는 바 아니다. 그러나 '타이밍'이 더 중요하다.

지금은 사업 초기라 문제점이 없는 것 같아 보이지만 앞으로 수많은 도전에 직면하게 될 것이다. 이러한 이유로 사업단 조직의 필요성을 강조했음에도 가시적인 변화가 없어 안타깝다. 소 잃고 외양간을 고치려 할 것인가?

잠수함 강국 미국도 로스앤젤레스급 핵 추진 잠수함 개발 과정에서 압력선체 제작 과정에 용접 오류가 생겨 해체 후 다시 용접함으로써 개발 기간이 지연되고 엄청난 예산이 추가됐다. 로스앤젤레스급 핵 추진 잠수함을 개발하던 조선소는 정부의 공적 자금을 받고서야 도산을 면했다.

영국의 업홀더급 디젤 잠수함은 무장계통 설계 오류로 사업 기간이 7년 연장된 바 있고, 가장 최근에 개발한 아스튜트급 핵 추진 잠수함도 설계변경 등으로 기간은 4년 지연되고, 예산은 2조 6,000억 원이 더 들었다.

통계를 살펴보면, 잠수함을 건조한 경험이 있는 나라도 새로운 모델을 건조할 때는 26개월가량 사업이 지연됐다.

호주는 콜린스급 잠수함을 독자 개발한다고 했지만 설계는 스웨덴 회사가, 건조는 호주 회사가 했으며, 디젤엔진, 전투체계 등 주요 장비 개발에는 해외 10개국 회사가 참여했다. 이때 계약부터 해군에 잠수함을 인도할 때까지 16년(통상 12년)이나 걸렸고, 예산도 초기 예상했던 것보다 25% 이상 늘어났다.

우리나라는 잠수함 독자 설계 경험이 없다. 독일 HDW의 209급(장보고급), 214급(손원일급) 잠수함 조립생산 경험과 세계 1등 조선국이라는 자신감으로 세계 어느 나라도 장담하지 못하는 잠수함 100% 독자 개발을 선언한 것이다.

잠수함 독자 개발에 성공하기 위해서는 개발 기관들의 기술력을 총결집할 수 있는 리더십, 설계 및 구매선 변경 등이 필요할 때 신속한 의사 결정, 추가로 필요한 예산 확보 등 국책사업 수준으로 추진·관리해야 할 일들이 너무 많다.

매년마다 보직 변경되는 방사청 사업관리 요원들의 일천한 전문성과 장비 개발 감독조차 할 수 없는 소규모 조직으로 과연 이런 일들을 감당할 수 있을까.

우리나라가 독자 개발한 잠수함을 구매하려는, 많은 국가들이 지금 우리를 지켜보고 있다.

문근식 한국국방안보포럼(KODEF) 대외협력실장·(주)솔트웍스 고문

## ■ 참고문헌

단행본

독일 HDW 조선소, 『SILENT FLEET』(독일 HDW 조선소, 2011)

정의승, 『한국형 잠수함 KSX』(고려원 북스, 2006)

제프리 브룩스, 문근식 역, 『U-보트 비밀 일기』(들녘출판사, 2002)

문근식, 『문근식의 잠수함 세계』(도서출판 플래닛미디어, 2013)

제프리 틸, 최종호·임경한 역, 『아시아의 해군력 팽창』(해양전략연구소, 2013)

칼 되니츠, 안구병 역, 『10년 20일』(삼신각, 1995)

탐 크렌시, 이진규 역, 『공격 원자력 잠수함 샤이엔』(해군 인쇄창, 2005)

피터 크레머, 최일 역, 『U-333』(문학관, 2004)

피터 패드필드, 이진규 역, 『제2차 세계대전 미·일 태평양 잠수함전』(잠수함교육훈련 전대, 1999)

Stephen Saunders, *Jane's Fighting Ships 2014-2015*(Janes Information Group, 2015)

논문

김종민, "포클랜드 전쟁 교훈"(해양전략 26호, 1983)

김태훈 역, "영국의 원자력 잠수함 산업기반 보고서"(잠수함 전단, 해군 인쇄창, 2011)

"Remember the SAN LUIS"(PROCEEDINGS, 1996년 3월호)

인터넷

http//blog.naver.com/mssin99/150053052736

http//blog.naver.com/u-boat13000964741

www.en.wikipedia.org

한국국방안보포럼(KODEF)은 21세기 국방정론을 발전시키고 국가안보에 대한 미래 전략적 대안을 제시하기 위해 뜻있는 군·정치·언론·법조·경제·문화 마니아 집단이 만든 사단법인입니다. 온·오프라인을 통해 국방정책을 논의하고, 국방정책에 관한 조사·연구·자문·지원 활동을 하고 있으며, 국방 관련 단체 및 기관과 공조하여 국방 교육 자료를 개발하고 안보의식을 고양하는 사업을 하고 있습니다. http://www.kodef.net

SUBMARINE WORLD

문근식의 잠수함 세계 ❷

# 왜 핵 추진 잠수함인가

초판 1쇄 인쇄 | 2016년 9월 6일
초판 1쇄 발행 | 2016년 9월 12일

지은이 | 문근식
펴낸이 | 김세영

펴낸곳 | 도서출판 플래닛미디어
주소 | 04035 서울시 마포구 월드컵로8길 40-9 3층
전화 | 02-3143-3366
팩스 | 02-3143-3360
블로그 | http://blog.naver.com/planetmedia7
이메일 | webmaster@planetmedia.co.kr
출판등록 | 2005년 9월 12일 제313-2005-000197호

ISBN | 978-89-97094-94-3 03390